# Einführung in die Nachrichtentechnik
Herausgegeben von Alfons Gottwald

Im Zeitalter der Kommunikation ist die ELEKTRISCHE NACHRICH-
TENTECHNIK eine vielschichtige Wissenschaft: Ihre rasche Entwicklung und Auffächerung zwingt Studenten, Fachleute und Spezialisten
immer wieder, sich erneut mit sehr unterschiedlichen physikalischen
Erscheinungen, mathematischen Hilfsmitteln, nachrichtentechnischen
Theorien und ihren breiten oder sehr speziellen praktischen Anwendungen zu befassen.

EINFÜHRUNG IN DIE NACHRICHTENTECHNIK ist daher eine
ebenso vielfältige Aufgabe. Dieser Vielfalt wollen unsere Autoren gerecht
werden: Aus ihrer fachlichen und pädagogischen Erfahrung wollen sie in
einer REIHE verschiedenartiger Darstellungen verschiedener Schwie-
rigkeitsgrade EINFÜHRUNG IN DIE NACHRICHTENTECHNIK
vermitteln.

# Nachrichten-übertragung 1

System- und Informationstheorie

von
Professor Dr.-Ing. habil. Robert Schwarz
Georg-Simon-Ohm-Fachhochschule Nürnberg

Mit 122 Bildern, 38 Aufgaben mit Lösungen

R. Oldenbourg Verlag München Wien 1993

**Die Deutsche Bibliothek — CIP-Einheitsaufnahme**

**Schwarz, Robert:**
Nachrichtenübertragung / von Robert Schwarz. — München ;
Wien : Oldenbourg
  (Einführung in die Nachrichtentechnik)

1. System- und Informationstheorie : mit 38 Aufgaben und
  Lösungen. — 1993
  ISBN 3-486-22323-2

Gesamtherstellung: Huber KG, Dießen

ISBN 3-486-22323-2

# Vorwort

Die *Nachrichtentechnik* läßt sich in die zwei Hauptgebiete der Nachrichtenübertragung und der -verarbeitung einteilen, wobei beide Gebiete spezifische und auch gemeinsame Grundlagen besitzen. So werden beispielsweise die Netzwerk- und Systemtheorie schwerpunktsmäßig zur Nachrichtenübertragung gezählt und die Grundlagen der Informatik zur Nachrichtenverarbeitung, während die Informationstheorie als gemeinsame Grundlage betrachtet wird. Die *Nachrichtenübertragung* hat inzwischen eine derartige Komplexität erreicht, daß sowohl eine zusammenhängende Darstellung als auch ein tieferes Verständnis ohne die Methoden der Systemtheorie als aussichtslos betrachtet werden muß. Aber auch die Informationstheorie hat im Zuge der Vervollkommnung digitaler Übertragungsverfahren weiter an Bedeutung gewonnen, während die Netzwerktheorie im wesentlichen noch im Zusammenhang mit dem Entwurf und der Simulation linearer und nichtlinearer Systeme gesehen wird.

In dem zweibändigen Lehrbuch „Nachrichtenübertragung" soll den neueren Entwicklungen dadurch Rechnung getragen werden, daß ein ganzer Band nur dem Thema „System- und Informationstheorie" gewidmet ist mit den drei Hauptkapiteln

- Determinierte Signale und lineare Systeme
- Stochastische Signale
- Grundzüge der Informationstheorie

Da auch digitale Signale auf der physikalischen Ebene durchaus als analog zu betrachten sind, bilden zeitkontinuierliche Signale und Systeme den Ausgangspunkt der Überlegungen. Die zeitdiskrete Darstellung ergibt sich anschließend aus der abstrahierten, idealisierten Form der Abtastung.

Gemäß ihrer enormen Bedeutung für die Darstellung der Nachrichtenübertragung nimmt die Behandlung der Zufallssignale einen relativ breiten Raum ein. Auch in diesem Kapitel werden zunächst die zeitkontinuierlichen und darauf aufbauend die zeitdiskreten stochastischen

Prozesse behandelt. Den Abschluß bildet schließlich ein knapper Abriß der Informationstheorie, deren übergeordnete Aussagen erst im zweiten Band verifiziert werden.

Der zweite Band mit dem Untertitel „Systementwurf und Signalübertragung" wird folgende fünf Hauptkapitel enthalten:

- Entwurf linearer Systeme
- Übertragungsleitungen und Entzerrer
- Modulation und Codierung
- Optische Nachrichtenübertragung
- Simulation nichtlinearer Systeme

Grundgedanke dieses Buches ist es, dem Studierenden der Elektrotechnik eine umfassende Sicht der Nachrichtenübertragung anzubieten, deren Teilgebiete durch Einzeldarstellungen individuell vertieft werden können. Jedes Kapitel des Gesamtwerkes endet mit einer kleinen Aufgabensammlung, so daß es nicht nur zum Gebrauch neben Vorlesungen der Nachrichtentechnik an Fachhochschulen und Universitäten geeignet ist, sondern auch zum Selbststudium des bereits in der Forschung bzw. Entwicklung tätigen Ingenieurs oder Physikers. Das Literaturverzeichnis beschränkt sich auf jene Werke, die vom Verfasser mit Vorliebe eingesehen werden, wobei versucht wurde, den Jahrgang der jeweils neuesten Auflage in Erfahrung zu bringen.

Mein besonderer Dank gilt Herrn Henning Heinze für die gesamte Erfassung des Textes und der Zeichnungen mit LaTeX. Er ist nicht nur bereitwillig auf alle meine Wünsche eingegangen, sondern konnte auf Grund seiner langjährigen Erfahrung dem Buch zu einer gefälligen äußeren Form verhelfen. Bedanken möchte ich mich ferner bei den Herren Dipl.-Ing. Peter Wiegner, Dipl.-Ing. Steffen Rochel und Dipl.-Ing. Thomas Gründer für das mühevolle Korrekturlesen. Dank gebührt schließlich noch Herrn Manfred John vom Oldenbourg-Verlag für seine stets freundliche Unterstützung und Herrn Professor Alfons Gottwald für die Aufnahme des Werkes in seine Reihe „Einführung in die Nachrichtentechnik".

Nürnberg, im Frühjahr 1993                    Robert Schwarz

# Inhalt

# 1 Determinierte Signale und lineare Systeme

In elektrotechnischen Grundlagenvorlesungen wurden hauptsächlich lineare Netzwerke betrachtet, deren Ein- und Ausgangsgrößen elektrische Spannungen bzw. Ströme darstellten. Durch die Beschränkung auf harmonische, d.h. rein sinusförmige Anregungen, konnten mit Hilfe der komplexen Wechselstromrechnung die Verfahren zur Analyse reiner Widerstandsnetze auf solche mit Energiespeichern übertragen werden. Auch Einschwingvorgänge sind bereits durch die Aufstellung und Lösung linearer Differentialgleichungen bzw. durch sog. Integraltransformationen, zu denen die Laplace-Transformation gehört, berechnet worden.

Da die gleichen Berechnungsverfahren auch auf anderen physikalisch-technischen Fachgebieten angewendet werden, wo die veränderlichen Größen keine Spannungen und Ströme sind, sondern z.B. Kräfte und Geschwindigkeiten in der Akustik, soll künftig nur noch von *Signalen* und *Systemen* die Rede sein. Meistens steht hierbei nicht die technische Realisierung im Vordergrund des Interesses, sondern vielmehr der Zusammenhang zwischen dem Eingangssignal $x$, der Systembeschreibung und dem Ausgangssignal $y$, gemäß Bild 1.1. Das Ausgangssignal entsteht hierbei durch die *Transformationsvorschrift* $y = \mathrm{T}[x]$ aus dem Eingangssignal. Es sind auch mehrere Ein- und Ausgangssignale denkbar, die dann zu Vektoren $\boldsymbol{x}$ bzw. $\boldsymbol{y}$ zusammengefaßt werden.

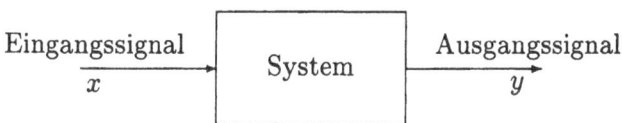

Bild 1.1 Zur Erklärung der Begriffe Signal und System

Um zu einer überschaubaren Theorie zu gelangen, sollen die Systeme den Einschränkungen der *Linearität* und *Zeitinvarianz* (LZI-Systeme) unterliegen. Die Linearität wird mit den beliebigen Konstanten $k_1$ und $k_2$ mathematisch beschrieben durch

$$\mathrm{T}[k_1 x_1 + k_2 x_2] = k_1 \mathrm{T}[x_1] + k_2 \mathrm{T}[x_2]\,, \tag{1.1}$$

wobei diese Definition sowohl das Proportionalitäts- als auch das Superpositionsprinzip beinhaltet. Darüber hinaus soll das System mit dem Eingangssignal $x(t)$ und dem Ausgangssignal $y(t)$ seine Eigenschaften nicht mit der Zeit ändern. Dies ist gleichbedeutend mit der Aussage, daß ein um die beliebige Zeit $t_0$ verzögertes Eingangssignal zu einem entsprechend verzögerten Ausgangssignal führt:

$$\mathrm{T}[x(t - t_0)] = y(t - t_0)\,. \tag{1.2}$$

Weiterhin ist es vorteilhaft, von der Einschränkung der *Quellenfreiheit* auszugehen, die besagt, daß bei verschwindenden Eingangssignalen auch die Ausgangssignale identisch verschwinden sollen:

$$\mathrm{T}[x \equiv 0] \equiv 0\,. \tag{1.3}$$

Alle Signale sollen zunächst *zeitkontinuierlich* sein, was bedeutet, daß jedem Zeitaugenblick nach Bild 1.2 a ein Amplitudenwert $f(t)$ zugewiesen werden kann. Derartige Signale treten in allen Systemen auf, die direkt das physikalische Verhalten beschreiben, wobei sich durch Quadrierung die (normierte) Signalleistung und daraus durch Integration über die Zeit die Signalenergie ergibt. Man spricht in diesem Zusammenhang von sog. *Energiesignalen*.

Später werden ebenfalls *zeitdiskrete* Signale eingeführt, die eine mathematische Abstraktion darstellen, wobei nur in äquidistanten Abständen $n\Delta t$ Amplitudenwerte zugewiesen werden. Diese Signale $f(n)$ von Bild 1.2 b beschreiben nicht mehr direkt das physikalische Verhalten der Systeme; sie besitzen zwar in den normierten Zeitpunkten $n = t/\Delta t$ eine Leistung aber keine Signalenergie im herkömmlichen Sinne, da die Fläche stets identisch verschwindet.

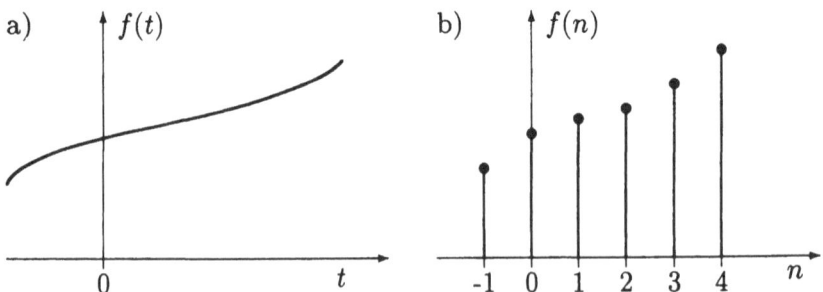

Bild 1.2 a) zeitkontinuierliches Signal und  b) zeitdiskretes Signal

Die Signale sollen in diesem Kapitel immer *determiniert* sein, d.h. zu jedem kontinuierlichen Zeitpunkt $t$ bzw. diskreten normierten Zeitpunkt $n$ gehört eindeutig ein bestimmter Amplitudenwert. Stochastische Signale, die diese Eigenschaft nicht mehr besitzen, werden erst im nächsten Kapitel behandelt.

## 1.1 Beschreibung im Zeitbereich

Die Grundaufgabe der klassischen Systemtheorie besteht darin, das zeitkontinuierliche Ausgangssignal $y(t)$ eines Systems nach Bild 1.1 aus der ebenfalls zeitkontinuierlichen Systembeschreibung und dem Eingangssignal $x(t)$ zu berechnen. Man bezeichnet diese Aufgabe, die Gegenstand der folgenden Betrachtungen sein wird, als *Systemanalyse*. Aber auch die anderen beiden Fragestellungen, nämlich die Gewinnung der Systembeschreibung aus dem vorgegebenen Ein- und Ausgangssignal bzw. die Rekonstruktion des Eingangssignales aus der bekannten Systembeschreibung und dem Ausgangssignal – die Systemsynthese bzw. die Signalentzerrung – sollen in späteren Kapiteln behandelt werden.

### 1.1.1 Sprung- und Impulsantwort

Das System kann in unterschiedlicher Weise beschrieben werden, wie z.B. durch seine Antwort auf die Sprung- oder Impulsanregung. Zur Erzielung übersichtlicher Ergebnisse wird hierbei von bestimmten mathematischen Idealisierungen ausgegangen, die sich in der praktischen Meßtechnik nur näherungsweise realisieren lassen. Auch dimensionsbehaftete Amplitudenfaktoren werden der Einfachheit halber weggelassen, bzw. die Signale werden grundsätzlich normiert behandelt.

Die *Sprungfunktion* $s(t)$ ergibt sich nach Bild 1.3 aus dem Grenzübergang $\varepsilon \to 0$ einer Stufenfunktion $\tilde{s}(t)$ und wird definiert als

$$s(t) = \begin{cases} 0 \text{ für } t < 0 \\ 1 \text{ für } t \geq 0 \end{cases} . \tag{1.4}$$

Der Wert an der Unstetigkeitsstelle kann auch anders definiert werden, z.B. durch $s(0) = 1/2$, wenn der Signalverlauf in eine gerade und eine ungerade Komponente zerlegt werden soll. Für das Ausgangssignal hat

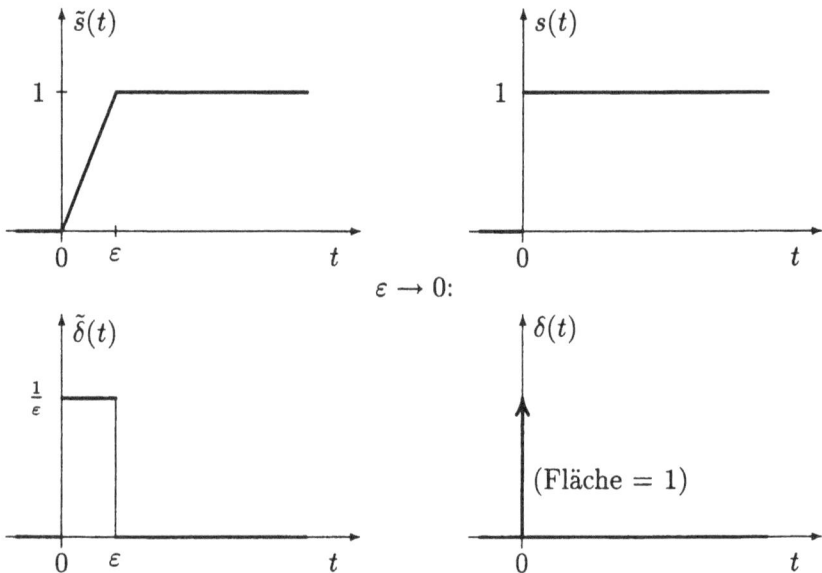

Bild 1.3 Zur Definition der Sprungfunktion $s(t)$ und des Deltaimpulses $\delta(t)$

dies in den meisten Fällen keine Konsequenzen, da der Unterschied eine sog. Nullfunktion darstellt, deren Energie identisch verschwindet.

Der *Dirac*- oder *Deltaimpuls* $\delta(t)$ ist gemäß Bild 1.3 definiert als der Grenzwert $\varepsilon \to 0$ eines Rechteckimpulses $\tilde{\delta}(t)$ mit der Impulsfläche $\varepsilon \cdot 1/\varepsilon = 1$. Er kann aufgefaßt werden als der Differentialquotient

$$\delta(t) = \lim_{\varepsilon \to 0} \frac{\mathrm{d}\tilde{s}(t)}{\mathrm{d}t} = \frac{\mathrm{d}s(t)}{\mathrm{d}t} \ . \tag{1.5}$$

$\delta(t)$ stellt keine Funktion im klassischen Sinne der Analysis dar, weil im Zeitnullpunkt kein Funktionswert definiert werden kann. In der Mathematik wird der Grenzwert von Gl. (1.5) als *Distribution* bezeichnet, und man kann zeigen, daß hierauf die meisten Rechenregeln für Funktionen anwendbar sind. Insbesondere gilt auch die Umkehrung

$$s(t) = \int\limits_{-\infty}^{t} \delta(\tau) \, \mathrm{d}\tau \ . \tag{1.6}$$

Eine wichtige Beziehung, die eine besondere Eigenschaft des Deltaimpulses zeigt, ist das Integral mit einer stetigen Funktion $f(t)$, die auch als *Ausblendeigenschaft* bezeichnet wird:

$$\int\limits_{-\infty}^{\infty} f(\tau)\delta(t-\tau)\,\mathrm{d}\tau = f(t)\,. \tag{1.7}$$

An der Stelle $\tau = t$ hebt $\delta(t-\tau)$ den Funktionswert $f(t)$ heraus und man erhält

$$\int\limits_{-\infty}^{\infty} f(t)\delta(t-\tau)\,\mathrm{d}\tau = f(t) \int\limits_{-\infty}^{\infty} \delta(t-\tau)\,\mathrm{d}\tau\,.$$

Damit ist Gl. (1.7) bewiesen, da die Integration des Deltaimpulses den Wert Eins ergibt.

Die Anregung des Systems mit der Sprungfunktion $x(t) = s(t)$ liefert als Ausgangssignal die *Sprungantwort* $y(t) = a(t)$, während die Impulsanregung $x(t) = \delta(t)$ zur *Impulsantwort* $y(t) = h(t)$ führt. Diese Zusammenhänge sollen durch Bild 1.4 veranschaulicht werden.

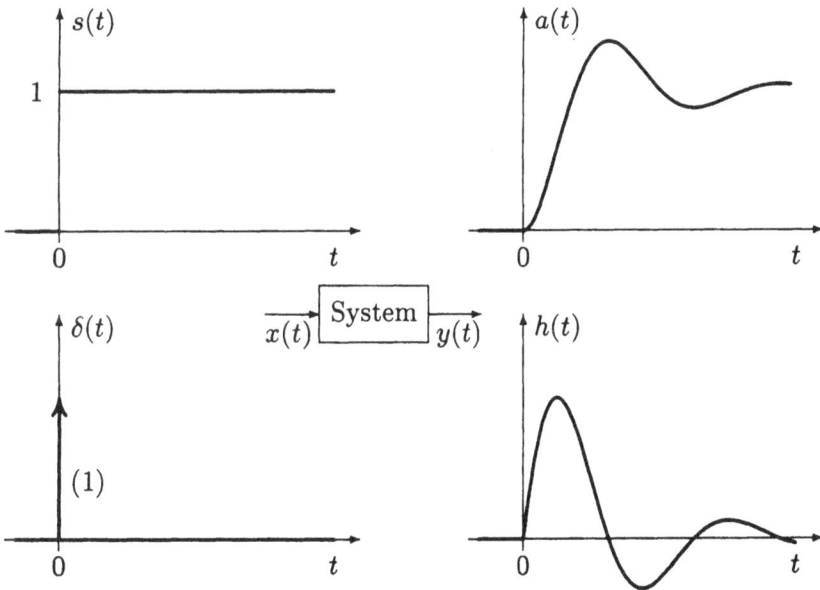

Bild 1.4 Veranschaulichung der Sprungantwort $a(t)$ und der Impulsantwort $h(t)$

Die Gln. (1.5) und (1.6) stellen mathematische Beziehungen zwischen der Delta- und der Sprungfunktion her. Ein entsprechender Zusammenhang soll nun für die Impuls- und Sprungantwort hergeleitet werden. Nach Bild 1.5 läßt sich der Rechteckimpuls $\tilde{\delta}(t)$ als Differenz

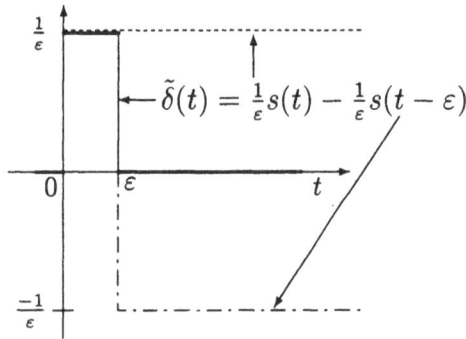

Bild 1.5 Rechteckimpuls $\tilde{\delta}(t)$ als Superposition zweier Sprungfunktionen

zweier Sprungfunktionen darstellen. Damit erhält man für ein LZI-System nach dem Superpositionsprinzip die Rechteckantwort

$$\tilde{h}(t) = \frac{1}{\varepsilon}a(t) - \frac{1}{\varepsilon}a(t-\varepsilon) = \frac{a(t) - a(t-\varepsilon)}{\varepsilon} \,.$$

Wird nun der Grenzübergang $\varepsilon \to 0$ gebildet, so ergibt sich

$$h(t) = \lim_{\varepsilon \to 0} \tilde{h}(t) = \frac{\mathrm{d}a(t)}{\mathrm{d}t} \,. \tag{1.8}$$

Die Impulsantwort $h(t)$ erhält man also durch Differentiation der Sprungantwort $a(t)$, und es gilt natürlich auch die Umkehrung entsprechend Gl.(1.6):

$$a(t) = \int\limits_{-\infty}^{t} h(\tau)\,\mathrm{d}\tau \,. \tag{1.9}$$

Die praktische Bedeutung der Gln. (1.8) und (1.9) liegt darin, daß die Zusammenhänge zwischen der für theoretische Betrachtungen wichtigen Impulsantwort und der meßtechnisch problemloser erfaßbaren Sprungantwort hergestellt werden.

### 1.1.2 Ein Beispiel zur Sprung- und Impulsantwort

Als Anwendungsbeispiel betrachten wir die $CR$-Schaltung von Bild 1.6, für die sich folgende Kirchhoffsche Maschengleichungen aufstellen lassen:

$$x(t) = \frac{1}{C}\int i(t)\,\mathrm{d}t + y(t) \,,$$
$$y(t) = Ri(t) \,.$$

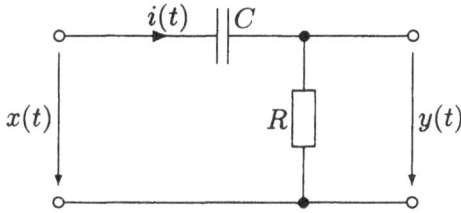

Bild 1.6 $CR$-Schaltung

Die zweite Gleichung in die erste eingesetzt, liefert nach einmaliger Differentiation folgende lineare Differentialgleichung (Dgl.) 1. Ordnung:

$$\dot{y}(t) + \frac{1}{RC}y(t) = \dot{x}(t)\,.$$

Hierbei symbolisiert der Punkt über den Variablen die einfache Differentiation nach der Zeit, und die Lösung der homogenen Dgl.

$$\dot{y}(t) + \frac{1}{RC}y(t) = 0$$

lautet gemäß der Theorie linearer Differentialgleichungen:

$$y_h(t) = K\,e^{-t/T}\,, \quad T = RC\,.$$

Es soll zuerst die Sprungantwort berechnet werden, also $y(t)$ für $x(t) = s(t)$ bzw. $\dot{x} = \delta(t)$ nach Gl. (1.5). Die Lösung der inhomogenen Dgl. ergibt sich durch Variation der Konstanten $K = K(t)$:

$$\dot{K}(t)\,e^{-t/T} + K(t)\,e^{-t/T}\left(\frac{-1}{T}\right) + \frac{1}{T}K(t)\,e^{-t/T} = \delta(t)\,.$$

Hieraus folgt nach Kürzung des zweiten und dritten Summanden auf der linken Seite mit der Ausblendeigenschaft des Deltaimpulses:

$$\dot{K}(t) = e^{t/T}\delta(t) = \delta(t)$$

und durch Integration mit Gl. (1.6):

$$K(t) = s(t)\,.$$

Damit erhält man die Sprungantwort der $CR$-Schaltung zu

$$y(t) = a(t) = s(t)\,e^{-t/T}\,, \quad T = RC\,,$$

deren prinzipiellen Verlauf Bild 1.7 zeigt. Die Impulsantwort wird nach
Gl. (1.8) durch Differentiation der Sprungantwort berechnet, wobei die
Produktregel der Differentialrechnung zusammen mit der Ausbldei-
genschaft des Diracimpulses liefert:

$$h(t) = \frac{\mathrm{d}a(t)}{\mathrm{d}t} = \delta(t)\,\mathrm{e}^{-t/T} + s(t)\,\mathrm{e}^{-t/T}\left(\frac{-1}{T}\right) = \delta(t) - s(t)\frac{1}{T}\,\mathrm{e}^{-t/T}\,.$$

Dieser Zeitverlauf ist ebenfalls in Bild 1.7 dargestellt.

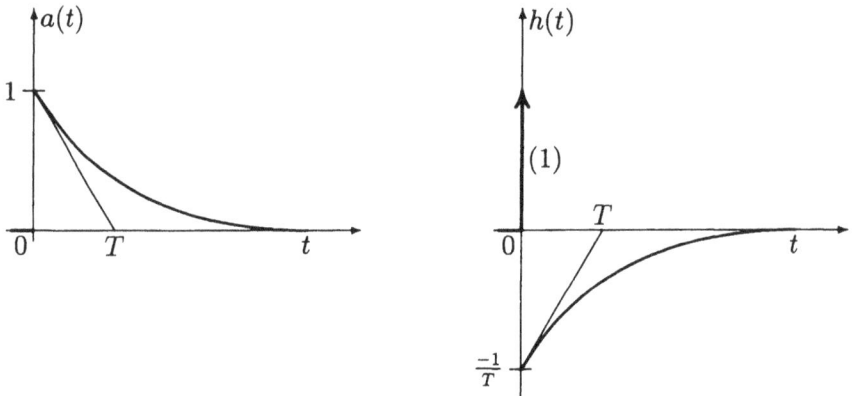

Bild 1.7 Sprung- und Impulsantwort der $CR$-Schaltung

Die meßtechnische Bestätigung dieser Ergebnisse wäre mit mehreren
Schwierigkeiten verbunden, die u.a. mit der sog. Impulsdurchlässigkeit dieser Schaltung zusammenhängen. Die berechnete Sprungantwort enthält eine Unstetigkeit, während die Impulsantwort darüber
hinaus im Zeitnullpunkt undefiniert ist. Die Signale realer physika-
lischer Systeme sind zumindest stetig, so daß sich zwangsläufig Abweichungen ergeben müssen. Ein weiteres Problem hängt mit der Di-
mensionsbehaftung der berechneten Impulsanwort zusammen, wobei
der Deltaimpuls nur auf den ersten Blick dimensionslos erscheint, da
der in Klammern stehende Wert für seine Fläche gilt. Trotz solcher
und ähnlicher Mängel, die die Systemtheorie mit sich bringt, wäre ein
tieferes Verständnis der Nachrichten- oder Regelungstechnik ohne sie
nicht denkbar.

### 1.1.3 Die Faltung

Wir wollen uns nun einer grundlegenden Aufgabenstellung der Systemtheorie zuwenden, nämlich der Berechnung des Ausgangssignales aus
der bekannten Systembeschreibung und dem Eingangssignal. Liegt am
Systemeingang eine beliebige Zeitfunktion $x(t)$, so ersetzt man diese
näherungsweise mit Hilfe einer Treppenapproximation $\tilde{x}(t)$ nach Bild
1.8. Hierbei stimmen die Amplitudenwerte der Approximation mit den
äquidistanten Werten $x(n\Delta\tau)$ der ursprünglichen Funktion überein,
wenn für diese zunächst Stetigkeit gefordert wird.

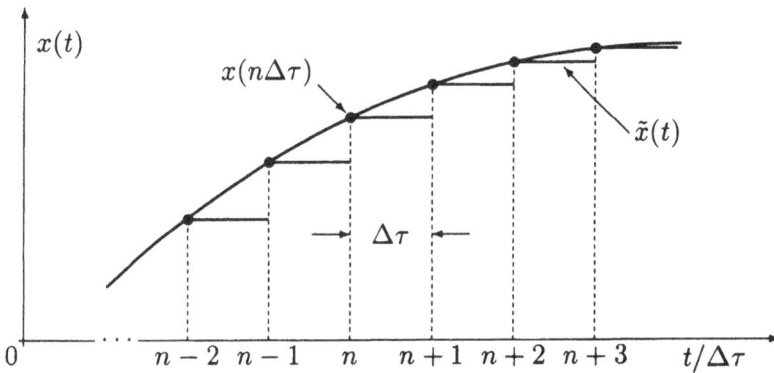

Bild 1.8 Approximation einer stetigen Funktion $x(t)$ durch eine Treppenfunktion
$\tilde{x}(t)$

Die Treppenfunktion $\tilde{x}(t)$ kann aufgefaßt werden als eine Folge von
Einheits-Rechteckimpulsen gemäß Bild 1.3, multipliziert mit dem Am-
plitudenverhältnis $x(n\Delta\tau):(1/\Delta\tau)$, und man erhält

$$\tilde{x}(t) = \sum_{n=-\infty}^{\infty} \tilde{\delta}(t - n\Delta\tau)\frac{x(n\Delta\tau)}{\frac{1}{\Delta\tau}} = \sum_{n=-\infty}^{\infty} x(n\Delta\tau)\tilde{\delta}(t - n\Delta\tau)\Delta\tau\,.$$

Jeder verschobene Rechteckimpuls $\tilde{\delta}(t-n\Delta\tau)$ liefert am Ausgang eines
LZI-Systems die verschobene Rechteckantwort $\tilde{h}(t - n\Delta\tau)$, und es gilt
mit dem Superpositionsprinzip:

$$\tilde{y}(t) = \sum_{n=-\infty}^{\infty} x(n\Delta\tau)\tilde{h}(t - n\Delta\tau)\Delta\tau\,. \qquad (1.10)$$

Durch Auswertung dieser Formel läßt sich die Systemantwort für ein
beliebiges Eingangssignal mit Hilfe einer meßtechnisch bestimmten
Rechteckantwort, die als Näherung der Impulsantwort zu betrachten

ist, durch Rechnerauswertung numerisch ermitteln. Hierbei ist von Vorteil, daß die mit $\Delta\tau$ zu multiplizierende Rechteckantwort dimensionslos wird. Da diese diskontinuierliche oder zeitdiskrete Faltungssumme in einem späteren Abschnitt noch ausführlich zu diskutieren ist, wollen wir uns der kontinuierlichen Formulierung zuwenden.

Läßt man die Stufenbreite $\Delta\tau$ in Bild 1.8 beliebig klein werden, so wird das Eingangssignal $x(t)$ durch die Treppenfunktion $\tilde{x}(t)$ beliebig genau approximiert. Mit dem Grenzübergang $\Delta\tau \to \mathrm{d}\tau$ bzw. $n\Delta\tau \to \tau$ gehen die Einheits-Rechteckimpulse in Deltaimpulse und die Summe der mit $x(n\Delta\tau)$ gewichteten Rechteckantworten in das sog. *Faltungsintegral* über:

$$y(t) = \int\limits_{-\infty}^{\infty} x(\tau)h(t-\tau)\,\mathrm{d}\tau\,. \qquad (1.11\,\mathrm{a})$$

Durch die Substitution $t - \tau = \vartheta$ läßt sich dieses Integral auch in folgender Form schreiben:

$$y(t) = \int\limits_{-\infty}^{\infty} h(\tau)x(t-\tau)\,\mathrm{d}\tau\,, \qquad (1.11\,\mathrm{b})$$

wenn man am Schluß der Umformung $\vartheta$ wieder durch $\tau$ ersetzt. Mit dem Symbol $*$ der Faltungsmultiplikation, die kommutativ ist, wird das Gleichungspaar (1.11) oft folgendermaßen abgekürzt:

$$y(t) = x(t) * h(t) = h(t) * x(t)\,. \qquad (1.12)$$

Für die Existenz der Faltungsintegrale bei beliebigem $t$ ist hinreichend, daß die eine der beteiligten Funktionen für alle $t$ beschränkt und die andere absolut integrabel ist. Wie man anhand von Gl. (1.7) erkennt, ist auch die Faltung mit einem Deltaimpuls erlaubt, die zu einem besonders einfachen Ergebnis führt:

$$f(t) * \delta(t) = f(t)\,. \qquad (1.13)$$

In der Systemtheorie spielen *kausale Systeme*, bei denen die Impulsantwort für negative Zeiten verschwindet, eine nicht unwesentliche Rolle, da reale technische Systeme diese Eigenschaft grundsätzlich besitzen. Häufig interessiert man sich darüber hinaus für *einseitige Eingangssignale*, die ebenfalls für negative Zeiten verschwinden. Unter den Bedingungen

$$h(t) = x(t) = 0 \quad \text{für} \quad t < 0\,, \qquad (1.14)$$

lassen sich die Faltungsintegrale mit endlichen Grenzen aufschreiben:

$$y(t) = \int_0^t x(\tau)h(t-\tau)\,\mathrm{d}\tau = \int_0^t h(\tau)x(t-\tau)\,\mathrm{d}\tau , \qquad (1.15)$$

da beide Faktoren der Integranden für negative Argumente identisch verschwinden müssen.

Als Beispiel zeigt Bild 1.9 die punktweise Durchführung der Faltung zweier einseitiger Funktionen. Hierbei ist $h(t)$ die Impulsantwort der $CR$-Schaltung von Bild 1.7 und $x(t)$ die Sprungfunktion. Das Ergebnis muß also die Sprungantwort von Bild 1.7 sein, was durch Auswertung eines der beiden Integrale in Gl. (1.15) nachgewiesen werden soll.

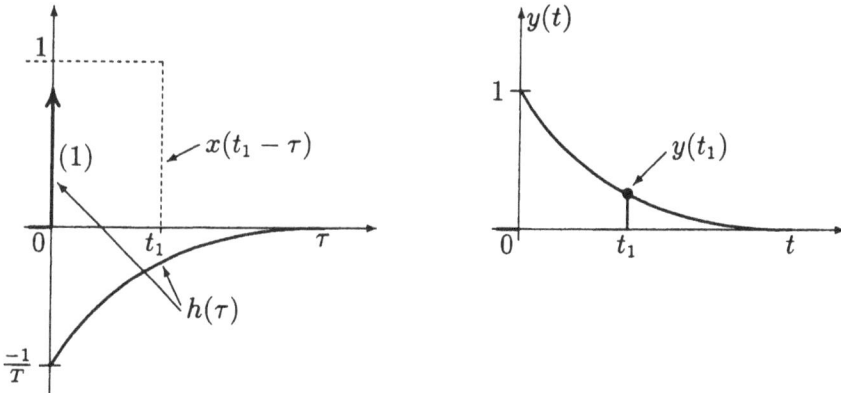

Bild 1.9 Faltung der Impulsantwort $h(t)$ der $CR$-Schaltung mit der Sprungfunktion $x(t) = s(t)$

Zur Durchführung der Faltung in dem Koordinatensystem mit der Zeitvariablen $\tau$ muß man, wie es in Gl. (1.15) verlangt wird, eine der beiden Kurven bis zum Zeitpunkt $\tau = t_1$ verschieben und um diesen Punkt „falten". Man berechnet dann punktweise das Produkt der beiden Funktionen von 0 bis $t_1$ und bildet hiervon die Fläche, deren Wert die Signalamplitude $y(t_1)$ darstellt. Diese Operation muß für jeden Zeitpunkt $t$ durchgeführt werden. In analytischer Form ergibt sich mit dem zweiten Integral in Gl. (1.15):

$$y(t) = \int_0^t \left[ \delta(\tau) - s(\tau)\frac{1}{T}\,\mathrm{e}^{-t/T} \right] s(t-\tau)\,\mathrm{d}\tau .$$

Da das Integral für negative Werte von $t$ identisch verschwinden muß

und die beiden Sprungfunktionen für positive Argumente den Wert
Eins annehmen, kann man auch schreiben

$$y(t) = s(t) \int\limits_0^t \left[ \delta(\tau) - \frac{1}{T} e^{-\tau/T} \right] d\tau = s(t) \left[ 1 + e^{-\tau/T} \right]_0^t = s(t) e^{-t/T}$$

und erhält damit die Sprungantwort der $CR$-Schaltung.

Durch die Faltung ist eine grundlegende Aufgabenstellung der Systemtheorie gelöst worden. Noch nicht gelöst ist jedoch die Auflösung der
Integralgleichungen (1.11) bzw. (1.15) nach einem der beiden Faktoren des Integranden, nämlich $h(t)$ oder $x(t)$. Da die direkte Analyse
im Zeitbereich in vielen Fällen Schwierigkeiten mit sich bringt, sind
weitere Methoden entwickelt worden, die den Frequenzbereich mit ein-
beziehen.

## 1.2   Die Fourier-Transformation

In elektrotechnischen Grundlagenvorlesungen wurde die Analyse linearer Netzwerke im stationären Zustand mit der Methode der komplexen Wechselstromrechnung behandelt. Hierbei konnte gezeigt werden,
daß jeder Strom und jede Spannung – als Ausgangssignal betrachtet –
in der Form

$$y(t) = H(j\omega) e^{j\omega t} = A(\omega) e^{j[\omega t + \varphi(\omega)]} \qquad (1.16)$$

dargestellt werden kann, wenn die Erregung des Netzwerkes nur durch
komplexe harmonische Schwingungen

$$x(t) = e^{j\omega t} = \cos(\omega t) + j \sin(\omega t) \qquad (1.17)$$

erfolgt. Die tatsächlich meßbaren Zeitfunktionen erhält man durch Re-
alteilbildung der komplexen Signale. Insbesondere gilt für ein Ausgangssignal nach Gl. (1.16):

$$\mathrm{Re}[y(t)] = A(\omega) \cos[\omega t + \varphi(\omega)].$$

Durch Messung der Amplitude $A(\omega)$ und der Phase $\varphi(\omega)$ einer reellen Kosinusschwingung läßt sich damit die komplexe Funktion $H(j\omega)$,
die sog. *Übertragungsfunktion*, bestimmen. Diese ist genauso charakteristisch für ein Netzwerk wie seine Differentialgleichung oder Impulsantwort.

### 1.2.1 Das Fourier-Integral

Wenn die Übertragungsfunktion auch zur Charakterisierung eines LZI-Systems herangezogen werden kann, dann stellt die harmonische Schwingung von Gl. (1.17) eine Testfunktion dar, deren Bedeutung mit der des Deltaimpulses vergleichbar ist. Wir wollen diese komplexe Anregung deshalb in das Faltungsintegral nach Gl (1.11 b) einsetzen und erhalten durch Faktorisierung der Exponentialfunktion

$$y(t) = \int\limits_{-\infty}^{\infty} h(\tau)\, e^{\,j\omega(t-\tau)}\, d\tau = e^{\,j\omega t} \int\limits_{-\infty}^{\infty} h(\tau)\, e^{\,-j\omega\tau}\, d\tau \; .$$

Das Ausgangssignal $y(t)$ ist also in diesem Fall dem Eingangssignal $x(t)$ proportional, wie in Gl. (1.16). Setzen wir zunächst die Konvergenz des komplexen Integrales voraus, so muß gelten:

$$H(j\omega) = \left.\frac{y(t)}{x(t)}\right|_{x(t)=e^{\,j\omega t}} = \int\limits_{-\infty}^{\infty} h(t)\, e^{\,-j\omega t}\, dt \; . \tag{1.18}$$

Die Übertragungsfunktion eines Systems läßt sich demnach einerseits mit stationären Analyseverfahren und andererseits über eine Integralbeziehung aus der Impulsantwort $h(t)$ berechnen. Man bezeichnet dieses Integral als *Fourier-Integral* und $H(j\omega)$ als die Fourier-Transformierte von $h(t)$.

Dieses Ergebnis soll auf die $CR$-Schaltung von Bild 1.6 angewendet werden, und man erhält zunächst mit Hilfe der Spannungsteiler-Formel

$$H(j\omega) = \frac{R}{\frac{1}{j\omega C} + R} = \frac{j\omega RC}{1 + j\omega RC} = \frac{j\omega T}{1 + j\omega T} \; .$$

Die Impulsantwort der $CR$-Schaltung nach Abschn. 1.1.2 ins Fourier-Integral eingesetzt, liefert mit der Ausblendeigenschaft des Deltaimpulses und der einseitigen Sprungfunktion:

$$H(j\omega) = \int\limits_{-\infty}^{\infty} \left[\delta(t) - s(t)\frac{1}{T}\, e^{\,-t/T}\right] e^{\,-j\omega t}\, dt$$

$$= 1 - \frac{1}{T} \int\limits_{0}^{\infty} e^{\,-t(1/T + j\omega)}\, dt \; .$$

Der nächste Schritt ist elementare Integralrechnung und führt schließlich zum bereits bekannten Resultat

$$H(j\omega) = 1 + \frac{1}{T(\frac{1}{T} + j\omega)} e^{-t(1/T + j\omega)} \bigg|_0^\infty = 1 - \frac{1}{1 + j\omega T} = \frac{j\omega T}{1 + j\omega T}.$$

Allgemein läßt sich einer Zeitfunktion $f(t)$ durch *Fourier-Transformation* (abgekürzt FT) die Frequenz- oder Spektralfunktion

$$F(j\omega) = \text{FT}[f(t)] = \int_{-\infty}^{\infty} f(t) e^{-j\omega t} dt \qquad (1.19)$$

zuordnen. Das Fourier-Integral konvergiert, wenn $f(t)$ absolut integrabel und von beschränkter Variation ist. D.h., daß $|f(t)|$ für große $|t|$ genügend schnell gegen Null streben muß und $f(t)$ in jedem endlichen Intervall nur eine endliche Bogenlänge haben darf. Unter diesen Voraussetzungen kann man die Zeitfunktion $f(t)$ durch *inverse Fourier-Transformation* (abgekürzt FT$^{-1}$) aus der Spektralfunktion zurückgewinnen:

$$f(t) = \text{FT}^{-1}[F(j\omega)] = \frac{1}{2\pi} \int_{-\infty}^{\infty} F(j\omega) e^{j\omega t} d\omega . \qquad (1.20)$$

Zum Beweis dieser Formel (s. Aufg. 1.2) wird Gl. (1.19) – mit der Zeitvariablen $\tau$ statt $t$ – in Gl. (1.20) eingesetzt. Die Korrespondenz zwischen dem Zeit- und Frequenzbereich drückt man oft durch folgendes Symbol aus:

$$f(t) \quad \circ\!\!-\!\!\bullet \quad F(j\omega) .$$

Die Impulsantwort der $CR$-Schaltung erfüllt nicht die obigen Voraussetzungen, denn der Deltaimpuls ist nicht von beschränkter Variation. Trotzdem führt die FT offensichtlich zum richtigen Ergebnis. Dies ist dadurch zu erklären, daß die Konvergenzbedingungen zwar hinreichend, aber nicht unbedingt notwendig sind. Insbesondere erhält man aus dem Transformationspaar (1.19), (1.20) folgende wichtige Identität bzw. Korrespondenz:

$$\delta(t) = \frac{1}{2\pi} \int_{-\infty}^{\infty} e^{j\omega t} d\omega \quad \circ\!\!-\!\!\bullet \quad 1 . \qquad (1.21)$$

Diese Gleichung läßt sich nur als Grenzwert $\Omega \to \infty$ des Integrals

$$\delta_\Omega(t) = \frac{1}{2\pi} \int\limits_{-\Omega}^{\Omega} e^{j\omega t} \, d\omega = \frac{\sin(\Omega t)}{\pi t} \qquad (1.22)$$

verstehen. Mit wachsenden Werten von $\Omega > 0$ strebt die stetige Funktion $\delta_\Omega(t)$ gegen den Deltaimpuls, wie durch Bild 1.10 veranschaulicht werden soll.

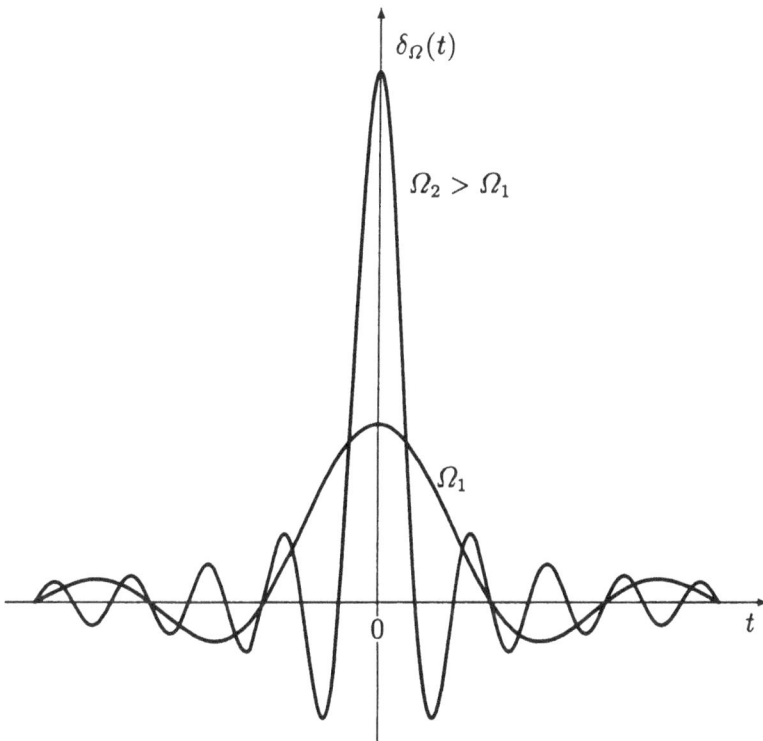

Bild 1.10 Zur Veranschaulichung von Gl. (1.22)

## 1.2.2 Die Fourier-Transformation reeller Zeitfunktionen

Die meßbaren Signale realer technischer Systeme sind stets reell, so daß die FT dieser Signalklasse von besonderer Bedeutung ist. Wir werden uns aber auch mit komplexen Zeitfunktionen beschäftigen, da man auf Grund übergeordneter Betrachtungen auf sie nicht verzichten kann.

Jede reelle Zeitfunktion $f(t)$ läßt sich in eine gerade und eine ungerade
Komponente zerlegen:

$$f(t) = f_{\mathrm{g}}(t) + f_{\mathrm{u}}(t)\,. \tag{1.23}$$

Hierbei gilt für den geraden Anteil

$$f_{\mathrm{g}}(t) = \frac{1}{2}[f(t) + f(-t)] = f_{\mathrm{g}}(-t) \tag{1.24 a}$$

und für den ungeraden

$$f_{\mathrm{u}}(t) = \frac{1}{2}[f(t) - f(-t)] = -f_{\mathrm{u}}(-t)\,. \tag{1.24 b}$$

Als Beweis braucht man lediglich die beiden letzten Gleichungen zu
addieren, um Gl. (1.23) zu erhalten. Tritt in $f(t)$ eine Sprungstelle
im Zeitnullpunkt auf, so ist an dieser Unstetigkeitsstelle der arithme-
tische Mittelwert des links- und rechtsseitigen Grenzwertes einzuset-
zen. Ein möglicher Deltaimpuls im Zeitnullpunkt ist gemäß Gl. (1.22)
als Grenzwert einer geraden Funktion aufzufassen. Bild 1.11 zeigt die
entsprechende Aufspaltung der Impulsantwort der $CR$-Schaltung von
Abschn. 1.1.2.

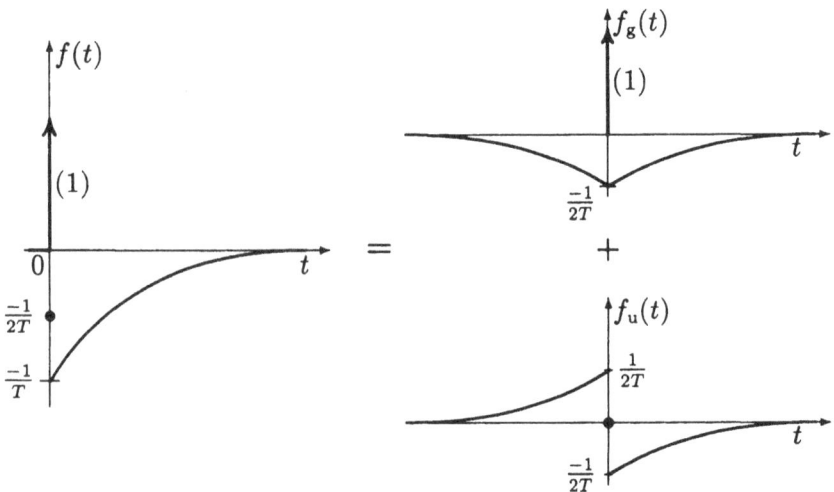

Bild 1.11 Aufspaltung der Impulsantwort der $CR$-Schaltung in den geraden und
ungeraden Anteil

Gl. (1.23) in das Fourier-Integral nach Gl. (1.19) eingesetzt, liefert mit der Eulerschen Beziehung entsprechend Gl. (1.17):

$$F(j\omega) = \int\limits_{-\infty}^{\infty} f_g(t)\cos(\omega t)\,dt - j\int\limits_{-\infty}^{\infty} f_u(t)\sin(\omega t)\,dt$$

$$+ \int\limits_{-\infty}^{\infty} f_u(t)\cos(\omega t)\,dt - j\int\limits_{-\infty}^{\infty} f_g(t)\sin(\omega t)\,dt\,. \qquad (1.25)$$

Da die Integranden der beiden letzten Integrale dieser Gleichung ungerade Funktionen in $t$ sind, ist der Wert dieser zwei Integrale gleich Null. Mit der Aufspaltung von $F(j\omega)$ in Real- und Imaginärteil

$$F(j\omega) = R(\omega) + jX(\omega)\,, \qquad (1.26)$$

folgt aus Gl. (1.25) unter Beachtung der geraden Integranden bezüglich der Zeit $t$:

$$R(\omega) = 2\int\limits_{0}^{\infty} f_g(t)\cos(\omega t)\,dt = R(-\omega)\,, \qquad (1.27\,a)$$

$$X(\omega) = -2\int\limits_{0}^{\infty} f_u(t)\sin(\omega t)\,dt = -X(-\omega)\,. \qquad (1.27\,b)$$

Diesem Gleichungspaar ist zu entnehmen, daß der Realteil $R(\omega)$ eine gerade Funktion darstellt, während der Imaginärteil $X(\omega)$ ungerade in $\omega$ ist. Die FT einer reellen geraden Zeitfunktion ist demnach eine reelle gerade Funktion und die FT einer reellen ungeraden Zeitfunktion ist imaginär und ungerade. Weiter folgt aus der Darstellung durch Betrag und Phase

$$F(j\omega) = A(\omega)\,e^{j\varphi(\omega)}\,, \qquad (1.28)$$

mit

$$A(\omega) = [R^2(\omega) + X^2(\omega)]^{1/2} = A(-\omega)\,, \qquad (1.29\,a)$$

$$\varphi(\omega) = \arctan\left[\frac{X(\omega)}{R(\omega)}\right] + k\pi = -\varphi(-\omega)\,, \qquad (1.29\,b)$$

daß der Betrag $A(\omega)$ eine gerade und die Phase $\varphi(\omega)$ eine ungerade Funktion sein muß. Die Phase, die nur bis auf ganzzahlige Vielfache von $2\pi$ eindeutig ist, muß in den vier Quadranten der komplexen Ebene verschieden berechnet werden:

$$k = \begin{cases} 0 \text{ für } R(\omega) \geq 0 \\ 1 \text{ für } R(\omega) < 0, \ X(\omega) > 0 \\ -1 \text{ für } R(\omega) < 0, \ X(\omega) < 0 \end{cases} . \qquad (1.30)$$

Für $R(\omega) < 0$, $X(\omega) = 0$ wird $k$ in Abhängikeit von $\omega$ so festgelegt, daß $\varphi(\omega)$ eine ungerade Funktion darstellt. Setzt man Gl. (1.26) in das inverse Fourier-Integral nach Gl. (1.20) ein, so ergeben sich die Umkehrbeziehungen zu den Gln. (1.27):

$$f_{\mathrm{g}}(t) = \frac{1}{\pi} \int\limits_0^\infty R(\omega) \cos(\omega t) \, \mathrm{d}\omega \,, \qquad (1.31\,\mathrm{a})$$

$$f_{\mathrm{u}}(t) = -\frac{1}{\pi} \int\limits_0^\infty X(\omega) \sin(\omega t) \, \mathrm{d}\omega \,. \qquad (1.31\,\mathrm{b})$$

Entsprechend erhält man aus der Betrags-Phasen-Darstellung der Gln. (1.28) und (1.29)

$$f(t) = \frac{1}{\pi} \int\limits_0^\infty A(\omega) \cos[\omega t + \varphi(\omega)] \, \mathrm{d}\omega \,. \qquad (1.32)$$

Im Falle reeller Zeitfunktionen kann also eine reelle Darstellung der FT angegeben werden. Zur Rücktransformation in den Zeitbereich sind die Spektralanteile bei negativen Frequenzen grundsätzlich nicht erforderlich. Die Einbeziehung negativer Frequenzen (und negativer Zeiten) ergibt sich erst aus der allgemeingültigen komplexen Schreibweise der Hin- und Rücktransformation. Ferner zeigt sich, daß die praktische Auswertung der Integrale in der Exponentialschreibweise auch für reelle Zeitfunktionen günstiger ist.

Als Anwendung der obigen Ergebnisse sollen die Korrespondenzen des geraden und ungeraden Anteils der Impulsantwort der $CR$-Schaltung von Bild 1.11 aufgestellt werden:

$$f_{\mathrm{g}}(t) = \delta(t) - \frac{1}{2T} \, \mathrm{e}^{-|t|/T} \quad \circ\!\!-\!\!\bullet \quad \frac{(\omega T)^2}{1 + (\omega T)^2} = R(\omega) \,,$$

$$f_{\mathrm{u}}(t) = \mathrm{sgn}(t) \frac{-1}{2T} \, \mathrm{e}^{-|t|/T} \quad \circ\!\!-\!\!\bullet \quad \frac{\mathrm{j}\omega T}{1 + (\omega T)^2} = \mathrm{j}X(\omega) \,.$$

Für die hier verwendete (ungerade) *Signumfunktion* gilt

$$\text{sgn}(t) = \begin{cases} -1 \text{ für } t < 0 \\ \phantom{-}0 \text{ für } t = 0 \\ \phantom{-}1 \text{ für } t > 0 \end{cases}. \tag{1.33}$$

Aus dem Real- und Imaginärteil, deren prinzipielle Verläufe Bild 1.12 zeigt, erhält man den Betrag und die Phase

$$A(\omega) = \frac{|\omega T|}{[1 + (\omega T)^2]^{1/2}}, \quad \varphi(\omega) = \arctan\frac{1}{\omega T},$$

die ebenfalls in Bild 1.12 dargestellt sind.

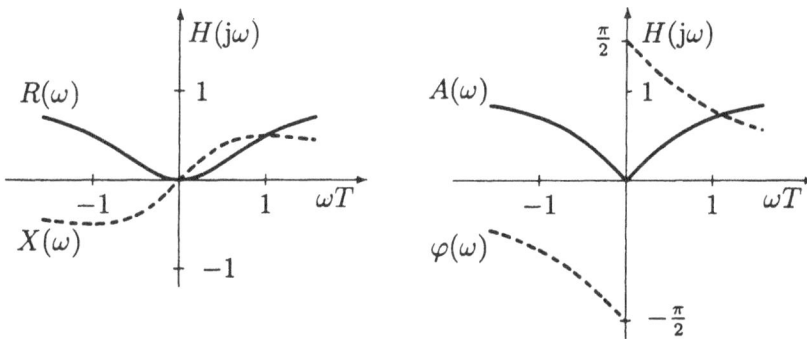

Bild 1.12 Übertragungsfunktion der $CR$-Schaltung als Real- und Imaginärteil sowie Betrag und Phase

### 1.2.3 Eigenschaften der Fourier-Transformation

Der Zusammenhang zwischen einer Zeitfunktion und ihrem Spektrum wird grundsätzlich durch das Fourier-Integral und die zugehörige Umkehrbeziehung hergestellt. Der Umgang mit diesem systemtheoretischen Verfahren, welches für die Nachrichtentechnik von zentraler Bedeutung ist, wird erst in einfacher Weise möglich, wenn einige wesentliche Sätze hierzu bekannt sind. Die wichtigsten dieser sog. Theoreme zur FT sollen in diesem Abschnitt behandelt werden.

**a) Faltungssatz**  Von fundamentaler Bedeutung für die Anwendung der FT ist der Faltungssatz, der die recht aufwendige Faltung zweier Zeitfunktionen $f_1(t)$ und $f_2(t)$ gemäß

$$f(t) = \int\limits_{-\infty}^{\infty} f_1(\tau) f_2(t-\tau)\, d\tau$$

in eine erheblich einfachere Operation überführt. Wir transformieren die obige Beziehung mit Gl. (1.19) in den Spektralbereich und vertauschen anschließend die Reihenfolge der Integration:

$$F(j\omega) = \int\limits_{-\infty}^{\infty} \int\limits_{-\infty}^{\infty} f_1(\tau) f_2(t-\tau)\, d\tau\, e^{-j\omega t}\, dt$$

$$= \int\limits_{-\infty}^{\infty} \int\limits_{-\infty}^{\infty} f_1(\tau) f_2(t-\tau)\, e^{-j\omega t}\, dt\, d\tau\ .$$

Im nächsten Schritt gelingt mit der Substitution $\vartheta = t - \tau$ die Faktorisierung des Doppelintegrals:

$$F(j\omega) = \int\limits_{-\infty}^{\infty} \int\limits_{-\infty}^{\infty} f_1(\tau) f_2(\vartheta)\, e^{-j\omega(\tau+\vartheta)}\, d\vartheta\, d\tau$$

$$= \int\limits_{-\infty}^{\infty} f_1(\tau)\, e^{-j\omega\tau}\, d\tau \int\limits_{-\infty}^{\infty} f_2(\vartheta)\, e^{-j\omega\vartheta}\, d\vartheta\ .$$

Die beiden Integrale beschreiben die Spektren der Zeitfunktionen $f_1(t)$ und $f_2(t)$. Wir erhalten demnach das wichtige Ergebnis, daß der rechnerisch aufwendigen Faltung im Zeitbereich die einfache Multiplikation im Frequenzbereich entspricht. In symbolischer Schreibweise gilt also die Korrespondenz

$$f_1(t) * f_2(t) \quad \circ\!\!-\!\!\bullet \quad F_1(j\omega) F_2(j\omega)\ . \tag{1.34}$$

Insbesondere für $f_1(t) = h(t)$ und $f_2(t) = x(t)$ folgt somit aus Gl. (1.12) die grundlegende Systemgleichung im Spektralbereich:

$$Y(j\omega) = H(j\omega) X(j\omega)\ . \tag{1.35}$$

Da sich diese Gleichung sowohl nach $H(j\omega)$ als auch $X(j\omega)$ auflösen läßt, sind die im Zeitbereich nicht direkt lösbaren Aufgaben der Systemsynthese und Signalentzerrung über den Frequenzbereich grundsätzlich lösbar. Die detaillierte Vorgehensweise wird jedoch erst in späteren Kapiteln behandelt.

Als Anwendung des Faltungssatzes soll nochmals die Korrespondenz des Deltaimpulses von Gl. (1.21) bestätigt werden. Dazu wird Gl. (1.13) in den Spektralbereich transformiert und es ergibt sich

$$F(j\omega)\mathrm{FT}[\delta(t)] = F(j\omega).$$

Diese Gleichung im Frequenzbereich ist allgemein nur erfüllt für $\mathrm{FT}[\delta(t)] = 1$ bzw. $\delta(t)$ ∘——• $1$.

**b) Superpositionssatz** Für eine Summe von Zeitfunktionen gilt mit den Konstanten $k_1$ und $k_2$

$$k_1 f_1(t) + k_2 f_2(t) \quad \circ\!\!-\!\!\bullet \quad \int\limits_{-\infty}^{\infty} [k_1 f_1(t) + k_2 f_2(t)]\, e^{-j\omega t}\, dt\,.$$

Nach Aufspaltung der rechten Seite in zwei Teilintegrale folgt hieraus der Superpositionssatz

$$k_1 f_1(t) + k_2 f_2(t) \quad \circ\!\!-\!\!\bullet \quad k_1 F_1(j\omega) + k_2 F_2(j\omega)\,, \tag{1.36}$$

der besagt, daß die Fourier-Transformation einer Summe von Zeitfunktionen gleich der Summe der Fourier-Transformierten der einzelnen Zeitfunktionen ist. Dieser Satz hat beispielsweise zur Konsequenz, daß die Kirchhoffschen Regeln, die ursprünglich für den Zeitbereich aufgestellt wurden, auch im Frequenzbereich gültig sind.

Aus dem Superpositionssatz erhält man für die zu $f(t) = f_1(t) + j f_2(t)$ konjugiert-komplexe Zeitfunktion (Beweis s. Aufg. 1.4):

$$f^*(t) = f_1(t) - j f_2(t) \quad \circ\!\!-\!\!\bullet \quad F^*(-j\omega)\,. \tag{1.37}$$

Es sei an dieser Stelle nochmals darauf hingewiesen, daß komplexe Zeitfunktionen zwar nicht physikalisch realisierbar, aber trotzdem in einigen Fällen von theoretischem Interesse sind.

**c) Ähnlichkeitssatz**   Die Anwendung der FT erfordert bei gewissen
Aufgabenstellungen eine Multiplikation des Argumentes der Zeit- oder
Spektralfunktion mit einem bestimmten Faktor. Für diese Dehnung
bzw. Stauchung oder auch Normierung durch die reelle Konstante $k$
gilt

$$f(kt) \quad \circ\!\!-\!\!\bullet \quad \int\limits_{-\infty}^{\infty} f(kt)\,\mathrm{e}^{-\mathrm{j}\omega t}\,\mathrm{d}t \; .$$

Die Substitution $\vartheta = kt$ liefert für $k > 0$

$$f(kt) \quad \circ\!\!-\!\!\bullet \quad \frac{1}{k}\int\limits_{-\infty}^{\infty} f(\vartheta)\,\mathrm{e}^{-\mathrm{j}\omega\vartheta/k}\,\mathrm{d}\vartheta = \frac{1}{k}F\left(\mathrm{j}\frac{\omega}{k}\right)$$

und für $k < 0$, wegen Invertierung der Integrationsgrenzen,

$$f(kt) \quad \circ\!\!-\!\!\bullet \quad \frac{-1}{k}\int\limits_{-\infty}^{\infty} f(\vartheta)\,\mathrm{e}^{-\mathrm{j}\omega\vartheta/k}\,\mathrm{d}\vartheta = \frac{-1}{k}F\left(\mathrm{j}\frac{\omega}{k}\right) \; .$$

Zusammengefaßt folgt hieraus für beliebige reelle $k \neq 0$:

$$f(kt) \quad \circ\!\!-\!\!\bullet \quad \frac{1}{|k|}F\left(\mathrm{j}\frac{\omega}{k}\right) \; . \tag{1.38}$$

Dieser Ähnlichkeitssatz, der besagt, daß der Dehnung einer Zeitfunktion die Stauchung des Spektrums entspricht und umgekehrt, ist von
grundlegender Bedeutung für die Systemtheorie. Er bringt die Eigenschaft zum Ausdruck, wonach ein kurzer zeitlicher Vorgang ein relativ
breites Spektrum besitzt und ein längeres Zeitsignal eine schmälere
Spektralfunktion. Bei der Normierung ist zu beachten, daß die Be-
zugskreisfrequenz $k$ automatisch die reziproke Bezugszeit darstellt.

Der Sonderfall $k = -1$ liefert die Korrespondenz zeitinverser Signale

$$f(-t) \quad \circ\!\!-\!\!\bullet \quad F(-\mathrm{j}\omega) \,, \tag{1.39}$$

für die bei reellen Zeitfunktionen gilt (Beweis s. Aufg. 1.5):

$$f(-t) \quad \circ\!\!-\!\!\bullet \quad F^{*}(\mathrm{j}\omega) \,. \tag{1.40}$$

**d) Verschiebungssatz** Ein wesentliches Grundelement der Signal-übertragung stellt die Verzögerung der Zeitfunktion $f(t)$ um die feste Zeit $t_0 > 0$ dar, wobei sich mit der Substitution $\vartheta = t - t_0$ ergibt

$$f(t - t_0) \quad \circ\!\!-\!\!\bullet \quad \int\limits_{-\infty}^{\infty} f(t - t_0)\,\mathrm{e}^{-\mathrm{j}\omega t}\,\mathrm{d}t = \mathrm{e}^{-\mathrm{j}\omega t_0} \int\limits_{-\infty}^{\infty} f(\vartheta)\,\mathrm{e}^{-\mathrm{j}\omega\vartheta}\,\mathrm{d}\vartheta \;.$$

Damit lautet der Verschiebungssatz für die Zeitverschiebung

$$f(t - t_0) \quad \circ\!\!-\!\!\bullet \quad F(\mathrm{j}\omega)\,\mathrm{e}^{-\mathrm{j}\omega t_0} \;. \tag{1.41}$$

Da der Betrag der Exponentialfunktion mit dem rein imaginären Argument gleich Eins ist, bewirkt die Verzögerung im Frequenzbereich lediglich eine Phasenänderung um $-\omega t_0$.

Die Verschiebung tritt nicht nur im Zeitbereich auf, sondern es ist auch denkbar, daß die Spektralfunktion $F(\mathrm{j}\omega)$ um die feste Kreisfrequenz $\omega_0$ verschoben ist. Hierfür gilt der Verschiebungssatz für die Frequenzverschiebung (Beweis wie oben):

$$f(t)\,\mathrm{e}^{\mathrm{j}\omega_0 t} \quad \circ\!\!-\!\!\bullet \quad F[\mathrm{j}(\omega - \omega_0)] \;. \tag{1.42}$$

Selbst bei einer reellen Zeitfunktion $f(t)$ entsteht hierbei ein komplexwertiges Signal im Zeitbereich. Da dies bei physikalisch realisierbaren Systemen nicht sein kann, muß in diesen Fällen immer ein entsprechend konjugiert-komplexer Term auftreten, der den Imaginärteil eliminiert.

**e) Differentiationssatz** Aus der Netzwerktheorie ist bekannt, daß in Systemen mit Energiespeichern stets auch zeitliche Ableitungen der Signale auftreten. Die Ableitung der überall differenzierbaren Zeitfunktion $f(t)$ nach $t$ ergibt mit Gl. (1.20)

$$\frac{\mathrm{d}f(t)}{\mathrm{d}t} = \frac{\mathrm{d}}{\mathrm{d}t} \frac{1}{2\pi} \int\limits_{-\infty}^{\infty} F(\mathrm{j}\omega)\,\mathrm{e}^{\mathrm{j}\omega t}\,\mathrm{d}\omega = \frac{1}{2\pi} \int\limits_{-\infty}^{\infty} \mathrm{j}\omega F(\mathrm{j}\omega)\,\mathrm{e}^{\mathrm{j}\omega t}\,\mathrm{d}\omega \;.$$

Hieraus folgt das Differentiationstheorem im Zeitbereich:

$$\frac{\mathrm{d}f(t)}{\mathrm{d}t} \quad \circ\!\!-\!\!\bullet \quad \mathrm{j}\omega F(\mathrm{j}\omega) \tag{1.43}$$

oder verallgemeinert auf die $n$-fache Ableitung:

$$\frac{\mathrm{d}^n f(t)}{\mathrm{d}t^n} \quad \circ\!\!-\!\!\bullet \quad (\mathrm{j}\omega)^n F(\mathrm{j}\omega) \;. \tag{1.44}$$

Für theoretische Betrachtungen interessiert auch die $n$-fache Ableitung der Spektralfunktion $F(\mathrm{j}\omega)$ nach $\omega$. Wird hierbei die $n$-fache Differenzierbarkeit vorausgesetzt, so gilt (Beweis wiederum wie oben):

$$(-\mathrm{j}t)^n f(t) \quad \circ\!\!-\!\!\bullet \quad \frac{\mathrm{d}^n F(\mathrm{j}\omega)}{\mathrm{d}\omega^n}\,. \tag{1.45}$$

**f) Symmetrietheorem**  Vergleicht man die Korrespondenzen (1.41) und (1.42) bzw. (1.44) und (1.45) miteinander, so sind gewisse Symmetrieeigenschaften zu erkennen. Diese Eigenschaften folgen aus den Grundgleichungen, denn das Fourier-Integral von Gl. (1.19) unterscheidet sich im Aufbau vom inversen Fourier-Integral nach Gl. (1.20) nur durch das Vorzeichen des Exponenten und den Faktor $2\pi$. Substituiert man in Gl. (1.20) die Zeit $t$ durch $-t$, so ergibt das nach Multiplikation mit dem Faktor $2\pi$

$$2\pi f(-t) = \int\limits_{-\infty}^{\infty} F(\mathrm{j}\omega)\,\mathrm{e}^{-\mathrm{j}\omega t}\,\mathrm{d}\omega\,.$$

Wird in dieser Beziehung ganz formal die Variable $t$ mit der Variablen $\omega$ vertauscht, so führt das zu

$$2\pi f(-\omega) = \int\limits_{-\infty}^{\infty} F(\mathrm{j}t)\,\mathrm{e}^{-\mathrm{j}\omega t}\,\mathrm{d}t\,.$$

Auf der rechten Seite dieser Gleichung steht wieder das Fourier-Integral mit der Zeitfunktion $F(\mathrm{j}t)$ im Integranden. Als zugehöriges Spektrum erhält man offensichtlich $2\pi f(-\omega)$. Dies ist die Aussage des Symmetrietheorems, welches besagt, daß aus der Korrespondenz

$$f(t) \quad \circ\!\!-\!\!\bullet \quad F(\mathrm{j}\omega)$$

folgt

$$F(\mathrm{j}t) \quad \circ\!\!-\!\!\bullet \quad 2\pi f(-\omega)\,. \tag{1.46}$$

Diese Korrespondenz mit dem Argument $\mathrm{j}t$ der neuen Zeitfunktion bzw. $-\omega$ der neuen Spektralfunktion ist deshalb recht unanschaulich, weil im allgemeinen Fall die ursprüngliche Zeitfunktion $f(t)$ auch komplex sein kann. Beschränkt man sich dagegen auf eine reelle Zeitfunktion $f(t) = f_\mathrm{g}(t) + f_\mathrm{u}(t)$, mit dem Spektrum $F(\mathrm{j}\omega) = R(\omega) + \mathrm{j}X(\omega)$, so läßt sich eine anschaulichere Form des Symmetrietheorems angeben, wonach aus der Korrespondenz

$$f_{\mathrm{g}}(t) + f_{\mathrm{u}}(t) \quad \circ\!\!-\!\!\bullet \quad R(\omega) + \mathrm{j}X(\omega)$$

folgt

$$R(t) + \mathrm{j}X(t) \quad \circ\!\!-\!\!\bullet \quad 2\pi[f_{\mathrm{g}}(\omega) - f_{\mathrm{u}}(\omega)] \,. \tag{1.47}$$

Dieses Theorem wird im folgenden noch häufig vorteilhaft zur Herleitung weiterer Korrespondenzen der FT angewendet.

**g) Multiplikationssatz und Parsevalsches Theorem** Der Faltungssatz von Korrespondenz (1.34) läßt sich beispielsweise in der Form

$$g_1(t) * g_2(t) \quad \circ\!\!-\!\!\bullet \quad G_1(\mathrm{j}\omega) \cdot G_2(\mathrm{j}\omega)$$

aufschreiben. Mit dem Symmetrietheorem nach Korrespondenz (1.46) folgt hieraus zunächst

$$\begin{aligned}
G_1(\mathrm{j}t) \cdot G_2(\mathrm{j}t) \quad \circ\!\!-\!\!\bullet \quad & 2\pi g_1(-\omega) * g_2(-\omega) \\
= \; & \frac{1}{2\pi}[2\pi g_1(-\omega)] * [2\pi g_2(-\omega)] \,.
\end{aligned}$$

Ersetzt man hierin die Korrespondenzen $G_i(\mathrm{j}t) \circ\!\!-\!\!\bullet 2\pi g_i(-\omega)$ durch $f_i(t) \circ\!\!-\!\!\bullet F_i(\mathrm{j}\omega)$, $i = 1, 2$, so ergibt sich der Multiplikationssatz

$$f_1(t) \cdot f_2(t) \quad \circ\!\!-\!\!\bullet \quad \frac{1}{2\pi} F_1(\mathrm{j}\omega) * F_2(\mathrm{j}\omega) \,, \tag{1.48}$$

der ausdrückt, daß der Multiplikation zweier Zeitfunktionen die Faltung der zugehörigen Spektren entspricht. Da diese Korrespondenz bei der sog. Amplitudenmodulation, die erst in Bd. 2 dieses Werkes behandelt wird, von großer Wichtigkeit ist, wird diese auch als *Modulationstheorem* bezeichnet.

Durch FT der linken Seite und Integraldarstellung der rechten Seite der Korrespondenz (1.48) läßt sich die folgende Gleichung aufstellen:

$$\int\limits_{-\infty}^{\infty} f_1(t) f_2(t) \, \mathrm{e}^{-\mathrm{j}\omega t} \, \mathrm{d}t = \frac{1}{2\pi} \int\limits_{-\infty}^{\infty} F_1(\mathrm{j}w) F_2[\mathrm{j}(\omega - w)] \, \mathrm{d}w \,.$$

Diese Identität muß für jeden Wert des Parameters $\omega$ erfüllt sein, also auch für $\omega = 0$. Betrachtet man ferner den Sonderfall $f_1(t) = f_2(t) =$

$f(t)$ und nimmt an, daß $f(t)$ reell ist, so erhält man mit den Korrespondenzen (1.39) und (1.40):

$$\int\limits_{-\infty}^{\infty} f^2(t)\,\mathrm{d}t = \frac{1}{2\pi} \int\limits_{-\infty}^{\infty} |F(\mathrm{j}\omega)|^2\,\mathrm{d}\omega \ . \tag{1.49}$$

Das auf der linken Seite dieser Gleichung stehende Integral wird als *normierte Signalenergie* bezeichnet, weil es die einem normierten Widerstand der Größe Eins zugeführte Gesamtenergie darstellt, wenn $f(t)$ gleich der am ohmschen Widerstand anliegenden Spannung oder dem durch ihn fließenden Strom ist. Man spricht von einem *Energiesignal*, wenn die Bedingung

$$0 < \int\limits_{-\infty}^{\infty} f^2(t)\,\mathrm{d}t < \infty$$

erfüllt ist. Die Signalenergie kann in diesem Fall auch aus dem Betrag des Spektrums $F(\mathrm{j}\omega)$ berechnet werden, wie die rechte Seite von Gl. (1.49) zeigt. Dieser wichtige Zusammenhang wird als *Parsevalsches Theorem* bezeichnet.

Viele wichtige Signale, wie z.B. periodische oder stationäre Zufallssignale, haben keine endliche Gesamtenergie. In diesen Fällen betrachtet man zunächst das zeitbegrenzte Signal mit dem zugehörigen Spektrum

$$f_T(t) = \begin{cases} f(t) \ \text{für} |t| \leq T \\ 0 \qquad \text{sonst} \end{cases} \quad \circ\!\!-\!\!\bullet \quad F_T(\mathrm{j}\omega) \ .$$

Hiermit ergibt sich aus Gl. (1.49) nach Multiplikation mit dem Faktor $1/(2T)$ und gleichzeitigem Grenzübergang $T \to \infty$:

$$\lim_{T\to\infty} \frac{1}{2T} \int\limits_{-T}^{T} f^2(t)\,\mathrm{d}t = \frac{1}{2\pi} \int\limits_{-\infty}^{\infty} \lim_{T\to\infty} \frac{1}{2T} |F_T(\mathrm{j}\omega)|^2\,\mathrm{d}\omega \ . \tag{1.50}$$

Auf der linken Seite dieser Gleichung steht jetzt die *mittlere normierte Signalleistung*, und man spricht von einem *Leistungssignal*, wenn die Bedingung

$$0 < \lim_{T\to\infty} \frac{1}{2T} \int\limits_{-T}^{T} f^2(t)\,\mathrm{d}t < \infty$$

erfüllt ist. Da die mittlere Signalleistung wiederum auch im Frequenzbereich berechnet werden kann, spielt Gl. (1.50) eine wichtige Rolle bei der Spektraldarstellung stochastischer Signale des nächsten Kapitels.

### 1.2.4 Die Fourier-Transformation wichtiger Zeitfunktionen

In diesem Abschnitt werden die Spektren einiger, für systemtheoretische Betrachtungen bedeutsamer Zeitsignale hergeleitet. Die verallgemeinerten Funktionen, insbesondere Deltaimpulse, treten hierbei in unterschiedlichen Formen auf. Ferner sollen mehrere der im letzten Abschnitt behandelten Theoreme zur FT angewendet und noch durch das „Integrationstheorem" ergänzt werden.

**a) Rechteckimpuls** Gemäß seiner zentralen Bedeutung für die Systemtheorie soll der Rechteckimpuls mit der Breite $T$ und der Amplitude 1, der beschrieben wird durch

$$\text{rect}\left(\frac{t}{T}\right) = \begin{cases} 1 & \text{für } |t| \leq \frac{T}{2} \\ 0 & \text{sonst} \end{cases} , \qquad (1.51)$$

als erstes betrachtet werden. Für diesen Zeitverlauf, der in Bild 1.13 dargestellt ist, erhält man mit dem Fourier-Integral nach Gl. (1.19):

$$F(\mathrm{j}\omega) = \int\limits_{-T/2}^{T/2} \mathrm{e}^{-\mathrm{j}\omega t}\,\mathrm{d}t = \frac{-1}{\mathrm{j}\omega}\left(\mathrm{e}^{-\mathrm{j}\omega T/2} - \mathrm{e}^{\mathrm{j}\omega T/2}\right).$$

Mit der bekannten Umformung

$$\mathrm{e}^{\mathrm{j}x} - \mathrm{e}^{-\mathrm{j}x} = 2\mathrm{j}\sin(x) \qquad (1.52)$$

und der Abkürzung für die si-Funktion

$$\frac{\sin(x)}{x} = \text{si}(x)\,, \qquad (1.53)$$

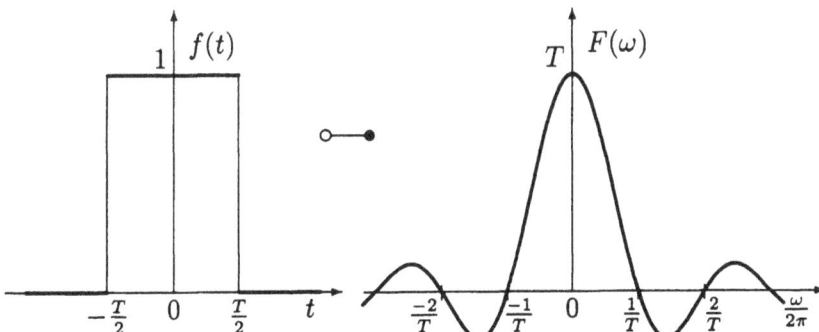

Bild 1.13 Rechteckimpuls und zugehörige Fourier-Transformierte

folgt schließlich das Spektrum der rect-Funktion zu

$$F(j\omega) = T\frac{\sin(\omega\frac{T}{2})}{\omega\frac{T}{2}} = T\,\mathrm{si}\left(\omega\frac{T}{2}\right).$$

Der prinzipielle Verlauf dieser Spektralfunktion ist ebenfalls in Bild 1.13 angegeben, wobei der genaue Verlauf der si-Funktion, auch *Spaltfunktion* genannt, im Anhang zu finden ist. Es zeigt sich, daß die Bestrahlung eines Spaltes, d.h. einer Rechteckapertur mit kohärentem (gleichphasigem) Licht, in einer Ebene, die normal zur Hauptausbreitungsrichtung (optische Achse) steht, die Spaltfunktion als Beugungsmuster ergibt. Auf diese Weise läßt sich die FT der rect-Funktion direkt auf einem optischen Schirm sichtbar machen.

Aus der oben ermittelten Korrespondenz

$$\mathrm{rect}\left(\frac{t}{T}\right) \quad \circ\!\!-\!\!\bullet \quad T\,\mathrm{si}\left(\omega\frac{T}{2}\right) \tag{1.54}$$

folgt mit dem Symmetrietheorem und dem Ähnlichkeitssatz der Korrespondenzen (1.47) bzw. (1.38):

$$\mathrm{si}\left(\frac{\pi t}{T}\right) \quad \circ\!\!-\!\!\bullet \quad T\,\mathrm{rect}\left(\frac{\omega t}{2\pi}\right). \tag{1.55}$$

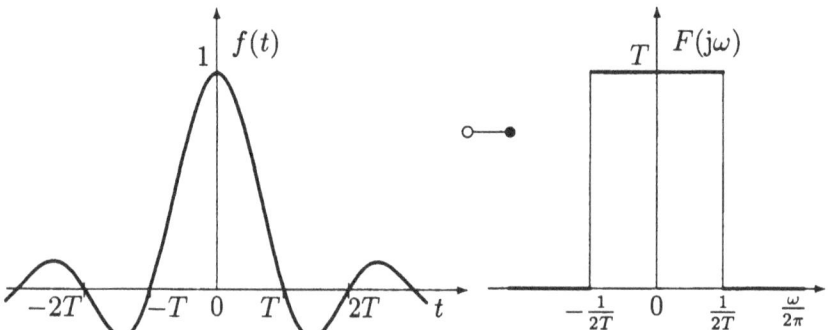

Bild 1.14 Die si-Funktion und ihr Spektrum

In Bild 1.14 ist die si-Funktion als Zeitsignal mit dem dazugehörigen Spektrum dargestellt, wobei der Vergleich mit Bild 1.13 die Aussage des Symmetrietheorems eindrucksvoll verdeutlicht.

**b) Deltaimpuls** Die FT des Diracimpulses wurde bereits in Abschn.
1.2.1 hergeleitet, wobei nach Gl. (1.21) gilt

$$\delta(t) \quad \circ\!\!-\!\!\bullet \quad 1\,. \tag{1.56}$$

Es handelt sich hierbei um die mathematische Abstraktion einer verallgemeinerten Funktion, deren Spektrum für alle Frequenzen den konstanten Wert Eins besitzt, wie durch Bild 1.15 veranschaulicht wird.

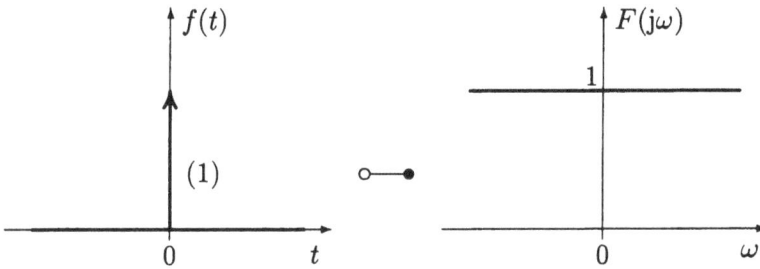

Bild 1.15 Deltaimpuls und zugehörige Spektralfunktion

Mit dem Symmetrietheorem und der Darstellung des Deltaimpulses
als Grenzwert einer geraden Funktion, gemäß Gl. (1.22), folgt aus der
Korrespondenz (1.56)

$$1 \quad \circ\!\!-\!\!\bullet \quad 2\pi\delta(\omega)\,. \tag{1.57}$$

Der Gleichvorgang bzw. die Konstante $f(t) = 1$ von Bild 1.16 besitzt
nur eine einzige „Spektrallinie" an der Stelle $\omega = 0$. Der Faktor $2\pi$
müßte durch 1 ersetzt werden, wenn man die Frequenzachse wiederum

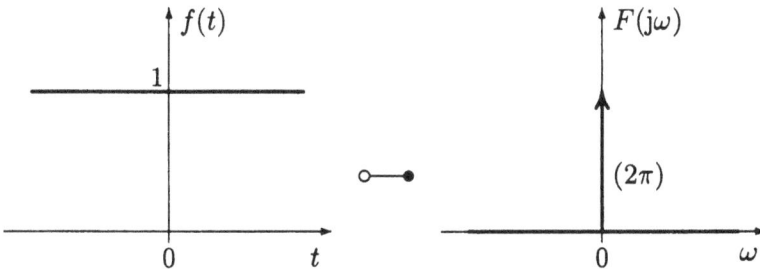

Bild 1.16 Konstante 1 mit dem entsprechenden Spektrum

durch $\omega/2\pi = f$ skalieren würde. Die direkte FT des Gleichvorganges läßt sich ebenfalls nur als Grenzwert $T \to \infty$ des Integrals

$$2\pi\delta_T(\omega) = \int\limits_{-T}^{T} \mathrm{e}^{-\mathrm{j}\omega t}\,\mathrm{d}t = 2\pi\frac{\sin(\omega T)}{\pi\omega} \qquad (1.58)$$

verstehen. Mit wachsenden Werten von $T > 0$ strebt die stetige Funktion $\delta_T(\omega)$ gegen den Deltaimpuls, völlig symmetrisch zu Gl. (1.22).

c) **Kosinus- und Sinusfunktion**  Der Diracimpuls eignet sich auch zur Gewinnung der wichtigen Transformationsbeziehungen für Kosinus- und Sinussignale. Es gilt für das Spektrum des zeitverschobenen Deltaimpulses mit Korrespondenz (1.41):

$$\delta(t + t_0) \quad \circ\!\!-\!\!\bullet \quad \mathrm{e}^{\mathrm{j}\omega t_0} = \cos(\omega t_0) + \mathrm{j}\sin(\omega t_0)\,.$$

Spaltet man $\delta(t + t_0)$ in den geraden und ungeraden Anteil auf, wie Bild 1.17 zeigt, dann ergibt sich mit Gl. (1.24) für die gerade und ungerade Komponente:

$$\frac{1}{2}\left[\delta(t + t_0) + \delta(t - t_0)\right] \quad \circ\!\!-\!\!\bullet \quad \cos(\omega t_0)\,, \qquad (1.59\,\mathrm{a})$$

$$\frac{1}{2}\left[\delta(t + t_0) - \delta(t - t_0)\right] \quad \circ\!\!-\!\!\bullet \quad \mathrm{j}\sin(\omega t_0)\,. \qquad (1.59\,\mathrm{b})$$

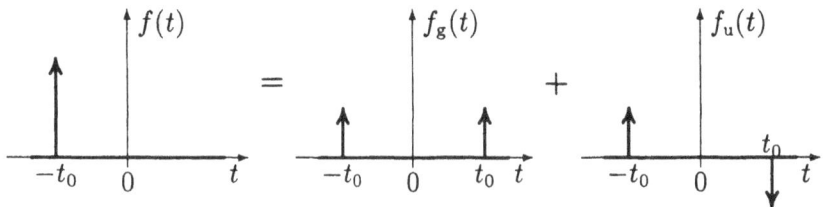

Bild 1.17 Aufspaltung des verschobenen Diracimpulses in die gerade und ungerade Komponente

Paare von Deltaimpulsen besitzen als periodische, kosinus- bzw. sinusförmig verlaufende Spektren, von denen das der oberen Korrespondenz (1.59) durch Bild 1.18 veranschaulicht werden soll.

Wird nun wieder das Symmetrietheorem auf das obige Ergebnis angewendet und die Konstante $t_0$ durch $\omega_0$ ersetzt, so erhält man schließlich

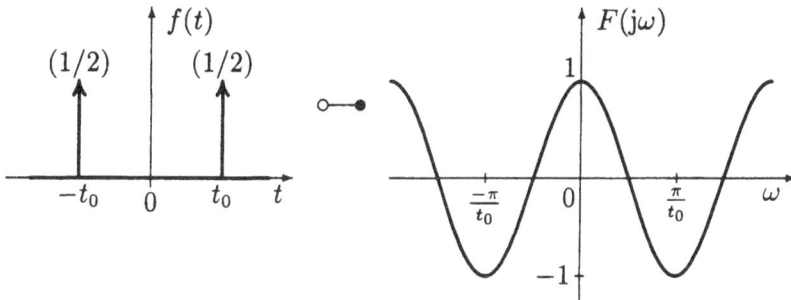

Bild 1.18 Deltaimpulspaar und zugehörige Spektralfunktion

die Spektren der Kosinus- und Sinusfunktion in Form von Diracimpulspaaren, also

$$\cos(\omega_0 t) \quad \circ\!\!-\!\!\bullet \quad \pi[\delta(\omega - \omega_0) + \delta(\omega + \omega_0)]\,, \qquad (1.60\,\text{a})$$

$$\text{j}\sin(\omega_0 t) \quad \circ\!\!-\!\!\bullet \quad \pi[\delta(\omega - \omega_0) - \delta(\omega + \omega_0)]\,. \qquad (1.60\,\text{b})$$

Auch hier möge es genügen, nur die obere Korrespondenz mit Hilfe von Bild 1.19 zu verdeutlichen. Es bleibt noch anzumerken, daß die Bilder 1.15 und 1.16 Sonderfälle der Bilder 1.18 und 1.19 darstellen: Für $t_0 = 0$ addieren sich die beiden Deltaimpulse von Bild 1.18 im Koordinatenursprung, während die Periodendauer der kosinusförmigen Spektralfunktion gegen unendlich geht und somit das Ergebnis von Bild 1.15 liefert. Entsprechend geht Bild 1.19 für $\omega_0 = 0$ in Bild 1.16 über.

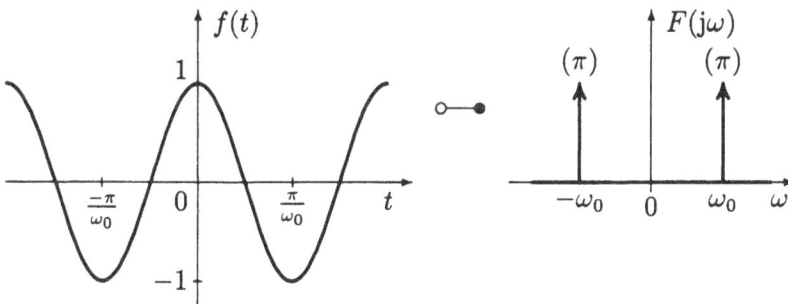

Bild 1.19 Kosinusfunktion mit dem entsprechenden Spektrum

Aus den Korrespondenzen (1.60) läßt sich problemlos das Spektrum der Kosinusschwingung mit einem Nullphasenwinkel $\varphi$ herleiten (Beweis s. Aufg. 1.6):

$$\cos(\omega_0 t + \varphi) \quad \circ\!\!-\!\!\bullet \quad \pi[\text{e}^{\,\text{j}\varphi}\delta(\omega - \omega_0) + \text{e}^{\,-\text{j}\varphi}\delta(\omega + \omega_0)]\,. \qquad (1.61)$$

**d) Sprungfunktion und Integrationstheorem** Die Korrespondenz der Sprungfunktion ist nicht nur von großer Bedeutung, weil es sich hierbei um ein wichtiges Testsignal handelt, sondern auch deshalb, weil hiermit das noch fehlende Integrationstheorem angegeben werden kann. Wie bei anderen nicht absolut integrierbaren Zeitfunktionen, so läßt sich das Spektrum der Sprungfunktion durch direkte Anwendung des Fourier-Integrals nur im Sinne einer Grenzwertbetrachtung gewinnen. Deshalb soll eine andere Herleitung gewählt werden, die von Gl. (1.5) ausgeht.

Die direkte Anwendung der FT auf Gl. (1.5) liefert zunächst

$$FT[s(t)] = \frac{1}{j\omega},$$

was einen Widerspruch zu Abschn. 1.2.2 darstellt, wonach nur das Spektrum einer ungeraden Zeitfunktion imaginär und ungerade sein kann. (Man erhält jedoch eine ungerade Zeitfunktion, wenn die Sprungfunktion um den Gleichanteil $k = 1/2$ verschoben wird.) Es soll deshalb von der modifizierten Beziehung

$$\frac{d}{dt}[s(t) + k] = \delta(t) \tag{1.62}$$

ausgegangen werden. Nach Ausführung der Differentiation würde man wieder Gl. (1.5) erhalten, wobei die Konstante $k$, deren Wert noch berechnet wird, nur im Zusammenhang mit der FT von Bedeutung ist. Transformiert man Gl. (1.62) mit Hilfe des Differentiationssatzes (1.43) und den Korrespondenzen (1.56) und (1.57) in den Frequenzbereich, so ergibt sich nach Formelumstellung

$$FT[s(t)] = -k2\pi\delta(\omega) + \frac{1}{j\omega}. \tag{1.63}$$

Zur Bestimmung der Konstanten $k$ wird das Ergebnis von Abschn. 1.2.2 benutzt, wonach der Realteil des Spektrums die FT des geraden Anteils der reellen Zeitfunktion sein muß. Die Zerlegung der Sprungfunktion in die gerade und ungerade Komponente zeigt Bild 1.20, wobei für die gerade Komponente mit Korrespondenz (1.57) und Gl. (1.63) gilt

$$\pi\delta(\omega) = -k2\pi\delta(\omega).$$

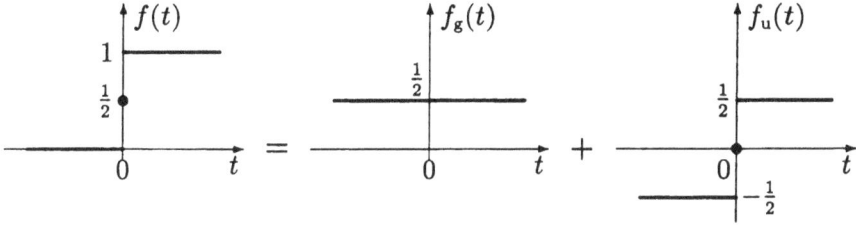

Bild 1.20 Aufspaltung der Sprungfunktion in die gerade und ungerade Komponente

Damit wird der bereits vermutete Wert $k = -1/2$ bestätigt, und als Korrespondenz der Sprungfunktion ergibt sich

$$s(t) \quad \circ\!\!-\!\!\bullet \quad \pi\delta(\omega) + \frac{1}{j\omega} \, . \tag{1.64}$$

Bild 1.21 zeigt sowohl den Real- als auch den Imaginärteil dieses Spektrums, wobei $X(\omega)$ genauso wie $f_u(t)$ als ungerade Funktion im Koordinatenursprung identisch verschwindet.

Mit Hilfe von Korrespondenz (1.64) soll nun das *Integrationstheorem* hergeleitet werden. Schreibt man dazu die Faltung einer beliebigen Zeitfunktion $f(t)$ mit der Sprungfunktion $s(t)$ in Integraldarstellung auf, so gilt wegen der Einseitigkeit von $s(t)$:

$$f(t) * s(t) = \int_{-\infty}^{\infty} f(\tau)s(t-\tau)\,\mathrm{d}\tau = \int_{-\infty}^{t} f(\tau)\,\mathrm{d}\tau \, .$$

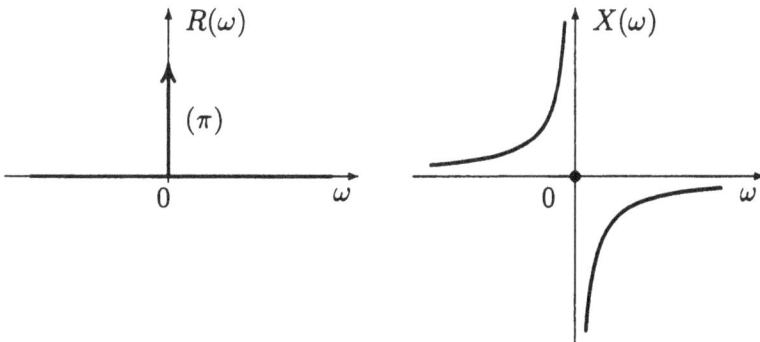

Bild 1.21 Real- und Imaginärteil des Spektrums der Sprungfunktion

Integration bedeutet also Faltung mit der Sprungfunktion, und es ergibt sich mit dem Faltungssatz (1.34) sowie der Korrespondenz (1.64)

$$f(t) * s(t) \quad \circ\!\!-\!\!\bullet \quad F(\mathrm{j}\omega) \left[ \pi\delta(\omega) + \frac{1}{\mathrm{j}\omega} \right] .$$

Mit der Ausblendeigenschaft des Deltaimpulses lautet das Integrationstheorem schließlich

$$\int\limits_{-\infty}^{t} f(\tau)\,\mathrm{d}\tau \quad \circ\!\!-\!\!\bullet \quad \frac{F(\mathrm{j}\omega)}{\mathrm{j}\omega} + \pi F(0)\delta(\omega) . \tag{1.65}$$

Ein möglicher Gleichanteil der Funktion $f(t)$, der nicht absolut integrabel ist, liefert wiederum eine Delta-Distribution für $\omega = 0$ im
Frequenzbereich.

Damit sind die wichtigsten Korrespondenzen der Fourier-Transformation abgeleitet worden, die u.a. in Form von Übungsaufgaben noch
ergänzt werden. Eine zusammenfassende Darstellung befindet sich im
Anhang.

## 1.3   Idealisierte Modellsysteme

Die bisher behandelte Beschreibung im Zeit- und Frequenzbereich
stellt entsprechende Handwerkszeuge für die theoretische Untersuchung realer Systeme bereit. Ein wesentlicher Grundgedanke der Systemtheorie besteht nun darin, stark vereinfachte Modellsysteme zu
betrachten, um dadurch die Vielfalt der Eigenschaften realer Systeme
besser überschauen zu können. Hierbei muß stets ein vernünftiger
Kompromiß zwischen Ergebnisrelevanz und Handhabbarkeit im Zeit-
bzw. Frequenzbereich gefunden werden. Im folgenden sollen die für die
Nachrichtenübertragung wichtigsten idealisierten LZI-Systeme vorgestellt werden.

### 1.3.1  Das verzerrungsfreie System

Jede nachrichtentechnische Übertragungskomponente bewirkt eine Si-
gnalverzerrung, die man messen und auch bewerten können muß.
Hierzu werden jedoch die Kenngrößen eines Bezugssystems benötigt,
das gerade zu keiner Verzerrung führt. Man bezeichnet ein System
als verzerrungsfrei, wenn das Eingangssignal, abgesehen von einem
Amplitudenfaktor $A_0$ und einer Zeitverschiebung $t_0$, formgetreu zum

Ausgang übertragen wird, wie Bild 1.22 zeigt. Es gilt also hierfür der folgende Zusammenhang zwischen dem Ein- und Ausgangssignal:

$$y(t) = A_0 x(t - t_0). \tag{1.66}$$

Wird auf diese Beziehung nacheinander die FT und anschließend die inverse FT angewendet, so ergibt sich mit den Korrespondenzen (1.41), (1.56) und (1.34)

$$Y(j\omega) = A_0 e^{-j\omega t_0} X(j\omega) = H(j\omega) X(j\omega), \tag{1.67a}$$

$$y(t) = A_0 \delta(t - t_0) * x(t) = h(t) * x(t). \tag{1.67b}$$

Damit sind sowohl die Übertragungsfunktion $H(j\omega)$ als auch die Impulsantwort $h(t)$ des verzerrungsfreien Systems bestimmt, wobei Bild 1.23 den Betrag $A(\omega) = A_0 > 0$ und die Phase $\varphi(\omega) = -\omega t_0$ der Übertragungsfunktion zeigt. Aus dem Vergleich von Gl. (1.67b) und Gl. (1.66) folgt, daß die Faltung des verschobenen Deltaimpulses $\delta(t - t_0)$ der Impulsantwort mit dem Eingangssignal $x(t)$ das verzögerte Signal $x(t - t_0)$ liefert. Dieser wichtige Zusammenhang, der sinngemäß auch im Frequenzbereich gilt, wird uns noch bei vielen äquivalenten Umformungen begegnen.

Zur Charakterisierung von Übertragungssystemen im Frequenzbereich wird häufig das sog. *komplexe Dämpfungsmaß* $g(j\omega) = a(\omega) + jb(\omega)$ herangezogen, das definiert ist durch den Ansatz

$$H(j\omega) = A(\omega) e^{j\varphi(\omega)} = e^{-a(\omega)} e^{-jb(\omega)}. \tag{1.68}$$

Hieraus erhält man das *reelle Dämpfungsmaß* $a(\omega)$ und den *Dämpfungswinkel* $b(\omega)$ zu

$$a(\omega) = -\ln[A(\omega)], \tag{1.69a}$$

$$b(\omega) = -\varphi(\omega), \tag{1.69b}$$

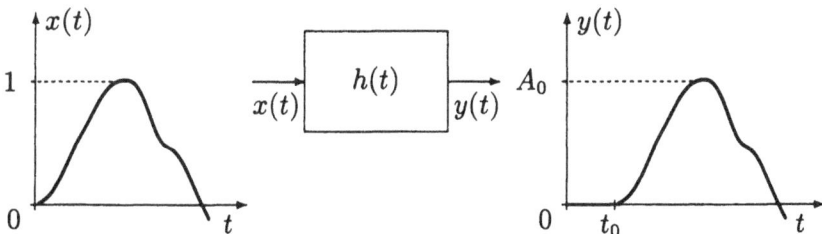

Bild 1.22 Ein- und Ausgangssignal eines verzerrungsfreien Systems

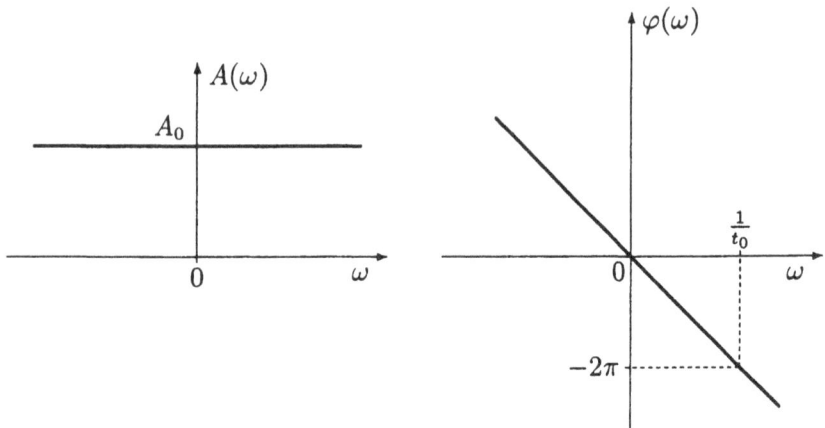

Bild 1.23 Übertragungsfunktion des verzerrungsfreien Systems nach Betrag und Phase

wobei $a(\omega)$ in der Pseudoeinheit Np (Neper) gemessen wird, weil neben dieser Definition noch das in dB (Dezibel) gemessene Dämpfungsmaß gebräuchlich ist:

$$a'(\omega) = -20\lg[A(\omega)]\,. \qquad (1.69\,\text{c})$$

Für $A(\omega) = 1/e$ folgt aus Gl. (1.69a) der Wert $a = 1\,\text{Np}$, während Gl. (1.69c) das Ergebnis $a' = 20\lg(e)\,\text{dB}$ liefert. Damit ergibt sich ein Umrechnungsfaktor von

$$1\,\text{Np} = 20\lg(e)\,\text{dB} \approx 8,686\,\text{dB}\,. \qquad (1.70)$$

Das verzerrungsfreie System hat also ein über der Frequenz konstantes Dämpfungsmaß sowie einen frequenzproportionalen Dämpfungswinkel. LZI-Systeme, deren Übertragungseigenschaften hiervon abweichen, übertragen die Signale nicht mehr verzerrungsfrei, und man spricht in diesem Zusammenhang von *linearen Signalverzerrungen*.

### 1.3.2 Der ideale Tiefpaß

Dieses idealisierte Modellsystem, auch Küpfmüller-Tiefpaß genannt, ist von zentraler Bedeutung für die Nachrichtentechnik und wird in den folgenden Kapiteln noch häufig in die systemtheoretischen Betrachtungen einbezogen. Der ideale Tiefpaß verhält sich zwischen den Grenzfrequenzen $\pm\omega_g$, im sog. *Durchlaßbereich*, wie ein verzerrungsfreies System. Außerhalb dieses Bereiches erstreckt sich der *Sperrbe-*

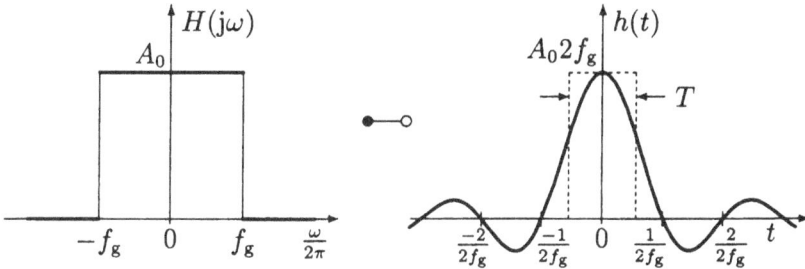

Bild 1.24 Übertragungsfunktion und Impulsantwort des idealen Tiefpasses für $t_0 = 0$

reich, in dem die Übertragungsfunktion identisch verschwindet, so daß sich folgende Beschreibung im Frequenzbereich angeben läßt:

$$H(\mathrm{j}\omega) = A_0 \operatorname{rect}\left(\frac{\omega}{2\omega_g}\right) \mathrm{e}^{-\mathrm{j}\omega t_0} . \tag{1.71}$$

Mit Korrespondenz (1.55), dem Ähnlichkeits- und dem Verschiebungssatz erhält man hieraus die Impulsantwort

$$h(t) = \frac{A_0\omega_g}{\pi} \operatorname{si}[\omega_g(t - t_0)] , \tag{1.72}$$

die in Bild 1.24 zusammen mit der Übertragungsfunktion für $t_0 = 0$ dargestellt ist.

Der Verlauf der Impulsantwort zeigt, daß es sich beim Küpfmüller-Tiefpaß um kein kausales System handelt, denn die Antwort auf den zum Zeitpunkt $t = 0$ anregenden Deltaimpuls ist bereits für negative Zeiten vorhanden. Hieran würde auch eine beliebige Verzögerungszeit $t_0$ grundsätzlich nichts ändern. In Aufg. 1.9 wird gezeigt, daß bei einer reellen kausalen Zeitfunktion ein Zusammenhang zwischen dem geraden und ungeraden Anteil einer Spektralfunktion besteht, den man als *Hilbert-Transformation* bezeichnet. Demnach dürfen Real- und Imaginärteil bzw. Betrag und Phase der Übertragungsfunktion eines kausalen Systems niemals unabhängig voneinander vorgegeben werden, wie dies durch Gl. (1.71) geschieht.

Trotz der Nichtkausalität lassen sich anhand des idealen Tiefpasses wichtige Beziehungen zwischen dem Zeit- und Frequenzbereich übersichtlich herleiten, die auch für reale Tiefpaßsysteme gültig sind, wie das *Zeitdauer-Bandbreite-Produkt*. Die Impulsantwort $h(t)$ ist gegenüber dem erregenden Deltaimpuls charakteristisch verbreitert, wobei als *Zeitdauer $T$* die Breite des flächengleichen Rechtecks aufgefaßt wird, das in Bild 1.24 gestrichelt eingezeichnet ist. Dessen Amplitude ist gleich der Maximalamplitude $h_{max}$ der Impulsantwort, während die Fläche identisch dem Integral über $h(t)$ sein soll:

$$Th_{max} = \int\limits_{-\infty}^{\infty} h(t)\,dt \ .$$

Das auf der rechten Seite stehende Integral kann als Sonderfall des Fourier-Integrals für $\omega = 0$ betrachtet werden, während nach Bild 1.24 $h_{max} = h(0)$ gilt und somit

$$T = \frac{H(0)}{h(0)} = \frac{1}{2f_g} \ .$$

Man erhält also für das Produkt aus der Zeitdauer $T$ und der *Bandbreite* $B = 2f_g$ die grundlegende Beziehung

$$TB = 1 \ . \tag{1.73}$$

Dieser Zusammenhang gilt in der Form

$$TB \geq k \tag{1.74}$$

allgemein für beliebige Tiefpaßsysteme und auch Bandpaßsysteme (vgl. Abschn. 1.3.3), wobei die Konstante $k$ von der speziellen Definition der Zeitdauer und der Bandbreite abhängt.

In Analogie zu der von Heisenberg aufgestellten Beziehung der Quantenmechanik wird Gl. (1.74) auch als *Unschärferelation* der Systemtheorie bezeichnet. Sie drückt aus, daß die Zeitdauer und die Bandbreite eines Signals nicht gleichzeitig beliebig klein werden können. Diese Eigenschaft ist auch aus der elektrischen Meßtechnik bekannt, wo beispielsweise mit einem Oszillographen von 100 MHz Bandbreite nur eine zeitliche Auflösung von ca. 10 ns möglich ist. Andererseits ist bei der Frequenzmessung einer Sinusschwingung mit einer Genauigkeit von 1 Hz eine Meßzeit von mindestens einer Sekunde erforderlich.

### 1.3.3 Der ideale Bandpaß

In der Nachrichtenübertragung spielen neben den Systemen mit Tiefpaßverhalten auch solche eine Rolle, die nur ein bestimmtes Frequenzband passieren lassen. Analog dem Küpfmüller-Tiefpaß läßt sich ein

idealer Bandpaß definieren, der sich nur innerhalb eines Durchlaßbe-
reiches $\Delta\omega$, der symmetrisch zu den Mittenfrequenzen $\pm\omega_0$ liegt, wie
ein verzerrungsfreies System verhält. Außerhalb dieses Bereiches erstreckt sich wiederum der Sperrbereich, in dem die Übertragungsfunktion identisch verschwindet, so daß die Beschreibung im Frequenzbereich lautet:

$$H(j\omega) = A_0 \, \text{rect}\left(\frac{\omega + \omega_0}{\Delta\omega}\right) e^{-j(\omega+\omega_0)t_0}$$

$$+ A_0 \, \text{rect}\left(\frac{\omega - \omega_0}{\Delta\omega}\right) e^{-j(\omega-\omega_0)t_0} . \qquad (1.75)$$

Die Verschiebungen um die Mittenfrequenzen können als Faltungsprodukt mit verschobenen Diracimpulsen ausgedrückt werden:

$$H(j\omega) = A_0 \, \text{rect}\left(\frac{\omega}{\Delta\omega}\right) e^{-j\omega t_0} * [\delta(\omega + \omega_0) + \delta(\omega - \omega_0)] . \qquad (1.76)$$

Mit dem Faltungssatz, dem Verschiebungssatz sowie den Korrespondenzen (1.55) und (1.60a) erhält man hieraus die Impulsantwort

$$h(t) = \frac{A_0\Delta\omega}{\pi} \, \text{si}\left[\frac{\Delta\omega(t - t_0)}{2}\right] \cos(\omega_0 t) , \qquad (1.77)$$

die in Bild 1.25 zusammen mit der Übertragungsfunktion für $t_0 = 0$
dargestellt ist.

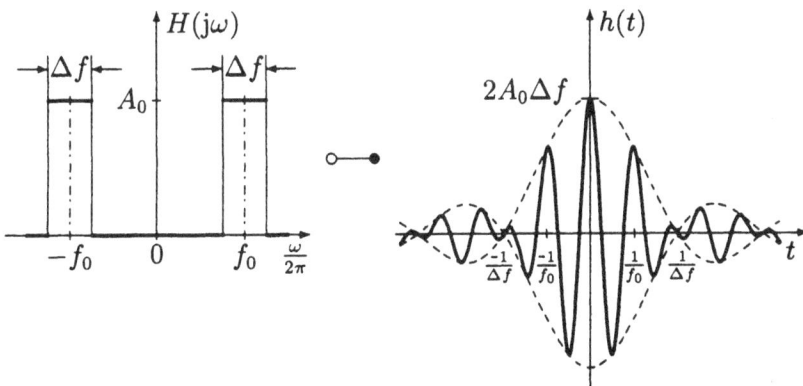

Bild 1.25 Übertragungsfunktion und Impulsantwort des idealen Bandpasses für
$t_0 = 0$

Aus dem Vergleich der Gln. (1.76) und (1.71) folgt, daß der ideale
Bandpaß aus einem idealen Tiefpaß mit $2\omega_g = \Delta\omega$ entsteht, indem

man den Durchlaßbereich des Tiefpasses auf der Frequenzachse um $\omega_0$ nach links und rechts verschiebt. Entsprechend ergibt sich als Impulsantwort des idealen Bandpasses das Produkt aus der Impulsantwort des idealen Tiefpasses (mit verdoppelter Amplitude) und einer Kosinusschwingung der Kreisfrequenz $\omega_0$. Das in Bild 1.25 gestrichelt eingezeichnete Hüllkurvensignal besitzt die gleiche charakteristische Verbreiterung wie der ideale Tiefpaß mit der Bandbreite $B = \Delta f$. Damit gilt das *Zeitdauer-Bandbreite-Produkt* des letzten Abschnittes auch für Bandpaßsysteme. Die Möglichkeit, ein Bandpaßsystem durch einen sog. *äquivalenten Tiefpaß* zu beschreiben, wird im folgenden Abschnitt auf den allgemeinen Fall erweitert. Die Behandlung von Bandpaßsystemen und -signalen kann dadurch erheblich vereinfacht werden.

### 1.3.4 Bandpaßsystem und äquivalenter Tiefpaß

Gegeben ist die Übertragungsfunktion $H(j\omega)$ eines beliebigen Bandpaßsystems mit *reeller Impulsantwort*, so daß der Realteil $R(\omega)$ gerade und der Imaginärteil $X(\omega)$ ungerade sein muß, wie Bild 1.26 oben zeigt. Entsprechend den Überlegungen des letzten Anschnittes kann diese Spektralfunktion aus der Übertragungsfunktion $H_T(j\omega)$ eines äquivalenten Tiefpasses gewonnen werden.

Unter der Voraussetzung $H(0) = 0$, die praktisch immer erfüllt ist,

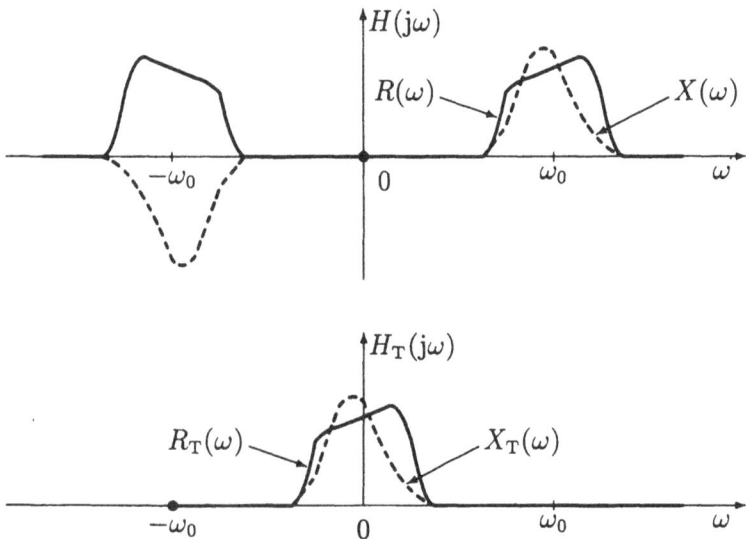

Bild 1.26 Real- und Imginärteil der Übertragungsfunktionen eines Bandpaß- und äquivalenten Tiefpaßsystems

wird zunächst $H(j\omega) \equiv 0$ für $\omega < 0$ gesetzt und um $\omega_0$ nach links verschoben, so daß sich $H_T(j\omega)$ ergibt mit der Eigenschaft

$$H_T(j\omega) \equiv 0 \text{ für } \omega \leq -\omega_0. \tag{1.78}$$

Wie Bild 1.26 zeigt, läßt sich unter dieser Voraussetzung sowohl der Real- als auch der Imaginärteil von $H(j\omega)$ aus $H_T(j\omega)$ überlappungsfrei rekonstruieren:

$$R(\omega) = R_T(\omega - \omega_0) + R_T(-\omega - \omega_0),$$
$$X(\omega) = X_T(\omega - \omega_0) - X_T(-\omega - \omega_0).$$

Diese Zuordnung, die stets einen geraden Realteil $R(\omega)$ und einen ungeraden Imaginärteil $X(\omega)$ liefert, läßt sich zusammenfassen zu

$$H(j\omega) = R(\omega) + jX(\omega) = H_T[j(\omega - \omega_0)] + H_T^*[j(-\omega - \omega_0)]. \tag{1.79}$$

Anhand von Bild 1.26 wird verdeutlicht, daß im allgemeinen Fall eines *unsymmetrischen Bandpasses* weder der Realteil $R_T(\omega)$ gerade noch der Imaginärteil $X_T(\omega)$ ungerade ist. Hieraus folgt, daß die Impulsantwort $h_T(t)$ des äquivalenten Tiefpasses allgemein komplex sein muß, während die Impulsantwort $h(t)$ des Bandpasses per Voraussetzung reell bleibt. Mit der Verschiebung im Frequenzbereich und Korrespondenz (1.37) erhält man durch inverse FT von Gl. (1.79)

$$h(t) = h_T(t) e^{j\omega_0 t} + [h_T(t) e^{j\omega_0 t}]^* = 2 \operatorname{Re}[h_T(t) e^{j\omega_0 t}]. \tag{1.80}$$

Die Impulsantwort eines realen Bandpaßsystems läßt sich also durch eine einfache Rechenvorschrift aus der Impulsantwort des äquivalenten Tiefpasses bestimmen. Man nennt

$$h_T(t) = |h_T(t)| e^{j\psi_T(t)}$$

auch die komplexe Hüllkurve der Impulsantwort des Bandpasses, wobei mit Gl. (1.80) gilt

$$h(t) = 2|h_T(t)| \cos[\omega_0 t + \psi_T(t)]. \tag{1.81}$$

Der Betrag der komplexen Hüllkurve bewirkt demnach eine sog. Amplitudenmodulation der Kosinusschwingung mit der Kreisfrequenz $\omega_0$, während die Phase eine sog. Winkelmodulation verursacht. Im Sonderfall des *symmetrischen Bandpasses* mit einem reellen Hüllkurvensignal, wie beim idealen Bandpaß, vereinfacht sich Gl. (1.80) zu

$$h(t) = 2h_T(t) \cos(\omega_0 t).$$

### 1.3.5 Phasen- und Gruppenlaufzeit

In Aufg. 1.12 wird bewiesen, daß das Ausgangssignal eines Bandpasses der Impulsantwort nach Gl. (1.80), bei Anregung mit einem Bandpaß-signal der Form

$$x(t) = 2\,\mathrm{Re}[x_\mathrm{T}(t)\,\mathrm{e}^{\,\mathrm{j}\omega_0 t}]\,, \tag{1.82}$$

durch Faltung der beiden komplexwertigen Tiefpaßsignale $h_\mathrm{T}(t)$ und $x_\mathrm{T}(t)$ berechnet werden kann:

$$y(t) = h(t) * x(t) = 2\,\mathrm{Re}\{[h_\mathrm{T}(t) * x_\mathrm{T}(t)]\,\mathrm{e}^{\,\mathrm{j}\omega_0 t}\}\,. \tag{1.83}$$

Als Anwendungsbeispiel für diese äußerst praktische Beziehung soll ein schmalbandiges Eingangssignal mit *reeller Hüllkurve* $x_\mathrm{T}(t)$ betrachtet werden. Der Betrag der Übertragungsfunktion des Bandpasses möge im relevanten Spektralbereich, in der Umgebung der Mittenfrequenz $\omega_0$, konstant sein, während sich die Phase linearisieren läßt:

$$A(\omega) \approx A(\omega_0) = A_0 \qquad\qquad \text{für } \omega \approx \omega_0\,.$$
$$\varphi(\omega) \approx \varphi(\omega_0) + (\omega - \omega_0)\frac{\mathrm{d}\varphi(\omega)}{\mathrm{d}\omega}\bigg|_{\omega=\omega_0}$$

Mit der Abkürzung für die sog. *Gruppenlaufzeit*

$$-\frac{\mathrm{d}\varphi(\omega)}{\mathrm{d}\omega} = \frac{\mathrm{d}b(\omega)}{\mathrm{d}\omega} = \tau_\mathrm{g}(\omega) \tag{1.84}$$

und einer Frequenzverschiebung um $\omega_0$ nach links erhält man die Übertragungsfunktion des äquivalenten Tiefpasses

$$H_\mathrm{T}(\mathrm{j}\omega) = A(\omega_0)\,\mathrm{e}^{\,\mathrm{j}[\varphi(\omega_0)-\omega\tau_\mathrm{g}(\omega_0)]}$$

und daraus mit dem Verschiebungssatz die Impulsantwort

$$h_\mathrm{T}(t) = A(\omega_0)\,\mathrm{e}^{\,\mathrm{j}\varphi(\omega_0)}\delta[t - \tau_\mathrm{g}(\omega_0)]\,.$$

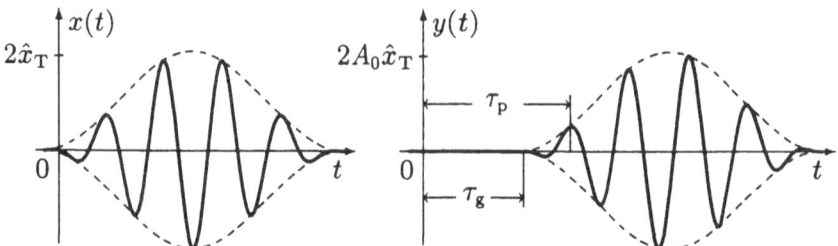

Bild 1.27 Zur Erklärung der Phasen- und Gruppenlaufzeit

Wird dieses Ergebnis in Gl. (1.83) eingesetzt, so ergibt sich zunächst

$$y(t) = 2\,\mathrm{Re}\left\{ A(\omega_0)x_\mathrm{T}[t - \tau_\mathrm{g}(\omega_0)]\,\mathrm{e}^{\,\mathrm{j}[\omega_0 t + \varphi(\omega_0)]} \right\},$$

und mit der Abkürzung für die sog. *Phasenlaufzeit*

$$-\frac{\varphi(\omega)}{\omega} = \frac{b(\omega)}{\omega} = \tau_\mathrm{p}(\omega) \tag{1.85}$$

folgt schließlich für reellwertiges $x_\mathrm{T}(t)$:

$$y(t) = 2A(\omega_0)x_\mathrm{T}[t - \tau_\mathrm{g}(\omega_0)]\cos\{\omega_0[t - \tau_\mathrm{p}(\omega_0)]\}.$$

Die beiden Größen $\tau_\mathrm{p}$ und $\tau_\mathrm{g}$ mögen durch Bild 1.27 veranschaulicht werden. Es zeigt sich, daß die Phasenlaufzeit jene Zeit beschreibt, die beispielsweise ein Scheitelwert einer Kosinusschwingung zum Durchlaufen des Systems benötigt. Dagegen stellt die Gruppenlaufzeit die Verzögerung des Hüllkurvensignals durch das System dar, die im Fall eines schmalbandigen, niederfrequenten Signals als Konstante betrachtet werden kann. Die durch die Gln. (1.84) und (1.85) definierten Größen werden häufig zur Charakterisierung von LZI-Systemen im Frequenzbereich herangezogen.

## 1.4 Die Laplace-Transformation

Bei der Auswertung des Fourier-Integrals treten im Zusammenhang mit nicht absolut integrierbaren Zeitfunktionen Konvergenzschwierigkeiten auf. Ist z.B. $f(t)$ gleich der Sprungfunktion $s(t)$, so ergibt sich mit einer zunächst endlichen oberen Grenze $T > 0$:

$$\mathrm{FT}\,[s(t)] = \lim_{T\to\infty} \int_0^T \mathrm{e}^{-\mathrm{j}\omega t}\,\mathrm{d}t = \lim_{T\to\infty} \frac{-1}{\mathrm{j}\omega}\,\mathrm{e}^{-\mathrm{j}\omega t}\bigg|_0^T.$$

Die Exponentialfunktion strebt aber für $T \to \infty$ keinem endlichen Grenzwert zu; die Fourier-Transformierte der Sprungfunktion kann also nicht durch direkte Auswertung von Gl. (1.19) angegeben werden.

### 1.4.1 Einführung der komplexen Frequenz

Derartige Schwierigkeiten lassen sich beheben, wenn man die imaginäre Größe $\mathrm{j}\omega$ durch die sog. *komplexe Frequenz* (oder genauer „komplexe Kreisfrequenz")

$$p = \sigma + \mathrm{j}\omega \tag{1.86}$$

ersetzt und sich auf Zeitfunktionen beschränkt, die für $t < 0$ identisch
verschwinden. Damit nimmt die Fourier-Transformation die Form

$$F(\sigma + j\omega) = \int_0^\infty f(t)\, e^{-\sigma t}\, e^{-j\omega t}\, dt \qquad (1.87)$$

an. Dadurch wird die Klasse der transformierbaren Funktionen erheblich erweitert, wenn man den Realteil $\sigma$ der komplexen Größe $p$
genügend groß wählt. Zum Beispiel existiert das obige Integral mit
$\sigma > 0$ für die Sprungfunktion und sogar für die aufklingende Exponentialfunktion

$$f(t) = s(t)\, e^{\alpha t} \qquad (1.88)$$

mit $\alpha > 0$, sofern $\sigma > \alpha$ gilt:

$$F(\sigma + j\omega) = \int_0^\infty e^{(\alpha - \sigma - j\omega)t}\, dt = \frac{1}{\alpha - \sigma - j\omega}\, e^{(\alpha - \sigma - j\omega)t}\Big|_0^\infty .$$

Wegen der Voraussetzung $\sigma > \alpha$ liefert die Exponentialfunktion an der
oberen Grenze den Wert Null, und mit der Abkürzung von Gl. (1.86)
ergibt sich

$$F(p) = \frac{1}{p - \alpha} . \qquad (1.89)$$

Diese auf komplexe Frequenzen verallgemeinerte Transformation

$$F(p) = \int_0^\infty f(t)\, e^{-pt}\, dt \qquad (1.90)$$

wird als einseitige *Laplace-Transformation* (abgekürzt LT) bezeichnet. Die Konvergenz des Laplace-Integrals, d.h. die Existenz eines
Grenzwertes, wenn man eine zunächst als endlich angenommene obere
Grenze gegen unendlich streben läßt, hängt nur vom Realteil $\sigma$ der
komplexen Größe $p$ ab, wie Gl. (1.87) zeigt. Das Integral konvergiert
also in einer Halbebene für alle $p$ mit $\sigma > \sigma_0$ (siehe Bild 1.28), wobei
die Konvergenzabszisse $\sigma_0$ von der Zeitfunktion $f(t)$ abhängt.

Wird in Gl. (1.20) $j\omega$ durch $p$ ersetzt, so erhält man die *inverse Laplace-
Transformation* (abgekürzt LT $^{-1}$)

$$f(t) = \frac{1}{2\pi j} \int_{\sigma - j\infty}^{\sigma + j\infty} F(p)\, e^{pt}\, dp \quad \text{für} \quad t \geq 0 . \qquad (1.91)$$

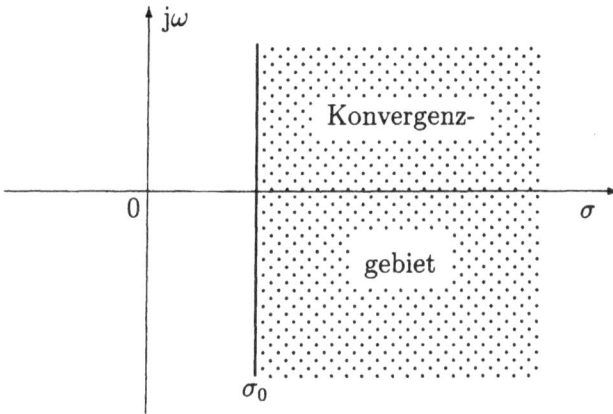

Bild 1.28 Konvergenzgebiet der einseitigen Laplace-Transformation

Notwendig für die Existenz des Umkehrintegrals ist, daß $F(p)$ an den Enden des Integrationsweges, der im Konvergenzgebiet liegen muß, gegen Null strebt. Durch die beiden Gln. (1.88) und (1.89) ist bereits eine wichtige Korrespondenz der Laplace-Transformation berechnet worden, die für den Sonderfall $\alpha = 0$ auch noch die LT der Sprungfunktion beinhaltet:

$$s(t) \quad \circ\!\!\!-\!\!\!\bullet \quad \frac{1}{p}, \tag{1.92}$$

$$s(t)\,\mathrm{e}^{\,\alpha t} \quad \circ\!\!\!-\!\!\!\bullet \quad \frac{1}{p-\alpha}. \tag{1.93}$$

Eine weitere Korrespondenz, die später im Zusammenhang mit der Rücktransformation in den Zeitbereichen durch Partialbruchentwicklung der Laplace-Transformierten $F(p)$ Bedeutung erlangen wird, ist die Parabel $n$-ten Grades:

$$f(t) = s(t)\frac{1}{n!}t^n, \quad n = 1, 2, 3, \ldots .$$

Die einmalige partielle Integration liefert zunächst

$$F(p) = \int\limits_0^\infty \frac{1}{n!}t^n\,\mathrm{e}^{\,-pt}\,\mathrm{d}t$$

$$= \frac{-1}{n!p}t^n\,\mathrm{e}^{\,-pt}\Big|_0^\infty + \frac{n}{n!p}\int\limits_0^\infty t^{n-1}\,\mathrm{e}^{\,-pt}\,\mathrm{d}t .$$

Der erste Term verschwindet an beiden Grenzen für $\sigma > 0$, während der zweite nach $n$-maliger partieller Integration ergibt

$$F(p) = \frac{n!}{n!p^n} \int\limits_0^\infty t^{n-n} \, \mathrm{e}^{-pt} \, \mathrm{d}t = \frac{1}{p^{n+1}} \,.$$

Damit lautet die Korrespondenz der Parabel $n$-ten Grades

$$s(t)\frac{1}{n!}t^n \quad \circ\!\!-\!\!\bullet \quad \frac{1}{p^{n+1}}, \quad n = 1, 2, 3, \ldots, \tag{1.94}$$

wobei sich für den grundsätzlich möglichen Sonderfall $n = 0$ Korrespondenz (1.92) ergeben würde.

Im Anhang befindet sich eine umfangreichere Korrespondenztabelle zur Laplace-Transformation. Bis auf die LT des Deltaimpulses, die im nächsten Abschnitt berechnet wird, sind alle $F(p)$ dieser Tabelle rationale Funktionen, die für $p \to \infty$ verschwinden. In diesen Fällen existiert auch jeweils das Umkehrintegral. Die trigonometrischen und hyperbolischen Funktionen lassen sich nach vorheriger Exponentialdarstellung ebenfalls in elementarer Weise transformieren.

### 1.4.2 Eigenschaften der Laplace-Transformation

In Abschn. 1.2.3 sind die Eigenschaften der Fourier-Transformation behandelt worden. Da die Laplace-Transformation mit der FT verwandt ist, müssen sich natürlich auch ähnliche Eigenschaften ergeben. Es sollen an dieser Stelle nur jene Theoreme angegeben werden, die entweder von besonderer Bedeutung sind, wie z.B. der Faltungssatz, oder gewisse Abweichungen von den entsprechenden Sätzen der FT zeigen, wie der Differentiationssatz. Der als selbstverständlich zu bezeichnende Superpositionssatz soll beispielsweise nicht wiederholt werden.

**a) Faltungssatz**  Entsprechend der Herleitung zu Gl. (1.34) erhält man die Zuordnung

$$f_1(t) * f_2(t) \quad \circ\!\!-\!\!\bullet \quad F_1(p)F_2(p)\,. \tag{1.95}$$

Die Faltung zweier Zeitfunktionen $f_1(t)$ und $f_2(t)$ führt also wiederum zum algebraischen Produkt der zugehörigen Laplace-Transformierten $F_1(p)$ und $F_2(p)$. Insbesondere für $f_1(t) = h(t)$ und $f_2(t) = x(t)$ folgt hieraus mit Gl. (1.12) die grundlegende Systemgleichung im (komplexwertigen) Frequenzbereich:

$$Y(p) = H(p)X(p) \,. \tag{1.96}$$

Diese Beziehung ist nicht nur von außerordentlicher Bedeutung für die Systemanalyse, sondern auch für die Systemsynthese und die Signalentzerrung, da sie sich bequem nach $H(p)$ bzw. $X(p)$ auflösen läßt.

Als weitere Anwendung des Faltungssatzes wird Gl. (1.13) der LT unterzogen, und es ergibt sich

$$F(p) \, \text{LT} \, [\delta(t)] = F(p) \,.$$

Hieraus folgt die wichtige Korrespondenz des Deltaimpulses, die sich auch durch direkte Auswertung des Laplace-Integrals berechnen läßt:

$$\delta(t) \quad \circ\!\!-\!\!\bullet \quad 1 \,. \tag{1.97}$$

Damit sind also die Fourier- und die Laplace-Transformierte des Diracimpulses identisch.

**b) Verschiebungssatz** Wird eine Zeitfunktion $f(t)$ um die feste Zeit $t_0 > 0$ verschoben, so erhält man entsprechend der Herleitung von Korrespondenz (1.41)

$$f(t - t_0) \quad \circ\!\!-\!\!\bullet \quad F(p)\,\mathrm{e}^{-pt_0} \,. \tag{1.98}$$

Die Verschiebung der Funktion $F(p)$ um die feste komplexe Frequenz $p_0$ liefert analog zu Korrespondenz (1.42)

$$f(t)\,\mathrm{e}^{\,p_0 t} \quad \circ\!\!-\!\!\bullet \quad F(p - p_0) \,. \tag{1.99}$$

Die Anwendung dieses Satzes auf Korrespondenz (1.94) ergibt den grundlegenden Zusammenhang

$$s(t)\frac{t^n}{n!}\,\mathrm{e}^{\,p_0 t} \quad \circ\!\!-\!\!\bullet \quad \frac{1}{(p - p_0)^{n+1}} \,. \tag{1.100}$$

Danach kann zu jeder rationalen Funktion $F(p)$ die zugehörige Zeitfunktion unmittelbar angegeben werden, nachdem $F(p)$ zuvor in Partialbrüche zerlegt wurde. Hierauf wird in Abschn. 1.4.4 noch genauer eingegangen.

**c) Differentiationssatz** Vorausgesetzt sei eine überall differenzierbare Zeitfunktion $f(t)$ mit dem einseitigen oder kausalen Anteil

$$s(t)f(t) = f_k(t) \quad \circ\!\!-\!\!\bullet \quad F(p)\,.$$

Die zeitliche Ableitung dieses kausalen Anteils liefert entsprechend Korrespondenz (1.43)

$$\frac{\mathrm{d}}{\mathrm{d}t}[s(t)f(t)] = \dot{f}_k(t) \quad \circ\!\!-\!\!\bullet \quad pF(p)\,. \tag{1.101}$$

Wie durch Bild 1.29 veranschaulicht wird, enthält die Ableitung des kausalen Anteils einen Deltaimpuls mit dem Amplitudenfaktor (oder der Fläche) $f(0)$, falls die Zeitfunktion im Nullpunkt nicht verschwindet. Da $f(t)$ voraussetzungsgemäß überall differenzierbar sein soll, kann dies nicht die gesuchte Beziehung sein. Durch Anwendung der Produktregel der Differentialrechnung auf die linke Seite von Gl. (1.101) erhält man

$$\frac{\mathrm{d}}{\mathrm{d}t}[s(t)f(t)] = s(t)\frac{\mathrm{d}f(t)}{\mathrm{d}t} + f(0)\delta(t)$$

und daraus unter Beachtung der Korrespondenzen (1.97) und (1.101)

$$s(t)\frac{\mathrm{d}f(t)}{\mathrm{d}t} \quad \circ\!\!-\!\!\bullet \quad pF(p) - f(0)\,. \tag{1.102}$$

Der gesuchte kausale Anteil der Ableitung von $f(t)$ ist ebenfalls in Bild 1.29 dargestellt. Wird nun $n$-malige Differenzierbarkeit der Zeitfunktion $f(t)$ vorausgesetzt, so ergibt sich durch wiederholte Anwendung der obigen Korrespondenz die allgemeine Form des *Differentiationssatzes* zu

$$s(t)\frac{\mathrm{d}^n f(t)}{\mathrm{d}t^n} \quad \circ\!\!-\!\!\bullet \quad p^n F(p) - p^{n-1}f(0) - p^{n-2}\dot{f}(0) - \ldots - f^{(n-1)}(0)\,. \tag{1.103}$$

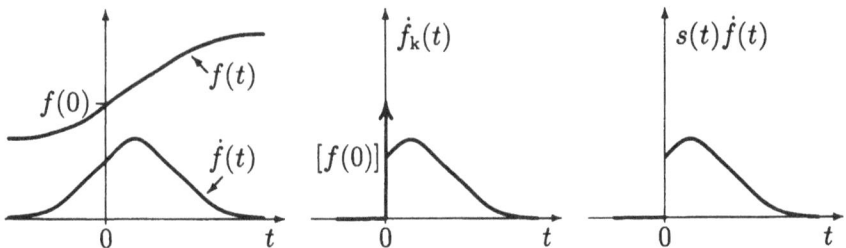

Bild 1.29 Ableitung des kausalen Anteils und kausaler Anteil der Ableitung von $f(t)$

Hierin sind $f(0)$, $\dot{f}(0)$,... die sog. *Anfangswerte*, die für $n$-mal differenzierbare Funktionen sowohl als linksseitige als auch rechtsseitige Grenzwerte aufgefaßt werden können. Es gilt also unter dieser Voraussetzung $f(0) = f(0-) = f(0+)$. Tritt jedoch im Zeitnullpunkt ein Sprung auf, wie Bild 1.30 zeigt, so gilt für den kausalen Anteil der Ableitung von $f(t)$

$$s(t)\frac{\mathrm{d}f(t)}{\mathrm{d}t} = s(t)\frac{\mathrm{d}f_{\mathrm{d}}(t)}{\mathrm{d}t} + [f(0) - f(0-)]\delta(t)\,.$$

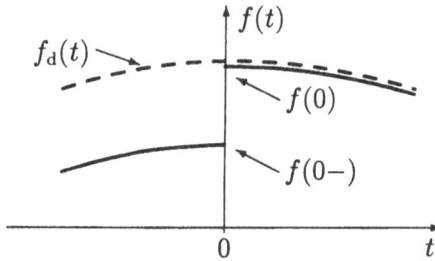

Bild 1.30  Zeitfunktion $f(t)$ mit einem Sprung im Nullpunkt

Zur Ableitung des differenzierbaren Anteils $f_{\mathrm{d}}(t)$ tritt noch ein Deltaimpuls, dessen Fläche durch die Sprunghöhe gegeben ist. Korrespondenz (1.102) hierauf angewendet, liefert

$$s(t)\frac{\mathrm{d}f(t)}{\mathrm{d}t} \quad \circ\!\!-\!\!\bullet \quad pF(p) - f(0-)\,. \tag{1.104}$$

Die Anfangswerte ergeben sich damit im allgemeinen Fall durch den Zustand des Systems zum Zeitpunkt $t = 0-$.

Als Anwendungsbeispiel möge hierzu der Zusammenhang zwischen der Sprungfunktion und dem Diracimpuls betrachtet werden, und es gilt zunächst mit Korrespondenz (1.92)

$$f(t) = s(t) \quad \circ\!\!-\!\!\bullet \quad \frac{1}{p}\,.$$

Unter Beachtung von Gl. (1.5) erhält man mit dem obigen Differentiationstheorem

$$s(t)\frac{\mathrm{d}f(t)}{\mathrm{d}t} = \delta(t) \quad \circ\!\!-\!\!\bullet \quad p\frac{1}{p} - s(0-) = 1\,,$$

da der linksseitige Grenzwert $s(0-)$ der Sprungfunktion identisch verschwindet. Der rechtsseitige Grenzwert $s(0+) = 1$ hätte nicht das richtige Ergebnis geliefert.

**d) Integrationssatz** Im Zusammenhang mit der Herleitung des Integrationstheorems der Fourier-Transformation wurde gezeigt, daß die Integration der Faltung mit der Sprungfunktion entspricht. Für eine einseitige Zeitfunktion $f(t)$ gilt demnach

$$\int_0^t f(\tau)\,\mathrm{d}\tau = f(t) * s(t)\,.$$

Durch Anwendung des Faltungssatzes auf die rechte Seite dieser Gleichung ergibt sich mit der Korrespondenz der Sprungfunktion folgendes Integrationstheorem

$$\int_0^t f(\tau)\,\mathrm{d}\tau \quad \circ\!\!-\!\!\bullet \quad \frac{1}{p}F(p)\,. \qquad (1.105)$$

Damit sind die wichtigsten Theoreme der LT angegeben worden, die in Abschn. 1.4.4 noch durch die sog. Grenzwertsätze ergänzt werden sollen.

## 1.4.3 Differentialgleichung und Übertragungsfunktion

Ist ein LZI-System aus konzentrierten elektrischen Elementen aufgebaut, dann läßt sich mit Hilfe der Kirchhoffschen Regeln ein Zusammenhang zwischen den gegebenen Eingangssignalen und den gesuchten Ausgangssignalen herstellen. Hierzu sind verschiedene Verfahren entwickelt worden, von denen die Knoten- oder Maschenanalyse bereits zum elektrotechnischen Grundstudium gehören. Grundlage dieser Verfahren bildet die Knotenadmittanz- bzw. die Maschenimpedanzmatrix; d.h. es können hiermit zunächst nur lineare Wechselstromnetze berechnet werden.

Es ist aber auch eine direkte Analyse im Zeitbereich möglich, die von der Kirchhoffschen Maschen- bzw. Knotenregel

$$\sum_\nu u_\nu(t) = 0\,, \quad \sum_\nu i_\nu(t) = 0 \qquad (1.106)$$

und den Strom-Spannungs-Beziehungen der Elemente im Zeitbereich ausgeht. Läßt man hierbei zunächst nur den ohmschen Widerstand $R$, die Induktivität $L$ und die Kapazität $C$ zu (man spricht von einem

*RLC-Netzwerk*), dann gilt unter Zugrundelegung des Verbraucherzähl-pfeilsystems für Spannung und Strom:

$$u_R(t) = Ri_R(t), \quad u_L(t) = L\frac{di_L(t)}{dt}, \quad i_C(t) = C\frac{du_C(t)}{dt}. \quad (1.107)$$

Wird weiterhin ein System mit einem Eingangssignal $x(t)$ und einem Ausgangssignal $y(t)$ vorausgesetzt, dann läßt sich durch Anwendung der Gln. (1.106) und (1.107) eine lineare *Differentialgleichung* (Abkürzung Dgl.) der Form

$$b_0 y + b_1 \dot{y} + \ldots + y^{(n)} = a_0 x + a_1 \dot{x} + \ldots + a_n x^{(n)} \quad (1.108)$$

aufstellen. Darin sind die $a_i$ und $b_i$ $(i = 0, \ldots, n)$ konstante, reelle Koeffizienten, von denen einzelne – mit Ausnahme von $b_n$ – auch Null werden können. Durch entsprechende Normierung wird der Koeffizient, der zur $n$-ten Ableitung von $y(t)$ gehört, zu $b_n = 1$ gesetzt. Der Systemgrad $n$ ist gleich der Anzahl der unabhängigen Energiespeicher.

Die Differentialgleichung (1.108) soll nun durch Laplace-Transformation gelöst werden, und es gilt z.B. für $n = 2$ mit Korrespondenz (1.103):

$$b_0 Y(p) + b_1 p Y(p) - b_1 y(0) + p^2 Y(p) - p y(0) - \dot{y}(0)$$
$$= a_0 X(p) + a_1 p X(p) - a_1 x(0) + a_2 p^2 X(p) - a_2 p x(0) - a_2 \dot{x}(0).$$

Diese Gleichung läßt sich nach der gesuchten Ausgangsgröße $Y(p)$ im Frequenzbereich auflösen, und man erhält

$$Y(p) = \frac{a_0 + a_1 p + a_2 p^2}{b_0 + b_1 p + p^2} X(p)$$
$$+ \frac{b_1 y(0) - a_1 x(0) + \dot{y}(0) - a_2 \dot{x}(0) + p[y(0) - a_2 x(0)]}{b_0 + b_1 p + p^2}.$$

Das Ausgangssignal besteht demnach aus einem Anteil, der dem Eingangssignal proportional ist und einem weiteren Anteil, der durch die Anfangsbedingungen gegeben ist. Nach der Aussage von Korrespondenz (1.104) sind die Anfangswerte allgemein durch den Zustand des Systems zum Zeitpunkt $t = 0-$ bestimmt. Mit Gl. (1.96) ergibt sich bei verschwindenden Anfangsbedingungen $Y(p) = H(p)X(p)$. Man nennt $H(p)$ die *Übertragungsfunktion* komplexer Frequenzen, die für beliebigen Systemgrad $n$ lautet:

$$H(p) = \frac{a_0 + a_1 p + \ldots + a_n p^n}{b_0 + b_1 p + \ldots + p^n}. \quad (1.109)$$

Die Übertragungsfunktion eines LZI-Systems aus konzentrierten elektrischen Elementen ist eine rationale Funktion des komplexen Frequenzparameters, d.h. als Quotient zweier Polynome von $p$ darstellbar. Die reellen Polynomkoeffizienten sind identisch mit den Koeffizienten der Differentialgleichung (1.108). Nach dem Hauptsatz der Algebra kann für Gl. (1.109) auch folgende Produktdarstellung angegeben werden:

$$H(p) = K \frac{(p - p_1')(p - p_2') \cdots (p - p_m')}{(p - p_1)(p - p_2) \cdots (p - p_n)} \,. \tag{1.110}$$

Hierbei sind die $p_\mu'$ ($\mu = 1, \ldots, m \leq n$) die Nullstellen des Zählerpolynoms $Z(p)$, während die $p_\nu$ ($\nu = 1, \ldots, n$) die Nullstellen des Nennerpolynoms $N(p)$ darstellen. Da die Polynomkoeffizienten in Gl. (1.109) sämtlich reell sind, können nur reelle oder paarweise konjugiert-komplexe Nullstellen auftreten. Dabei werden die Nullstellen von $N(p)$ auch als Polstellen von $H(p)$ bezeichnet. Aus dem Grenzübergang $p \to \infty$ folgt mit $b_n = 1$ der Wert der Konstanten $K = a_m$, wobei $a_m$ der Koeffizient der höchsten nicht verschwindenden Potenz von $p$ in $Z(p)$ ist.

Die Ausgangsgröße $Y(p)$ kann grundsätzlich durch Laplace-Transformation der Differentialgleichung (1.108) gewonnen werden. Das Aufstellen der Dgl. bereitet jedoch bei umfangreichen Netzwerken erhebliche Schwierigkeiten. Deshalb empfiehlt es sich, die gesuchte(n) Größe(n) durch *direkte Analyse im Laplace-Bereich* zu berechnen. Hierzu können die geläufigen Verfahren der linearen Wechselstromanalyse verwendet werden. Da für die LT der Superpositionssatz in gleicher Weise gilt wie für die FT, bleiben die Kirchhoffschen Gleichungen (1.106) bei der Transformation erhalten. Es müssen nur noch die Beziehungen der Elemente nach Gl. (1.107) transformiert werden.

Die Gleichung für den ohmschen Widerstand bleibt bei der Transformation unverändert

$$U_R(p) = R I_R(p) \,. \tag{1.111}$$

An der Induktivität gilt mit Korrespondenz (1.104) die Beziehung zwischen Spannung und Strom

$$U_L(p) = pL I_L(p) - L i_L(0-) \tag{1.112 a}$$

oder nach dem Strom aufgelöst

$$I_L(p) = \frac{1}{pL} U_L(p) + \frac{i_L(0-)}{p} \,. \tag{1.112 b}$$

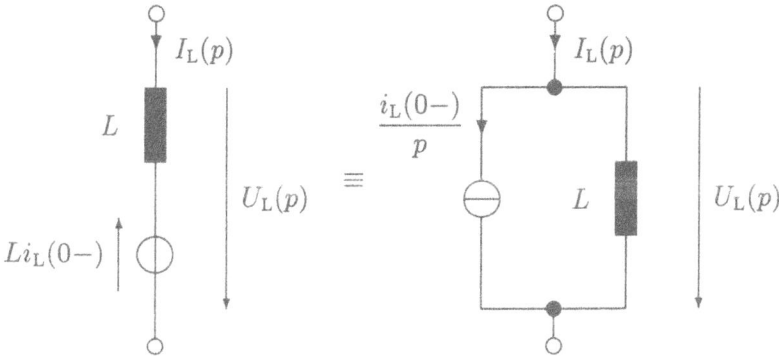

Bild 1.31 Ersatzschaltungen der Induktivität im Laplace-Bereich für $t \geq 0$

Diesen beiden Gleichungen entsprechen die Ersatzschaltungen der Induktivität im Laplace-Bereich für $t \geq 0$ von Bild 1.31. Die Größe $pL$ läßt sich als Impedanz der Induktivität interpretieren, während der Kehrwert die Admittanz beschreibt. Die Anfangswerte werden durch sog. Anfangswert-Generatoren repräsentiert und sind somit bei der Analyse im Frequenzbereich von vornherein in die Rechnung einbezogen. Im Zeitbereich erzeugt die Spannungsquelle der linken Ersatzschaltung einen Deltaimpuls im Zeitnullpunkt und die Stromquelle der rechten eine Sprungfunktion.

Für die Kapazität gilt entsprechend der Zusammenhang zwischen Strom und Spannung

$$I_C(p) = pCU_C(p) - Cu_C(0-) \qquad (1.113\,\text{a})$$

oder nach der Spannung aufgelöst

$$U_C(p) = \frac{1}{pC}I_C(p) + \frac{u_C(0-)}{p}\,. \qquad (1.113\,\text{b})$$

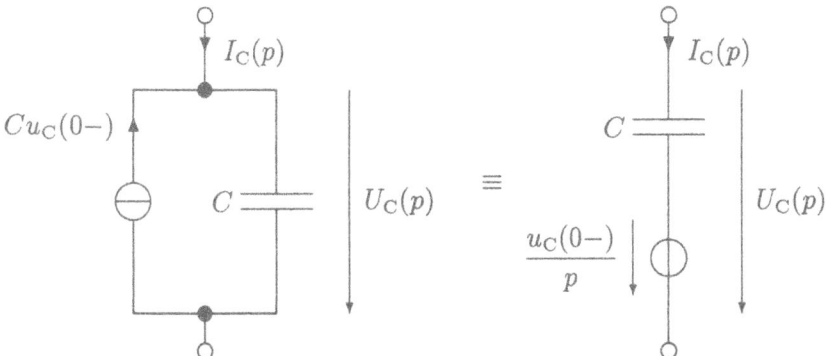

Bild 1.32 Ersatzschaltungen der Kapazität im Laplace-Bereich für $t \geq 0$

Hierfür können ebenfalls zwei gleichwertige Ersatzschaltungen angegeben werden, die Bild 1.32 zeigt. Jetzt läßt sich $pC$ als Admittanz
der Kapazität interpretieren, während der Kehrwert die Impedanz beschreibt. Dazu kommen auch hier Generatoren, durch die die Anfangswerte bei der Analyse im Frequenzbereich berücksichtigt werden. Die
Stromquelle der linken Ersatzschaltung erzeugt im Zeitbereich einen
Deltaimpuls und die Spannungsquelle der rechten eine Sprungfunktion.

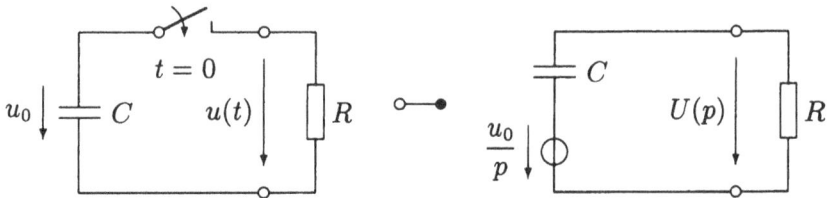

Bild 1.33 Beispiel zur Analyse im Laplace-Bereich

Als Anwendungsbeispiel soll der Entladevorgang der linken Schaltung
von Bild 1.33 betrachtet werden. Der Kondensator ist auf die Spannung
$u_0$ aufgeladen und wird zum Zeitpunkt $t = 0$ mit dem Widerstand
verbunden. Für $t \geq 0$ läßt sich das Netzwerk in den Laplace-Bereich
transformieren, und man liest aus der rechten Schaltung von Bild 1.33
ab:

$$U(p) = \frac{u_0}{p} \frac{R}{R + 1/pC} = \frac{u_0}{p + 1/T}, \quad T = RC.$$

Mit Korrespondenz (1.93) ergibt sich daraus die bekannte Lösung im
Zeitbereich:

$$u(t) = s(t) \, e^{-t/T},$$

die man natürlich auch mit der linken Ersatzschaltung der Kapazität
von Bild 1.32 erhält.

### 1.4.4 Rücktransformation in den Zeitbereich

Die Gewinnung der Zeitfunktion $f(t)$ aus ihrer Laplace-Transformierten $F(p)$ durch Integration längs einer Parallelen zur imaginären
Achse, wie Gl. (1.91) verlangt, ist relativ aufwendig. Es zeigt sich,
daß die Integration in der komplexen $p$-Ebene erheblich vereinfacht
wird, wenn man den Integrationsweg durch einen großen Halbkreis zu
einem geschlossenen Weg ergänzt, der sämtliche Polstellen von $F(p)$
einschließt. Dadurch läßt sich das Umkehrintegral mit der sog. *Residuenmethode* der Funktionentheorie auswerten. Der Residuensatz besagt,
daß die Integration auf einem geschlossenen Weg auf die Bestimmung

der eingeschlossenen Polbeiträge zurückgeführt werden kann. In der praktischen Ausführung ergeben sich diese Residuen durch eine *Partialbruchentwicklung* von $F(p)$.

Analog zu Gl. (1.109) sei $F(p) = Z(p)/N(p)$ als Quotient zweier Polynome von $p$ darstellbar, wobei der Grad von $Z(p)$ weiterhin nicht größer als der von $N(p)$ sein soll. Werden die Pole von $F(p)$, d.h. die Nullstellen von $N(p)$, mit $p_\nu$ ($\nu = 1, \ldots, n$) bezeichnet, dann läßt sich im Fall *einfacher Polstellen* die Partialbruchentwicklung

$$F(p) = A_\infty + \sum_{\nu=1}^{n} \frac{A_\nu}{p - p_\nu} \qquad (1.114)$$

angeben. Die Koeffizienten $A_\infty, A_\nu$ können in einfacher Weise durch Grenzwertbetrachtungen direkt aus $F(p)$ berechnet werden:

$$A_\infty = \lim_{p \to \infty} F(p), \qquad (1.115)$$

$$A_\nu = \lim_{p \to p_\nu} F(p)(p - p_\nu), \quad \nu = 1, \ldots, n. \qquad (1.116a)$$

Die zweite Gleichung wird mit der Ergänzung $N(p_\nu) = 0$ umgeformt zu

$$A_\nu = \lim_{p \to p_\nu} \frac{Z(p)}{N(p)}(p - p_\nu) = \lim_{p \to p_\nu} \frac{Z(p)}{\dfrac{N(p) - N(p_\nu)}{p - p_\nu}} = \frac{Z(p_\nu)}{N'(p_\nu)}, \quad (1.116b)$$

wobei $N'(p)$ die Ableitung des Nennerpolynoms nach der komplexen Frequenz $p$ bedeutet. Mit den Korrespondenzen (1.93) und (1.97) kann Gl. (1.114) nun in den Zeitbereich transformiert werden, und man erhält den sog. *Heavisideschen Entwicklungssatz*

$$f(t) = A_\infty \delta(t) + s(t) \sum_{\nu=1}^{n} A_\nu \, e^{p_\nu t}. \qquad (1.117)$$

Als Beispiel soll die $CR$-Schaltung von Bild 1.6 betrachtet werden, deren Übertragungsfunktion lautet

$$H(p) = \frac{R}{R + 1/pC} = \frac{p}{p + 1/RC} = \frac{p}{p + 1/T}.$$

Die Partialbruchzerlegung liefert

$$H(p) = 1 + \frac{-1/T}{p + 1/T}.$$

Daraus folgt die Impulsantwort

$$h(t) = \delta(t) - s(t)\frac{1}{T}\,\mathrm{e}^{-t/T},$$

in Übereinstimmung mit der direkten Lösung im Zeitbereich.

Etwas aufwendiger gestaltet sich die Rücktransformation mittels Partialbruchzerlegung von $F(p)$ im Fall *mehrfacher Polstellen*. Zur Herleitung einer entsprechenden Entwicklungsvorschrift wird von der Laplace-Transformierten

$$F(p) = \frac{Z(p)}{(p - p_\nu)^r}, \quad r = 2, 3, \ldots$$

ausgegangen, wobei der Grad von $Z(p)$ kleiner sein möge als die Vielfachheit $r$ der Polstelle $p_\nu$. In diesem Fall lautet die Partialbruchzerlegung

$$F(p) = \sum_{\mu=1}^{r} \frac{A_{\nu\mu}}{(p - p_\nu)^\mu}. \tag{1.118}$$

Zur Bestimmung der Koeffizienten $A_{\nu\mu}$ multipliziert man die obige Gleichung zunächst mit $(p - p_\nu)^r$:

$$F(p)(p - p_\nu)^r = \sum_{\mu=1}^{r} (p - p_\nu)^{r-\mu} A_{\nu\mu}.$$

Wird diese Gleichung $(r - \mu)$-mal nach $p$ differenziert, dann tritt rechts der Summand $(r - \mu)! A_{\nu\mu}$ auf, der durch den Grenzübergang $p \to p_\nu$ von den anderen Summanden separiert werden kann. Es gilt also

$$A_{\nu\mu} = \frac{1}{(r - \mu)!} \lim_{p \to p_\nu} \frac{\mathrm{d}^{r-\mu}}{\mathrm{d}p^{r-\mu}} F(p)(p - p_\nu)^r. \tag{1.119}$$

Durch Anwendung von Korrespondenz (1.100) läßt sich Gl. (1.118) in den Zeitbereich transformieren, und es ergibt sich der *Beitrag einer mehrfachen Polstelle* zu

$$f(t) = s(t) \sum_{\mu=1}^{r} A_{\nu\mu} \frac{t^{\mu-1}}{(\mu - 1)!}\,\mathrm{e}^{p_\nu t}. \tag{1.120}$$

Als Anwendungsbeispiel betrachten wir die Funktion

$$F(p) = \frac{p}{(p + 1/T)^2} = \frac{A_{11}}{p + 1/T} + \frac{A_{12}}{(p + 1/T)^2},$$

die nur eine doppelte Polstelle $p_1 = -1/T$ besitzt. Mit Gl. (1.119) erhält man die beiden Koeffizienten

$$A_{11} = \lim_{p \to -1/T} \frac{\mathrm{d}}{\mathrm{d}p} p = 1 \,,$$

$$A_{12} = \lim_{p \to -1/T} p = -1/T$$

und mit Gl. (1.120) die Darstellung im Zeitbereich

$$f(t) = s(t)(\mathrm{e}^{-t/T} - \frac{t}{T} \mathrm{e}^{-t/T}) = s(t) \left( 1 - \frac{t}{T} \right) \mathrm{e}^{-t/T} \,.$$

Die beiden Gleichungen (1.117) und (1.120) belegen, daß die Polstellen $p_\nu$ der Laplace-Transformierten $F(p)$ – und damit auch der Übertragungsfunktion $H(p)$ – das Zeitverhalten wesentlich bestimmen. In der Impulsantwort $h(t)$ legen sie die Eigenschaften des Systems fest und werden auch *Eigenfrequenzen* oder *Eigenwerte* genannt. Sie können bei einer reellen Impulsantwort nur in reeller oder paarweise konjugiert-komplexer Form auftreten. Dies gilt auch für die Koeffizienten $A_\nu$ und $A_{\nu\mu}$, während der reelle Koeffizient $A_\infty$, gemäß Gl. (1.115), nur dann verschieden von Null ist, wenn der Zählergrad gleich dem Nennergrad von $H(p)$ ist. Ein derartiges System wird auch als *impulsdurchlässig* bezeichnet.

Für ein (Teil-)System mit zwei konjugiert-komplexen Eigenwerten $p_\mathrm{e}$ und $p_\mathrm{e}^*$ lautet demnach die Übertragungsfunktion in Partialbruchdarstellung

$$H_2(p) = A_\infty + \frac{A}{p - p_\mathrm{e}} + \frac{A^*}{p - p_\mathrm{e}^*}$$

und die Impulsantwort

$$h_2(t) = A_\infty \delta(t) + s(t)(A \, \mathrm{e}^{p_\mathrm{e} t} + A^* \, \mathrm{e}^{p_\mathrm{e}^* t}) \,.$$

Mit der Aufspaltung der komplexen Größen in Real- und Imaginärteil bzw. Betrag und Phase

$$p_\mathrm{e} = \sigma_\mathrm{e} + \mathrm{j}\omega_\mathrm{e} \,, \quad p_\mathrm{e}^* = \sigma_\mathrm{e} - \mathrm{j}\omega_\mathrm{e} \,, \quad A = |A| \, \mathrm{e}^{\mathrm{j}\varphi} \,, \quad A^* = |A| \, \mathrm{e}^{-\mathrm{j}\varphi}$$

erhält man die reelle Darstellung

$$h_2(t) = A_\infty \delta(t) + s(t) 2|A| \, \mathrm{e}^{\sigma_\mathrm{e} t} \cos(\omega_\mathrm{e} t + \varphi) \,.$$

Der zweite Term ist je nach dem Vorzeichen von $\sigma_\mathrm{e}$ eine exponentiell ab- oder aufklingende Kosinusschwingung. In der Ebene komplexer

Frequenzen $p$, die in Bild 1.34 dargestellt ist, gehören also die Pole in der linken Halbebene zu exponentiell abklingenden, die in der rechten zu exponentiell aufklingenden Schwingungen. Dies führt zu der folgenden **Stabilitätsbedingung** (Definition):

> *Ein System ist stabil, wenn zu jeder endlichen Eingangsgröße* $0 \leq |x(t)| < \infty$ *eine endliche Ausgangsgröße* $0 \leq |y(t)| < \infty$ *gehört; d.h. in der Impulsantwort* $h(t)$ *dürfen keine aufklingenden Teilschwingungen enthalten sein.*

Für die Pole $p_\nu$ ($\nu = 1, \ldots, n$) der Übertragungsfunktion eines stabilen Systems gilt also

$$\sigma_\nu = \mathrm{Re}(p_\nu) \leq 0 \,. \tag{1.121}$$

Im Falle *asymptotischer Stabilität*, mit $\sigma_\nu < 0$, liegen die Pole nur in der linken $p$-Halbebene. Für $\sigma_\nu = 0$ erhält man Pole auf der imaginären Achse. Sind diese nur einfach, so spricht man je nach Anwendungsgebiet von *oszillatorischer Stabilität* bzw. *Instabilität*. Während ein passives elektrisches Netzwerk mit dieser Eigenschaft noch als stabil bezeichnet wird, ist ein aktives Regelsystem bereits instabil. Bei mehrfachen Polstellen auf der imaginären Achse liegt mit Gl. (1.120) grundsätzlich Instabilität vor. (Dieser Fall kann bei passiven elektrischen Netzwerken nicht auftreten.)

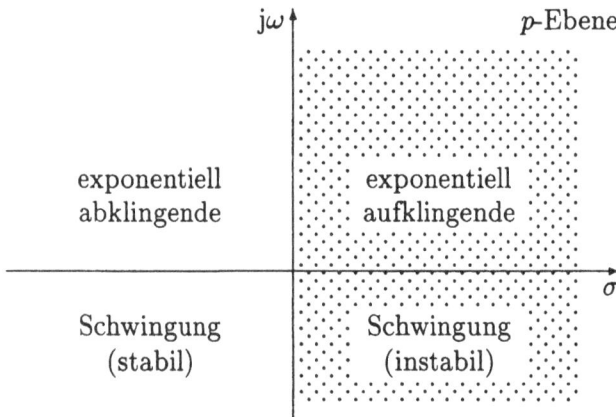

Bild 1.34 Polbereiche stabiler und instabiler Systeme in der komplexen $p$-Ebene

In manchen Anwendungen kommt es vor, daß nicht der gesamte Zeitverlauf $f(t)$ benötigt wird, sondern nur die beiden Grenzwerte $f(0)$ und $f(\infty)$. Diese Werte lassen sich unter bestimmten Voraussetzungen direkt aus der Laplace-Transformierten $F(p)$ bestimmen. Aus dem

Vergleich von Gleichungspaar (1.114) und (1.117) bzw. (1.118) und (1.120) folgt sofort das

**Anfangswert-Theorem:** Enthält $f(t)$ keinen Deltaimpuls im Zeitnullpunkt, so gilt (im Sinne eines rechtsseitigen Grenzwertes bezüglich der Zeitfunktion)

$$\lim_{t \to 0} f(t) = \lim_{p \to \infty} pF(p) \,. \tag{1.122}$$

Für die Instabilität ist kennzeichnend, daß kein endlicher Grenzwert $t \to \infty$ existiert. Deshalb lautet das

**Endwert-Theorem:** Enthält $F(p)$ keine Pole in der rechten $p$-Halbebene und auf der imaginären Achse, mit Ausnahme eines einfachen Poles im Nullpunkt $p = 0$, dann gilt

$$\lim_{t \to \infty} f(t) = \lim_{p \to 0} pF(p) \,. \tag{1.123}$$

Als Anwendungsbeispiel sei der $RC$-Spannungsteiler von Bild 1.35 betrachtet, für den sich die Sprungantwort ohne direkte Rücktransformation ermitteln läßt. Die Netzwerkanalyse im Frequenzbereich liefert zunächst mit $X(p) = 1/p$

$$Y(p) = H(p)X(p) = \frac{R_2 + pR_1R_2C_1}{R_1 + R_2 + pR_1R_2(C_1 + C_2)} \frac{1}{p} \,.$$

Mit den beiden obigen Grenzwertsätzen erhält man

$$y(0) = \frac{C_1}{C_1 + C_2} \,, \quad y(\infty) = \frac{R_2}{R_1 + R_2} \,.$$

Da die resultierende Zeitkonstante

$$T = R_1R_2 \frac{C_1 + C_2}{R_1 + R_2}$$

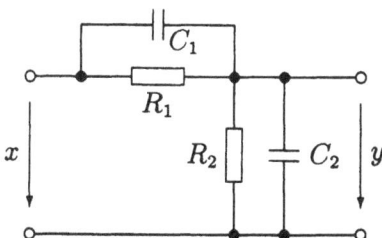

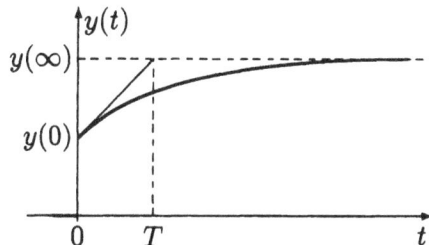

Bild 1.35 $RC$-Spannungsteiler mit zugehöriger Sprungantwort

als Kehrwert des entsprechenden Eigenwertes ebenfalls bekannt ist, läßt sich die Sprungantwort bereits darstellen, wie Bild 1.35 rechts zeigt.

### 1.4.5 Übertragungsfunktion und Frequenzgang

Der letzte Abschnitt hat gezeigt, daß die Eigenwerte bzw. Polstellen der Übertragungsfunktion $H(p)$ den Verlauf der Impulsantwort $h(t)$ wesentlich bestimmen. Zur Charakterisierung eines Systems wird jedoch oft die relativ bequem meßbare Funktion $H(j\omega)$ mit dem Betrag $A(\omega)$ und der Phase $\varphi(\omega)$ herangezogen. Um Mißverständnisse auszuschließen, soll diese Darstellung künftig als *Frequenzgang* bezeichnet werden. Es zeigt sich, daß dieser aus den Polen und Nullstellen einer asymptotisch stabilen Übertragungsfunktion rekonstruiert werden kann.

Für ein *kausales System*, mit $h(t) \equiv 0$ für $t < 0$, lautet das Fourier-Integral von Gl. (1.18)

$$H(j\omega) = \int\limits_{0}^{\infty} h(t)\,e^{-j\omega t}\,dt \ .$$

Dieses Integral ist identisch mit dem Laplace-Integral für $p = j\omega$, sofern weiterhin Konvergenz vorliegt. Das Integral konvergiert aber nur, wenn $h(t)$ absolut integrabel ist, also

$$\int\limits_{0}^{\infty} |h(t)|\,dt < \infty \ .$$

Diese Eigenschaft ist nur bei asymptotischer Stabilität des Systems gewährleistet. Damit läßt sich folgende Aussage formulieren:

*Der Frequenzgang $H(j\omega)$ eines kausalen, asymptotisch stabilen Systems ergibt sich aus der Übertragungsfunktion $H(p)$ für $p = j\omega$ und umgekehrt.*

Setzt man in der Produktdarstellung von $H(p)$ nach Gl. (1.110)

$$p - p'_\mu = d'_\mu\,e^{j\delta'_\mu}, \quad \mu = 1, \ldots, m \leq n \,, \qquad (1.124\,\text{a})$$

$$p - p_\nu = d_\nu\,e^{j\delta_\nu}, \quad \nu = 1, \ldots, n \,, \qquad (1.124\,\text{b})$$

so ergibt sich mit den Differenzbeträgen $d'_\mu, d_\nu$ und den Differenzwinkeln $\delta'_\mu, \delta_\nu$

$$H(p) = K \frac{d'_1 d'_2 \cdots d'_m}{d_1 d_2 \cdots d_n} \, \mathrm{e}^{\, \mathrm{j}(\delta'_1 + \delta'_2 + \cdots + \delta'_m - \delta_1 - \delta_2 - \cdots - \delta_n)}$$

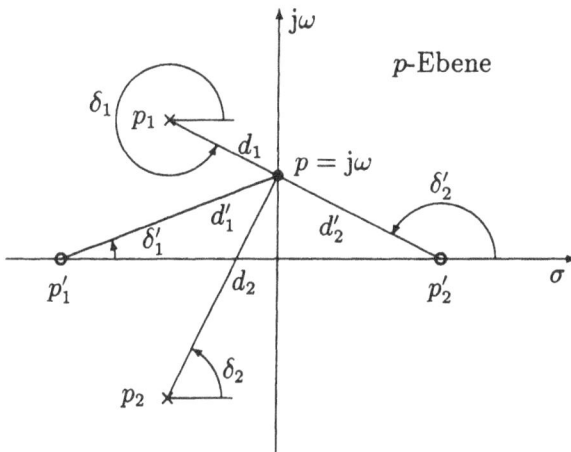

Bild 1.36 Zur Ermittlung des Frequenzganges aus der PN-Verteilung in der $p$-Ebene

Wird der Aufpunkt $p$ auf die $\mathrm{j}\omega$-Achse gelegt, wie Bild 1.36 an einem Beispiel zeigt, dann kann der Betrag des Frequenzganges

$$A(\omega) = |K| \frac{\prod\limits_{\mu=1}^{m} d'_\mu(\omega)}{\prod\limits_{\nu=1}^{n} d_\nu(\omega)} \qquad (1.125\,\mathrm{a})$$

sowie die Phase

$$\varphi(\omega) = \varphi_K + \sum_{\mu=1}^{m} \delta'_\mu(\omega) - \sum_{\nu=1}^{n} \delta_\nu(\omega) \qquad (1.125\,\mathrm{b})$$

punktweise aus der Pol-Nullstellen-Verteilung (abgekürzt PN-Verteilung) in der $p$-Ebene ermittelt werden. Bei dieser Darstellung bezeichnet ein Kreuzchen einen Pol und ein kleiner Kreis eine Nullstelle. Die Pole und Nullstellen der Übertragungsfunktion $H(p)$ eines kausalen, asymptotisch stabilen Systems bestimmen also, abgesehen von dem Faktor $K$, den Frequenzgang $H(\mathrm{j}\omega)$. Für das Beispiel von Bild 1.36 erhält man demnach

$$H(\mathrm{j}\omega) = K \frac{d'_1 d'_2}{d_1 d_2} \, \mathrm{e}^{\, \mathrm{j}(\delta'_1 + \delta'_2 - \delta_1 - \delta_2)} \, .$$

Zwischen $\omega = -\infty$ und $\omega = \infty$ ändert sich der Winkelbeitrag eines in der linken Halbebene liegenden Poles von $\pi/2$ auf $-\pi/2$, bei einer links liegenden Nullstelle von $-\pi/2$ auf $\pi/2$ und bei einer rechts liegenden Nullstelle von $3\pi/2$ auf $\pi/2$. Die geringstmögliche Winkeländerung über die gesamte $j\omega$-Achse bei $n$ Pol- und $m$ Nullstellen ergibt sich, wenn alle Nullstellen von $H(p)$ in der linken Halbebene liegen:

$$\varphi(\infty) - \varphi(-\infty) = (m - n)\pi \,, \tag{1.126}$$

wobei sich zwischen $\omega = 0$ und $\omega = \infty$ genau die Hälfte dieser Winkelvariation ergibt. Übertragungsfunktionen mit dieser Eigenschaft heißen *minimalphasig*.

Einen interessanten Sonderfall stellt der *Allpaß* dar, bei dem die Pole und Nullstellen spiegelbildlich zur imaginären Achse liegen. Bild 1.37 zeigt die PN-Verteilungen von Allpässen ersten und zweiten Grades, und man sieht sofort, daß mit Gl. (1.125a) gilt

$$A(\omega) = |K| \,. \tag{1.127}$$

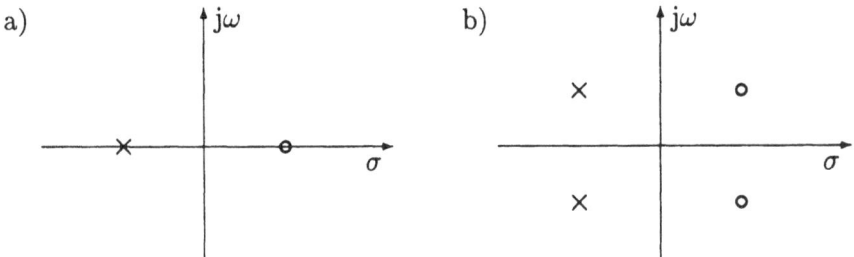

Bild 1.37 PN-Verteilungen von Allpässen a) ersten Grades und b) zweiten Grades

Der Betrag des Frequenzganges ist also für alle $\omega$ konstant, während die Phase frequenzabhängig bleibt. Da beim Allpaß die Nullstellen von $H(p)$ ausschließlich in der rechten $p$-Halbebene liegen und der Zählergrad $m$ gleich dem Nennergrad $n$ ist, ergibt sich hierfür die maximale Winkelvariation

$$\varphi(\infty) - \varphi(-\infty) = -2n\pi \,. \tag{1.128}$$

Allpässe werden daher für die Phasen- bzw. Laufzeitentzerrung und als Verzögerungsglieder verwendet. Eine weitere Anwendung besteht darin, daß eine beliebige, nicht minimalphasige Übertragungsfunktion stets als Produkt einer minimalphasigen Übertragungsfunktion und einer Allpaß-Übertragungsfunktion dargestellt werden kann:

$$H(p) = \frac{Y(p)}{X(p)} = \frac{Z_l(p)Z_r(p)}{N(p)} = \frac{Z_l(p)Z_r(-p)}{N(p)} \frac{Z_r(p)}{Z_r(-p)} .$$

Dabei sind im Faktor $Z_l(p)$ alle linken und im Faktor $Z_r(p)$ alle rechten Nullstellen des Zählers zusammengefaßt. $Z_r(-p)$ enthält daher die am Nullpunkt in die linke $p$-Halbebene gespiegelten Nullstellen. Die Teil-Übertragungsfunktion $Z_l(p)Z_r(-p)/N(p)$ ist also minimalphasig, während $Z_r(p)/Z_r(-p)$ einen Allpaß beschreibt. Dieser Zusammenhang soll durch Bild 1.38 verdeutlicht werden.

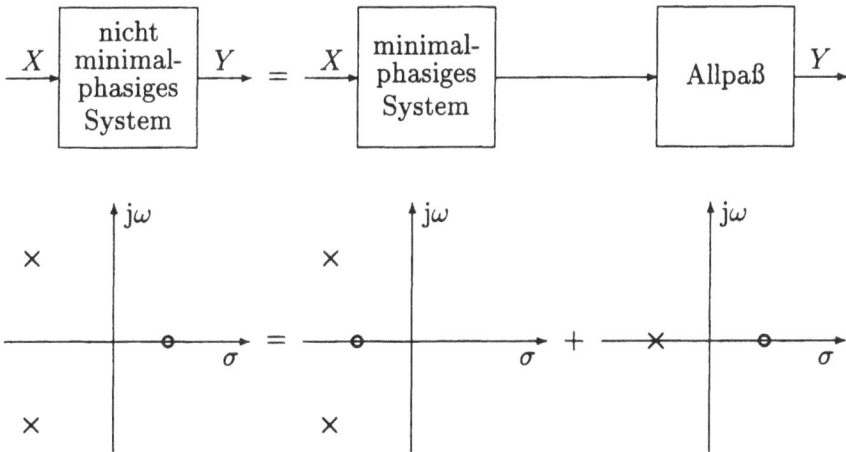

Bild 1.38 Zerlegung eines nicht minimalphasigen Systems in ein minimalphasiges System und einen Allpaß

Eine Grundaufgabe des Systementwurfs, der im zweiten Band dieses Werkes behandelt wird, besteht in der Ermittlung der Übertragungsfunktion $H(p)$ aus dem vorgeschriebenen Betrag $A(\omega)$ bzw. der Phase $\varphi(\omega)$ des Frequenzganges. Wie Aufg. 1.9 zeigt, existiert zwischen dem Realteil $R(\omega)$ und dem Imaginärteil $X(\omega)$ ein Zusammenhang, der als *Hilbert-Transformation* bezeichnet wird. Eine entsprechende Beziehung muß auch für $A(\omega)$ und $\varphi(\omega)$ erwartet werden, so daß die unabhängige Vorgabe beider Funktionen gegen das Kausalitätsprinzip verstoßen würde. Mit den Überlegungen von Abschn. 1.2.2 gilt

$$H(\mathrm{j}\omega) = A(\omega)\,\mathrm{e}^{\mathrm{j}\varphi(\omega)}, \quad H(-\mathrm{j}\omega) = A(\omega)\,\mathrm{e}^{-\mathrm{j}\varphi(\omega)} .$$

Werden diese beiden Gleichungen zunächst miteinander multipliziert und anschließend durcheinander dividiert, so erhält man

$$H(\mathrm{j}\omega)H(-\mathrm{j}\omega) = A^2(\omega), \quad \frac{H(\mathrm{j}\omega)}{H(-\mathrm{j}\omega)} = \mathrm{e}^{\mathrm{j}2\varphi(\omega)} .$$

Setzen wir ein kausales System voraus, so ergibt sich mit der Substitution $j\omega = p$ bzw. $\omega = p/j$

$$A^2\left(\frac{p}{j}\right) = H(p)H(-p) = \frac{Z(p)Z(-p)}{N(p)N(-p)}\,, \qquad (1.129\,\text{a})$$

$$e^{\,j2\varphi(p/j)} = \frac{H(p)}{H(-p)} = \frac{Z(p)N(-p)}{N(p)Z(-p)}\,. \qquad (1.129\,\text{b})$$

In der oberen Beziehung liegen die Nullstellen von $Z(-p)$ und $N(-p)$ jeweils spiegelbildlich zu denen von $Z(p)$ und $N(p)$. Wegen der Stabilitätsforderung ist also die Zuordnung der Pole zu $H(p)$ eindeutig. Dies gilt auch für die Nullstellen von $H(p)$, sofern Minimalphasigkeit vorliegt; andernfalls ist die Zuordnung mehrdeutig. Hieraus folgt also:

*Die Übertragungsfunktion $H(p)$ eines kausalen, asymptotisch stabilen, minimalphasigen Systems ist durch die Vorgabe des Betragsfrequenzganges $A(\omega)$ eindeutig bestimmt.*

Setzt man weiterhin Minimalphasigkeit voraus, so läßt sich Gl. (1.129b) ebenfalls eindeutig auswerten: Die linken Nullstellen des Nenners und des Zählers stellen die Pol- und Nullstellen von $H(p)$ dar. Hierbei ist zu beachten, daß sich ein gemeinsamer Faktor von $H(p)$ und $H(-p)$ und mögliche Nullstellen von $Z(p)$ und $Z(-p)$ auf der $j\omega$-Achse gegenseitig kürzen. Jede Nullstelle auf der imaginären Achse bewirkt jedoch einen Phasensprung um den Winkel $\pi$ und kann dem Verlauf $\varphi(\omega)$ entnommen werden. Daraus folgt:

*Die Übertragungsfunktion $H(p)$ eines kausalen, asymptotisch stabilen, minimalphasigen Systems ist durch die Vorgabe des Phasenfrequenzganges $\varphi(\omega)$ bis auf einen multiplikativen Faktor eindeutig bestimmt.*

Als Anwendungsbeispiel für die Gln. (1.129) soll der Frequenzgang der $CR$-Schaltung von Abschn. 1.2.2 betrachtet werden mit

$$A(\omega) = \frac{|\omega T|}{[1 + (\omega T)^2]^{1/2}}\,, \quad \varphi(\omega) = \arctan\frac{1}{\omega T}\,.$$

Diese Verläufe sind in Bild 1.12 dargestellt, und man erkennt den Phasensprung in $\varphi(\omega)$ um den Winkel $\pi$ für $\omega = 0$. Im Hinblick auf die Bestimmung von $H(p)$ aus $\varphi(\omega)$ müssen wir uns also eine einfache

Nullstelle $p_1' = 0$ merken. Die Substitution $\omega = p/\mathrm{j}$ liefert zunächst

$$A^2\left(\frac{p}{\mathrm{j}}\right) = \frac{(pT/\mathrm{j})^2}{1 + (pT/\mathrm{j})^2} = \frac{-p^2T^2}{1 - p^2T^2} = \frac{p^2}{p^2 - (1/T)^2}\,,$$

$$\varphi\left(\frac{p}{\mathrm{j}}\right) = \arctan\frac{\mathrm{j}}{pT} = \frac{1}{2\mathrm{j}}\ln\frac{pT - 1}{pT + 1}\,,$$

$$\mathrm{e}^{\,\mathrm{j}2\varphi(p/\mathrm{j})} = \frac{p - 1/T}{p + 1/T}\,.$$

Bild 1.39 zeigt auf der linken Seite die doppelte Nullstelle $p_{1/2}' = 0$ und die beiden Polstellen $p_{1/2} = \pm 1/T$ der Funktion $A^2(p/\mathrm{j})$ in der $p$-Ebene. Gemäß Gl. (1.129a) gehören eine Nullstelle und die linke Polstelle zu $H(p)$, also

$$H(p) = \frac{p}{p + 1/T} = \frac{pT}{1 + pT}\,.$$

In der anderen $p$-Ebene sind die Nullstelle $p_1' = 1/T$ und die Polstelle $p_1 = -1/T$ der Funktion $\exp[\mathrm{j}2\varphi(p/\mathrm{j})]$ dargestellt. Nach Gl. (1.129b) gehört nur die linke Polstelle zu $H(p)$. Mit der gemerkten Nullstelle $p_1' = 0$ (wegen des Phasensprungs) ergibt sich

$$H(p) = K\frac{p}{p + 1/T} = K\frac{pT}{1 + pT}\,.$$

Setzt man noch $K = 1$, so stimmen beide Ergebnisse überein. Bei Vorgabe eines Verlaufes der beiden Funktionen $A(\omega)$ und $\varphi(\omega)$ kann also der andere im Fall eines minimalphasigen Systems eindeutig rekonstruiert werden.

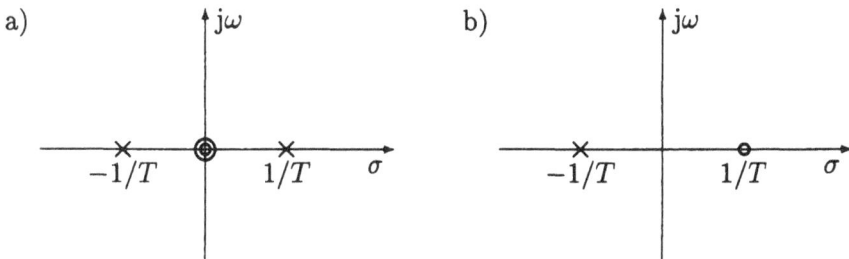

Bild 1.39 PN-Verteilungen der Funktionen  a) $A^2(p/\mathrm{j})$ und  b) $\exp[\mathrm{j}2\varphi(p/j)]$ der
$CR$-Schaltung

## 1.5    Beschreibung im Zustandsraum

Die Charakterisierung eines Systems durch die dazugehörige Differentialgleichung, Übertragungsfunktion oder Impulsantwort stellt stets
nur den Zusammenhang zwischen einem Eingangs- und einem Ausgangssignal her. Weitere innere Größen des Systems, die zu seiner
Beurteilung oft wesentlich sind, treten hierbei nicht auf. Es zeigt sich,
daß durch eine Auswahl bestimmter innerer Größen der Zustand eines Systems zu jedem Zeitaugenblick eindeutig festgelegt wird. Diese
Variablen werden *Zustandsgrößen* genannt, und sie bilden ein System
von $n$ Differentialgleichungen erster Ordnung statt einer einzigen Dgl.
$n$-ter Ordnung. Dieses Gleichungssystem bietet viele Vorteile bei der
direkten numerischen Lösung im Zeitbereich.

### 1.5.1  Darstellung der Zustandsgleichungen

Ein LZI-System aus konzentrierten Elementen, mit dem Eingangssignal $x(t)$ und dem Ausgangssignal $y(t)$, läßt sich gemäß Gl. (1.108)
durch eine lineare Differentialgleichung der Ordnung $n$ beschreiben.
So gilt z.B. für $n = 2$ in normierter Form

$$\ddot{y} + b_1\dot{y} + b_0 y = a_2\ddot{x} + a_1\dot{x} + a_0 x. \qquad (1.130)$$

Die Substitution

$$\dot{w}_1 = a_0 x - b_0 y$$

liefert nach einer anschließenden Integration

$$\dot{y} + b_1 y = a_2\dot{x} + a_1 x + w_1.$$

Durch die weitere Substitution

$$\dot{w}_2 = a_1 x + w_1 - b_1 y$$

und erneute Integration ergibt sich

$$y = a_2 x + w_2.$$

Die beiden Substitutionen wandeln also die ursprüngliche Dgl. zweiter
Ordnung in ein System von zwei Dgln. erster Ordnung und eine Ausgangsgleichung um. In Matrizenschreibweise lautet dieses Gleichungssystem, dem das Signalflußdiagramm von Bild 1.40 zugeordnet wird,

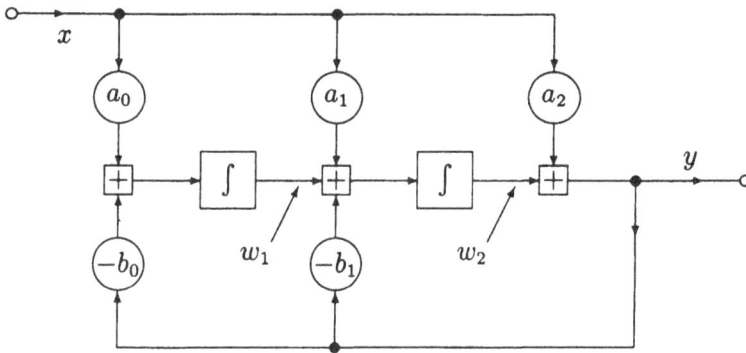

Bild 1.40 Signalflußdiagramm des Systems zweiten Grades

$$\begin{pmatrix} \dot{w}_1 \\ \dot{w}_2 \\ \hline y \end{pmatrix} = \left( \begin{array}{cc|c} 0 & -b_0 & a_0 - b_0 a_1 \\ 1 & -b_1 & a_1 - b_1 a_2 \\ \hline 0 & 1 & a_2 \end{array} \right) \begin{pmatrix} w_1 \\ w_2 \\ \hline x \end{pmatrix} . \qquad (1.131)$$

Dieser Gleichungssatz beschreibt genauso den Zusammenhang zwischen dem Eingangs- und Ausgangssignal des Systems wie die Differentialgleichung (1.130). Im Unterschied dazu treten jedoch in Gl. (1.131) weitere innere Größen $w_1$ und $w_2$ auf, die als Zustandsgrößen bezeichnet werden, weil sie den augenblicklichen Zustand des Systems vollkommen festlegen. Die *Zustandsgleichungen* lassen sich in der allgemeineren Form

$$\dot{w} = Aw + Bx, \qquad (1.132\,\text{a})$$

$$y = Cw + Dx \qquad (1.132\,\text{b})$$

angeben, wobei außer $w$ auch $x$ und $y$ als Vektoren mit mehreren Komponenten aufgefaßt werden. Man nennt $A$ die Systemmatrix, $B$ die Steuerungs- oder Eingangsmatrix, $C$ die Beobachtungs- oder Ausgangsmatrix und $D$ die Durchgangsmatrix. Um die physikalische Bedeutung dieser Matrizen anschaulich darzustellen, betrachten wir das Signalflußdiagramm von Bild 1.41.

Es zeigt sich, daß bei konstant gehaltener Anregung $x$ eine Veränderung der inneren Zustände $w$ allein über die Matrix $C$ am Ausgang $y$ „beobachtet" werden kann. Ebenso läßt sich allein über die Matrix $B$ eine Veränderung der inneren Zustände $w$ vom Eingang $x$ „steuern". Die Matrix $A$ beschreibt die innere Dynamik des Systems. Sie legt seine Eigenwerte fest und ist verantwortlich für die Stabilität, da sie zusammen mit dem integrierenden Block eine Rückkopplungsschleife

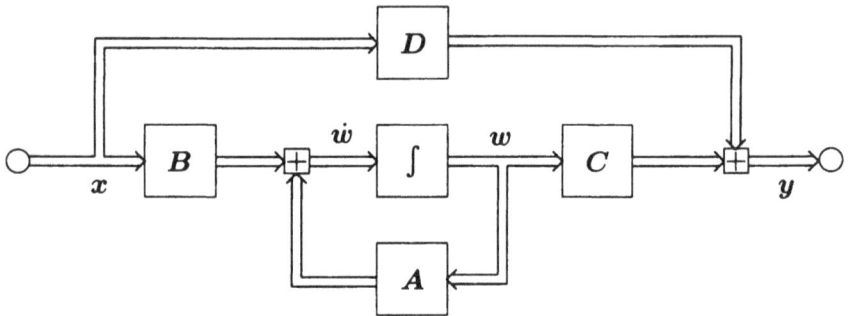

Bild 1.41 Signalflußdiagramm der Zustandsgleichungen

bildet. Die Impulsdurchlässigkeit eines Systems wird schließlich durch
die Matrix $D$ beschrieben.

Lineare, zeitinvariante elektrische Netzwerke aus konzentrierten Elementen besitzen stets eine Zustandsbeschreibung entsprechend Gl.
(1.132), wenn von der physikalisch sinnvollen Annahme eines *normalen Netzwerkes* ausgegangen wird:

*In einem normalen Netzwerk sind bei stetigen Anregungen alle
Spannungen und Ströme stetig. Es enthält weder Maschen, die
ausschließlich aus Kapazitäten und idealen Spannungsquellen
bestehen, noch Schnittmengen, die nur aus Induktivitäten und
idealen Stromquellen gebildet werden.*

Die Aufstellung der Zustandsgleichungen soll anhand der *RLC*-Schal-
tung von Bild 1.42 gezeigt werden. Zustandsgrößen stellen nach Bild
1.41 jeweils die Ausgangsgrößen der Integratoren dar; also der Spulen-
strom $w_1$ und die Kondensatorspannung $w_2$. Durch Anwendung der
Kirchhoffschen Regeln erhält man die drei Gleichungen

$$x = Rw_1 + L\dot{w}_1 + w_2, \quad w_1 = C\dot{w}_2, \quad w_2 = y.$$

Diese Gleichungen lassen sich direkt nach $\dot{w}_1$, $\dot{w}_2$ sowie $y$ auflösen und
in Matrizenschreibweise zusammenfassen:

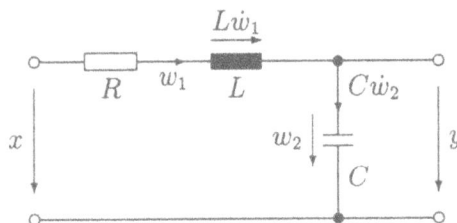

Bild 1.42 *RLC*-Schaltung

$$\begin{pmatrix} \dot{w}_1 \\ \dot{w}_2 \\ y \end{pmatrix} = \begin{pmatrix} -\dfrac{R}{L} & -\dfrac{1}{L} & \dfrac{1}{L} \\ \dfrac{1}{C} & 0 & 0 \\ 0 & 1 & 0 \end{pmatrix} \begin{pmatrix} w_1 \\ w_2 \\ x \end{pmatrix}.$$

Der Algorithmus zur Lösung der Zustandsgleichungen soll im nächsten Abschnitt durch Anwendung der Laplace-Transformation hergeleitet werden. Dieser Weg ist nicht nur kürzer als der direkte, sondern er vermittelt auch Erkenntnisse über die Eigenwerte des Systems.

### 1.5.2 Lösung der Zustandsgleichungen

Die Anwendung der LT auf Gl. (1.132a) liefert mit dem Differentiationssatz nach Gl. (1.102)

$$p\boldsymbol{W}(p) - \boldsymbol{w}(0) = \boldsymbol{A}\boldsymbol{W}(p) + \boldsymbol{B}\boldsymbol{X}(p).$$

Diese Beziehung läßt sich nach der Laplace-Transformierten $\boldsymbol{W}(p)$ des Zustandsvektors auflösen:

$$\boldsymbol{W}(p) = (p\boldsymbol{1} - \boldsymbol{A})^{-1}[\boldsymbol{w}(0) + \boldsymbol{B}\boldsymbol{X}(p)]. \qquad (1.133)$$

Hierin stellt $\boldsymbol{1}$ die Einheitsmatrix von der Ordnung $n$ der quadratischen Matrix $\boldsymbol{A}$ dar. Die LT von Gl. (1.132b) ergibt mit Gl. (1.133) bei verschwindenden Anfangsbedingungen, also $\boldsymbol{w}(0) = \boldsymbol{0}$,

$$\boldsymbol{Y}(p) = \boldsymbol{H}(p)\boldsymbol{X}(p), \qquad (1.134a)$$

mit der *Übertragungsmatrix*

$$\boldsymbol{H}(p) = \boldsymbol{C}(p\boldsymbol{1} - \boldsymbol{A})^{-1}\boldsymbol{B} + \boldsymbol{D}. \qquad (1.134b)$$

Das Element

$$H_{\mu\nu}(p) = \frac{Y_\mu(p)}{X_\nu(p)}$$

der Matrix $\boldsymbol{H}(p)$ stellt die Übertragungsfunktion bezüglich des $\nu$-ten Eingangs und des $\mu$-ten Ausgangs dar. Für ein asymptotisch stabiles System erhält man hieraus den Frequenzgang $H_{\mu\nu}(\mathrm{j}\omega)$, wobei die Stabilität von den *Eigenwerten* abhängt.

Die Eigenwerte des Systems ergeben sich aus der *charakteristischen Gleichung* (Polynom $n$-ten Grades in $p$)

$$\det(p\mathbf{1} - \boldsymbol{A}) = 0, \qquad (1.135)$$

denn aus der Matrizenrechnung ist bekannt:

$$(p\mathbf{1} - \boldsymbol{A})^{-1} = \boldsymbol{E}^{-1}$$

$$= \frac{1}{\det \boldsymbol{E}} \begin{pmatrix} + \det_{11} \boldsymbol{E} & - \det_{21} \boldsymbol{E} \dots (-1)^{n+1} \det_{n1} \boldsymbol{E} \\ - \det_{12} \boldsymbol{E} & + \det_{22} \boldsymbol{E} \\ \vdots & \vdots \\ (-1)^{n+1} \det_{1n} \boldsymbol{E} & \dots \qquad + \det_{nn} \boldsymbol{E} \end{pmatrix}. (1.136)$$

Hierin ist $\det_{\nu\mu} \boldsymbol{E}$ die Unterdeterminante, die man durch Streichen der $\mu$-ten Zeile und $\nu$-ten Spalte der Matrix $\boldsymbol{E}$ erhält. Es ist zu beachten, daß an Stelle des Elementes $E_{\mu\nu}$ der ursprünglichen Matrix $\boldsymbol{E}$ in der reziproken Matrix $\boldsymbol{E}^{-1}$ das Komplement $\det_{\nu\mu} \boldsymbol{E}$ steht.

Für die Rücktransformation in den Zeitbereich ist die Korrespondenz

$$s(t)\,\mathrm{e}^{\boldsymbol{A}t} \quad \circ\!\!-\!\!\bullet \quad (p\mathbf{1} - \boldsymbol{A})^{-1}, \qquad (1.137)$$

die eine Verallgemeinerung der Korrespondenz (1.93) darstellt, von zentraler Bedeutung. Die im Zeitbereich auftretende Matrix $\exp(\boldsymbol{A}t)$ wird als *Übergangsmatrix* bezeichnet und ist definiert durch die Reihe

$$\mathrm{e}^{\boldsymbol{A}t} = \boldsymbol{\Phi}(t) = \mathbf{1} + \boldsymbol{A}t + \boldsymbol{A}^2\frac{t^2}{2!} + \boldsymbol{A}^3\frac{t^3}{3!} + \dots, \qquad (1.138)$$

mit der zeitlichen Ableitung

$$\dot{\boldsymbol{\Phi}}(t) = \boldsymbol{A} + \boldsymbol{A}^2 t + \boldsymbol{A}^3\frac{t^2}{2!} + \boldsymbol{A}^4\frac{t^3}{3!} + \dots = \boldsymbol{A}\boldsymbol{\Phi}(t).$$

Die Übergangsmatrix ist also Lösung des homogenen Differentialgleichungssystems $\dot{\boldsymbol{w}} = \boldsymbol{A}\boldsymbol{w}$ von Gl. (1.132a). Damit läßt sich Gl. (1.133) in den Zeitbereich transformieren, und man erhält

$$\boldsymbol{w}(t) = s(t)\boldsymbol{\Phi}(t)\boldsymbol{w}(0) + s(t)\boldsymbol{\Phi}(t)\boldsymbol{B} * \boldsymbol{x}(t)$$

$$= s(t)\boldsymbol{\Phi}(t)\boldsymbol{w}(0) + \int_0^t \boldsymbol{\Phi}(t-\tau)\boldsymbol{B}\boldsymbol{x}(\tau)\,\mathrm{d}\tau. \qquad (1.139)$$

Die Rücktransformation von Gl. (1.134) ergibt

$$\boldsymbol{y}(t) = \boldsymbol{h}(t) * \boldsymbol{x}(t), \qquad (1.140\,\mathrm{a})$$

mit der *Impulsantwortmatrix*

$$\boldsymbol{h}(t) = \boldsymbol{C}s(t)\boldsymbol{\Phi}(t)\boldsymbol{B} + \boldsymbol{D}\delta(t), \qquad (1.140\,\mathrm{b})$$

wobei das Element $h_{\mu\nu}(t)$ der Matrix $\boldsymbol{h}(t)$ die Impulsantwort des $\mu$-ten Ausgangs bezüglich des $\nu$-ten Eingangs darstellt.

Da Gl. (1.138) für die praktische Berechnung der Übergangsmatrix nicht geeignet ist, soll hierzu im nächsten Abschnitt eine effizientere Methode angegeben werden. Das Beispiel des letzten Abschnitts kann jedoch auch ohne direkte Berechnung der Matrix $\boldsymbol{\Phi}(t)$ behandelt werden. Aus der Zustandsbeschreibung der $RLC$-Schaltung folgt zunächst

$$\boldsymbol{E} = p\mathbf{1} - \boldsymbol{A} = \begin{pmatrix} p + \dfrac{R}{L} & \dfrac{1}{L} \\[2mm] -\dfrac{1}{C} & p \end{pmatrix},$$

mit $\det \boldsymbol{E} = p^2 + pR/L + 1/(LC)$.

Gemäß Gl. (1.135) ergeben sich die Eigenwerte aus $\det \boldsymbol{E} = 0$ zu

$$p_{1/2} = -\frac{R}{2L} \pm \left[\left(\frac{R}{2L}\right)^2 - \frac{1}{LC}\right]^{1/2}$$

$$= -\frac{R}{2L} \pm \mathrm{j}\left[\frac{1}{LC} - \left(\frac{R}{2L}\right)^2\right]^{1/2} \qquad \text{für } 4L > R^2 C.$$

Für die weitere Rechnung werden folgende Abkürzungen eingeführt:

$$p_{1/2} = -\sigma_\mathrm{e} \pm \mathrm{j}\omega_\mathrm{e}, \quad \frac{1}{LC} = \sigma_\mathrm{e}^2 + \omega_\mathrm{e}^2. \qquad (1.141)$$

Hiermit lautet die zu $\boldsymbol{E}$ inverse Matrix nach Gl. (1.136)

$$\boldsymbol{E}^{-1} = \frac{1}{(p + \sigma_\mathrm{e})^2 + \omega_\mathrm{e}^2} \begin{pmatrix} p & -\dfrac{1}{L} \\[2mm] \dfrac{1}{C} & p + 2\sigma_\mathrm{e} \end{pmatrix}$$

sowie die Übertragungsfunktion gemäß Gl. (1.134b)

$$H(p) = \frac{1}{(p+\sigma_e)^2 + \omega_e^2} \begin{pmatrix} 0 & 1 \end{pmatrix} \begin{pmatrix} p & -\frac{1}{L} \\ \frac{1}{C} & p+2\sigma_e \end{pmatrix} \begin{pmatrix} \frac{1}{L} \\ 0 \end{pmatrix}$$

$$= \frac{1/(LC)}{(p+\sigma_e)^2 + \omega_e^2} = \frac{\sigma_e^2 + \omega_e^2}{(p+\sigma_e)^2 + \omega_e^2} \,.$$

Mit der Korrespondenzentabelle zur Laplace-Transformation aus dem Anhang erhält man hieraus direkt die Impulsantwort der $RLC$-Schaltung

$$h(t) = s(t)\frac{\sigma_e^2 + \omega_e^2}{\omega_e}\, e^{-\sigma_e t} \sin(\omega_e t)\,.$$

Dieser Verlauf ist in Bild 1.43 für $\sigma_e = \omega_e = 1/T$ in zeitnormierter Form dargestellt.

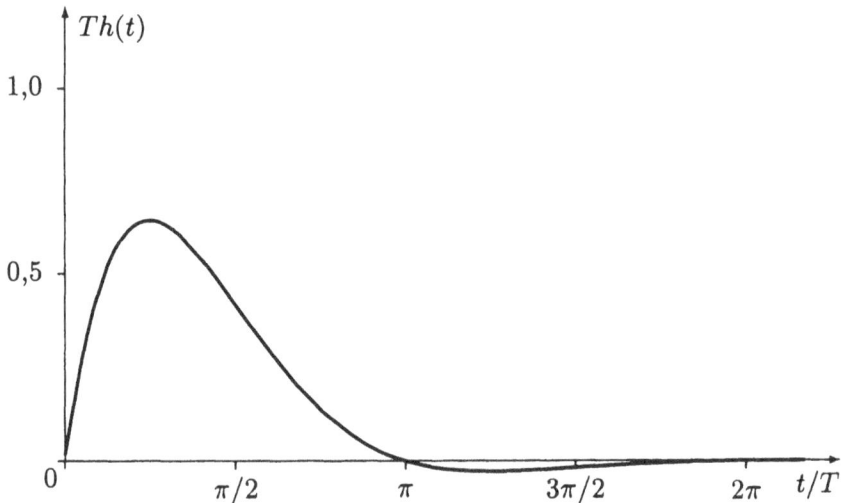

Bild 1.43 Impulsantwort der $RLC$-Schaltung

### 1.5.3 Berechnung der Übergangsmatrix

Die durch Gl. (1.138) definierte Matrix läßt sich besonders einfach berechnen, wenn die Systemmatrix $\boldsymbol{A}$ Diagonalform besitzt, also

$$\boldsymbol{A} = \mathrm{diag}(A_\nu)\,, \quad \nu = 1,\ldots,n\,,$$

denn hierfür gilt

$$e^{\boldsymbol{A}t} = \mathrm{diag}\left(e^{A_\nu t}\right)\,.$$

Die Elemente dieser Diagonalmatrix entsprechen jeweils der Lösung einer homogenen Dgl. erster Ordnung. Durch die Einführung einer invertierbaren *Transformationsmatrix* $T$ soll deshalb die Matrix $A$ auf Diagonalform transformiert werden. Mit der Substitution

$$w = T\tilde{w} \tag{1.142}$$

erhält man aus Gl. (1.132a) zunächst

$$T\dot{\tilde{w}} = AT\tilde{w} + Bx$$

und nach weiterer Multiplikation mit der inversen Transformationsmatrix von links

$$\dot{\tilde{w}} = T^{-1}AT\tilde{w} + T^{-1}Bx\,. \tag{1.143a}$$

Wird nun noch Gl. (1.132b) unter Beachtung von Gl. (1.142) hinzugefügt:

$$y = CT\tilde{w} + Dx\,, \tag{1.143b}$$

so stellt das Gleichungssystem (1.143) eine transformierte Form der ursprünglichen Zustandsgleichungen dar. Hierin sind die einzelnen Zustandsgrößen voneinander entkoppelt, wenn folgende Bedingung erfüllt ist:

$$T^{-1}AT = \tilde{A} = \text{diag}(\tilde{A}_\nu)\,, \quad \nu = 1,\ldots,n\,. \tag{1.144}$$

Zur Bestimmung der Matrix $T$, mit deren Hilfe die Systemmatrix $A$ auf Diagonalform transformiert werden soll, multiplizieren wir Gl. (1.144) von links mit $T$ und erhalten

$$AT = T\,\text{diag}(\tilde{A}_\nu)\,.$$

Wird diese Beziehung für eine Spalte $T_\nu$ der in $n$ Spaltenvektoren zerlegten Matrix

$$T = (T_1,\ldots,T_\nu,\ldots,T_n)$$

aufgeschrieben, so ergibt sich durch Umstellung die aus der linearen Algebra bekannte *Eigenwertgleichung*

$$(\tilde{A}_\nu\mathbf{1} - A)T_\nu = \mathbf{0}\,. \tag{1.145}$$

Hierfür existiert nur unter der Bedingung

$$\det(\tilde{A}_\nu\mathbf{1} - A) = 0$$

eine nichttriviale Lösung. Demnach sind die $\tilde{A}_\nu$ die $n$ Eigenwerte der Matrix $\boldsymbol{A}$, die sich auch aus der charakteristischen Gl. (1.135) ergeben:

$$\tilde{A}_\nu = p_\nu, \quad \nu = 1, \ldots, n. \tag{1.146}$$

Sind alle Eigenwerte $p_\nu$ einfach, so erhält man damit aus Gl. (1.145) die $n$ Eigenvektoren $\boldsymbol{T}_\nu$. In diesem Fall stellt $\tilde{\boldsymbol{A}}$ von Gl. (1.144) eine Diagonalmatrix dar. (Treten in $\boldsymbol{A}$ mehrfache Eigenwerte auf, so besitzt $\tilde{\boldsymbol{A}}$ die sog. Jordansche Normalform, mit deren Hilfe die Übergangsmatrix entsprechend berechnet werden kann.)

Die Übergangsmatrix $\boldsymbol{\Phi}(t)$ wird nun durch Transformation der Diagonalform

$$\tilde{\boldsymbol{\Phi}} = \mathrm{e}^{\tilde{\boldsymbol{A}}t} = \mathrm{diag}(\mathrm{e}^{\,p_\nu t}) \tag{1.147}$$

ermittelt. Hierzu multipliziert man Gl. (1.138) von links mit $\boldsymbol{T}^{-1}$ und von rechts mit $\boldsymbol{T}$, und es ergibt sich mit Gl. (1.144)

$$\boldsymbol{T}^{-1}\boldsymbol{\Phi}(t)\boldsymbol{T} = \boldsymbol{T}^{-1}\boldsymbol{1}\boldsymbol{T} + \boldsymbol{T}^{-1}\boldsymbol{A}t\boldsymbol{T} + \boldsymbol{T}^{-1}\boldsymbol{A}^2\frac{t^2}{2!}\boldsymbol{T} + \boldsymbol{T}^{-1}\boldsymbol{A}^3\frac{t^3}{3!}\boldsymbol{T} + \ldots$$

$$= \boldsymbol{1} + \tilde{\boldsymbol{A}}t + \boldsymbol{T}^{-1}\boldsymbol{A}\boldsymbol{T}\boldsymbol{T}^{-1}\boldsymbol{A}\boldsymbol{T}\frac{t^2}{2!}$$

$$+ \boldsymbol{T}^{-1}\boldsymbol{A}\boldsymbol{T}\boldsymbol{T}^{-1}\boldsymbol{A}\boldsymbol{T}\boldsymbol{T}^{-1}\boldsymbol{A}\boldsymbol{T}\frac{t^3}{3!} + \ldots$$

$$= \boldsymbol{1} + \tilde{\boldsymbol{A}}t + \tilde{\boldsymbol{A}}^2\frac{t^2}{2!} + \tilde{\boldsymbol{A}}^3\frac{t^3}{3!} + \ldots$$

$$= \tilde{\boldsymbol{\Phi}}(t).$$

Hieraus folgt sofort das Endergebnis

$$\boldsymbol{\Phi}(t) = \boldsymbol{T}\tilde{\boldsymbol{\Phi}}(t)\boldsymbol{T}^{-1}. \tag{1.148}$$

Diese Formel ermöglicht die numerische Berechnung der Übergangsmatrix, wobei zuerst die Eigenwerte $p_\nu$ der Systemmatrix $\boldsymbol{A}$, die Eigenvektoren $\boldsymbol{T}_\nu$ und schließlich noch die Inverse der Transformationsmatrix $\boldsymbol{T}$ bestimmt werden müssen.

Als Anwendungsbeispiel soll wieder die $RLC$-Schaltung mit der Systemmatrix

$$\boldsymbol{A} = \begin{pmatrix} -\dfrac{R}{L} & -\dfrac{1}{L} \\ \dfrac{1}{C} & 0 \end{pmatrix},$$

den Substitutionen

$$\frac{R}{L} = 2\sigma_e\,, \quad \frac{1}{LC} = \sigma_e^2 + \omega_e^2$$

und den beiden Eigenwerten, nach Gl. (1.141),

$$p_{1/2} = -\sigma_e \pm j\omega_e$$

betrachtet werden. Die Auswertung der Eigenwertgleichung (1.145) liefert gemäß Gl. (1.135) jeweils ein linear abhängiges Gleichungssystem:

$$\begin{pmatrix} -\sigma_e \pm j\omega_e + 2\sigma_e & \dfrac{1}{L} \\ -\dfrac{1}{C} & -\sigma_e \pm j\omega_e \end{pmatrix} \begin{pmatrix} T_{1\nu} \\ T_{2\nu} \end{pmatrix} = \begin{pmatrix} 0 \\ 0 \end{pmatrix}, \quad \nu = 1, 2,$$

$$(\sigma_e \pm j\omega_e)LT_{1\nu} + \qquad\qquad T_{2\nu} = 0\,,$$

$$(\sigma_e \pm j\omega_e)LT_{1\nu} + (\sigma_e^2 + \omega_e^2)LCT_{2\nu} = 0\,.$$

In den beiden Eigenvektoren ist eine Komponente zunächst frei wählbar, also

$$\boldsymbol{T}_\nu = K_\nu \begin{pmatrix} 1 \\ -L(\sigma_e \pm j\omega_e) \end{pmatrix}.$$

Zur Festlegung dieser Konstanten wird allgemein folgende *Normierung* angewendet:

$$\left[\sum_{\mu=1}^n |T_{\mu\nu}|^2\right]^{1/2} = 1\,, \quad \nu = 1, \ldots, n\,. \tag{1.149}$$

(Hierbei handelt es sich um die sog. „Euklidische Norm", die den Betrag des Vektors gleich Eins setzt.) Für das vorliegende Beispiel ergibt sich hieraus

$$K_\nu = K = [1 + L^2(\sigma_e^2 + \omega_e^2)]^{-1/2}$$

und damit die Transformationsmatrix

$$\boldsymbol{T} = K \begin{pmatrix} 1 & 1 \\ -L(\sigma_e + j\omega_e) & -L(\sigma_e - j\omega_e) \end{pmatrix}.$$

Diese Matrix läßt sich mit Gl. (1.136) in einfacher Weise invertieren:

$$\boldsymbol{T}^{-1} = \frac{1}{2j\omega_e LK} \begin{pmatrix} -L(\sigma_e - j\omega_e) & -1 \\ L(\sigma_e + j\omega_e) & 1 \end{pmatrix},$$

so daß mit den Gln. (1.147) und (1.148) die Übergangsmatrix durch
zwei Matrizenmultiplikationen und elementare Umformungen berechnet werden kann:

$$\boldsymbol{\Phi}(t) = e^{-\sigma_e t} \begin{bmatrix} \cos(\omega_e t) - \dfrac{\sigma_e}{\omega_e} \sin(\omega_e t) & \dfrac{-1}{\omega_e L} \sin(\omega_e t) \\[3mm] \dfrac{1}{\omega_e C} \sin(\omega_e t) & \cos(\omega_e t) + \dfrac{\sigma_e}{\omega_e} \sin(\omega_e t) \end{bmatrix}.$$

Zur Kontrolle ermitteln wir hiermit die Impulsantwort der *RLC*-
Schaltung durch Anwendung von Gl. (1.140b) und erhalten

$$h(t) = \begin{pmatrix} 0 & 1 \end{pmatrix} s(t) \boldsymbol{\Phi}(t) \begin{pmatrix} \dfrac{1}{L} \\[2mm] 0 \end{pmatrix}$$

$$= s(t) \frac{\sigma_e^2 + \omega_e^2}{\omega_e} e^{-\sigma_e t} \sin(\omega_e t)$$

in Übereinstimmung mit dem bereits bekannten Ergebnis. Im Unterschied zu Abschn. 1.5.2 wurde das obige Ergebnis direkt im Zeitbereich
gewonnen. In Abschn. 1.7.6 soll dieses Beispiel nochmal aufgegriffen
und gezeigt werden, daß durch Zeitdiskretisierung der Zustandsgleichungen eine direkte, rekursive Auswertung mit dem Digitalrechner
möglich ist. Hierbei handelt es sich um die Simulation eines zeitkontinuierlichen Systems durch ein zeitdiskretes, bei der jedoch stets ein
Diskretisierungsfehler auftritt.

## 1.6   Abtastung und Diskretisierung der Fourier-Transformation

Die bisherigen Überlegungen bezogen sich auf Signale und Systeme, bei
denen die Zeit $t$ kontinuierlich abläuft. Durch die Entwicklung digitaler Übertragungs- und auch Regelverfahren ist es notwendig geworden,
Signale einzuführen, die nur zu diskreten Zeitpunkten $n\Delta t$ ($n$ ganzzahlig) definiert sind. Da die Funktionswerte $f(n\Delta t)$ wiederum durch ein
$b$-stelliges Binärwort beschrieben werden, ist die Amplitude ebenfalls
diskretisiert, weil nur insgesamt $2^b$ verschiedene Werte möglich sind.
Von dieser *Wertdiskretisierung* soll hier noch abgesehen und nur der
Einfluß der *Zeitdiskretisierung* durch Abtastung untersucht werden.
Mit dieser Signalbeschreibung lassen sich dann auch analoge zeitdiskrete Systeme, wie z.B. Schalter-Kondensator-Filter, behandeln. Zu einer vollständigen diskreten Signalverarbeitung muß natürlich auch eine

*Frequenzdiskretisierung* der Spektralfunktionen vorgenommen werden. Die sog. diskrete Fourier-Transformation beruht deshalb auf der Abtastung im Zeit- und Frequenzbereich.

### 1.6.1 Abtastung im Zeitbereich

Das Prinzip der zeitdiskreten Signalübertragung bzw. -verarbeitung eines ursprünglich zeitkontinuierlichen Signales zeigt Bild 1.44. Das kontinuierliche Eingangssignal $x(t)$ wird zu äquidistanten Zeitpunkten $n\Delta t$ abgetastet und somit in eine Impulsfolge $x(n\Delta t)$ umgewandelt. Am Ausgang des zeitdiskreten Systems erhält man die Folge $y(n\Delta t)$, die durch Interpolation schließlich in das zeitkontinuierliche Ausgangssignal $y(t)$ zurückgewandelt wird. (Der Zusammenhang zwischen den diskreten Signalen $x(n\Delta t)$ und $y(n\Delta t)$ wird Gegenstand von Abschn. 1.7 sein.)

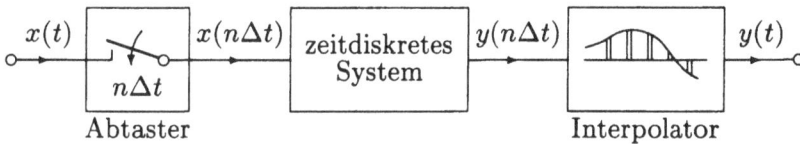

Bild 1.44 Prinzip der zeitdiskreten Übertragung oder Verarbeitung kontinuierlicher Signale

Durch das vorgestellte Prinzip werden zwei Fragen aufgeworfen:

1. Unter welchen Bedingungen darf man eine zeitkontinuierliche Funktion durch ihre Abtastwerte beschreiben?
2. Wie kann eine zeitdiskrete Funktion interpoliert werden, so daß möglichst $y(t) = x(t)$ für $y(n\Delta t) = x(n\Delta t)$ gilt?

Ausgangspunkt der Überlegungen ist eine reale Abtastschaltung, deren Funktion durch Bild 1.45 erklärt wird. Der Abtaster ist hierbei ein elektronischer Schalter, der in konstanten Zeitabständen $\Delta t$ für eine

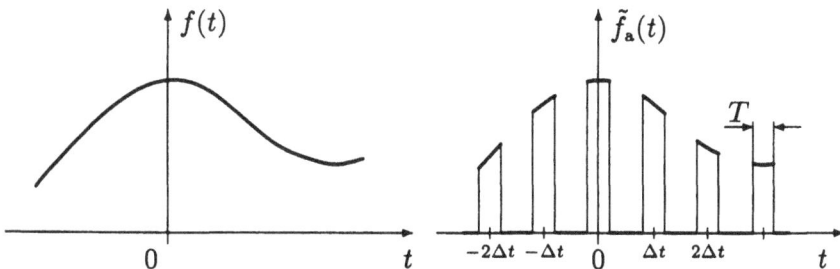

Bild 1.45 Signalverlauf $f(t)$ und abgetastetes Signal $\tilde{f}_a(t)$

kurze Zeit $T$ geschlossen wird. Dadurch entsteht das *real abgetastete Signal*

$$\tilde{f}_a(t) = f(t) \sum_{n=-\infty}^{\infty} \frac{1}{T} \operatorname{rect}\left(\frac{t - n\Delta t}{T}\right) \qquad (1.150)$$

als Näherung eines *ideal abgetasteten Signales* $f_a(t)$. Hierzu gelangt man durch Verkürzen der Abtastzeit $T$, so daß beim Grenzübergang $T \to 0$ die Rechteckimpulse in eine Folge von Deltaimpulsen übergehen. Um diesen Grenzübergang zu ermöglichen, wurden die Flächen der Rechteckimpulse durch Multiplikation mit $1/T$ auf Eins *normiert*. Mit der Definition des Deltaimpulses nach Abschn. 1.1.1 folgt

$$f_a(t) = \lim_{T \to 0} \tilde{f}_a(t) = f(t) \sum_{n=-\infty}^{\infty} \delta(t - n\Delta t)\,, \qquad (1.151\,\mathrm{a})$$

wofür sich wegen der Ausblendeigenschaft des Diracimpulses auch schreiben läßt

$$f_a(t) = \sum_{n=-\infty}^{\infty} f(n\Delta t)\delta(t - n\Delta t)\,. \qquad (1.151\,\mathrm{b})$$

Die Antwort auf die beiden oben gestellten Fragen erhält man bequem im Frequenzbereich. Um den Einfluß der endlichen Abtastzeit $T$ mit zu untersuchen, wird zunächst Gl. (1.150) in den Frequenzbereich transformiert und schließlich der Grenzübergang $T \to 0$ wiederholt. Die unendliche Summe der realen normierten Abtastfunktion

$$\tilde{a}(t) = \sum_{n=-\infty}^{\infty} \frac{1}{T} \operatorname{rect}\left(\frac{t - n\Delta t}{T}\right) \qquad (1.152)$$

stellt eine periodische Funktion dar, die sich somit in eine *Fourier-Reihe* entwickeln läßt:

$$\tilde{a}(t) = \frac{1}{\Delta t} \sum_{n=-\infty}^{\infty} \operatorname{si}\left(n\pi \frac{T}{\Delta t}\right) \cos\left(n\frac{2\pi}{\Delta t} t\right)\,. \qquad (1.153)$$

Man erhält also für die unendliche Folge von Rechteckimpulsen eine unendliche Summe von Kosinusschwingungen, deren Amplitudenfaktoren mit steigendem Betrag von $n$ nach einer si-Funktion abnehmen. Wird in Gl. (1.153) die Abtastkreisfrequenz oder kürzer *Abtastfrequenz*

$$\omega_a = 2\pi/\Delta t \qquad (1.154)$$

eingeführt, so liefert die Fourier-Transformation mit Korrespondenz (1.60a)

$$\widetilde{A}(j\omega) = \omega_a \sum_{n=-\infty}^{\infty} \text{si}(n\omega_a T/2)\delta(\omega - n\omega_a). \qquad (1.155)$$

Hiermit kann Gl. (1.150) in den Frequenzbereich transformiert werden, und man erhält mit dem Multiplikationssatz (1.48)

$$\widetilde{F}_a(j\omega) = F(j\omega) * \frac{\omega_a}{2\pi} \sum_{n=-\infty}^{\infty} \text{si}(n\omega_a T/2)\,\delta(\omega - n\omega_a)$$

$$= \frac{\omega_a}{2\pi} \sum_{n=-\infty}^{\infty} \text{si}(n\omega_a T/2)\,F[j(\omega - n\omega_a)]. \qquad (1.156)$$

Die Fourier-Transformierte $\widetilde{F}_a(j\omega)$ des abgetasteten Signales ergibt sich also als Faltungsprodukt des Signalspektrums $F(j\omega)$ mit einer unendlichen Folge von gewichteten Diracimpulsen im Frequenzbereich. Dies bedeutet eine Fortsetzung des Signalspektrums im Abstand $n\omega_a$. Bild 1.46 zeigt diesen Zusammenhang für ein Tiefpaßsignal der Grenzfrequenz $\omega_g$.

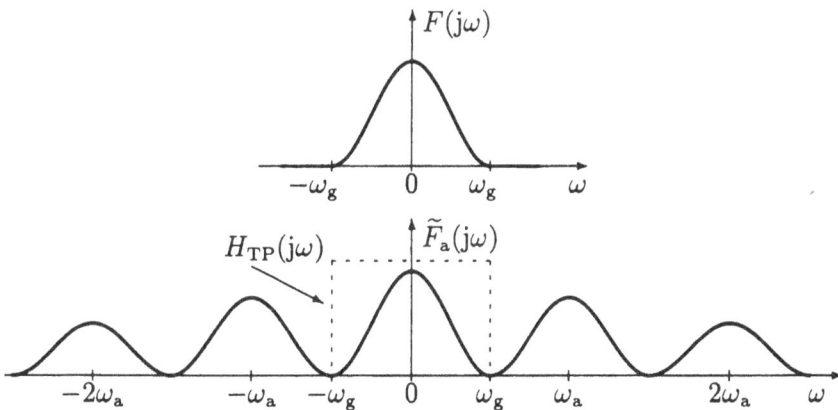

Bild 1.46 Entstehung des Spektrums $\widetilde{F}_a(j\omega)$ aus dem Spektrum $F(j\omega)$

Damit können die beiden oben gestellten Fragen durch das folgende **Abtasttheorem 1. Art** beantwortet werden:

1. *Ist die zeitkontinuierliche Funktion tiefpaßbegrenzt auf $\omega_g$, so kann sie durch ihre Abtastwerte beschrieben werden, wenn für die Abtastfrequenz die Bedingung*

$$\omega_a \geq 2\omega_g \qquad (1.157)$$

*eingehalten wird, weil sich dann die Fortsetzungen des Signalspektrums nicht überlappen.*

2. *Die Interpolation der zeitdiskreten Funktion kann mit einem idealen Tiefpaß der Übertragungsfunktion*

$$H_{\mathrm{TP}}(j\omega) = \frac{2\pi}{\omega_{\mathrm{a}}} \operatorname{rect}\left(\frac{\omega}{2\omega_g}\right) \qquad (1.158)$$

*erfolgen* (in Bild 1.46 gestrichelt eingezeichnet).

Die in dem Ergebnis von Gl. (1.156) enthaltene endliche Abtastzeit $T$ führt offensichtlich zu keiner weiteren Einschränkung gegenüber dem *idealen Abtaster*, für den wegen $\operatorname{si}(0) = 1$ gilt

$$F_{\mathrm{a}}(j\omega) = \lim_{T \to 0} \tilde{F}_{\mathrm{a}}(j\omega) = \frac{\omega_{\mathrm{a}}}{2\pi} \sum_{n=-\infty}^{\infty} F[j(\omega - n\omega_{\mathrm{a}})] \,. \qquad (1.159)$$

Das ideale Abtastsystem führt also zu einer periodischen Fortsetzung des Signalspektrums $F(j\omega)$. Es sei noch nachgetragen, daß der Grenzübergang $T \to 0$ mit den Gln. (1.152) und (1.153) die Fourier-Reihenentwicklung der periodischen Folge von Deltaimpulsen liefert:

$$\sum_{n=-\infty}^{\infty} \delta(t - n\Delta t) = \frac{1}{\Delta t} \sum_{n=-\infty}^{\infty} \cos(n\frac{2\pi}{\Delta t}t) \,. \qquad (1.160)$$

Hiernach ergibt die Superposition von unendlich vielen Kosinusschwingungen ganzzahliger Vielfacher der Grundkreisfrequenz $\omega_{\mathrm{a}} = 2\pi/\Delta t$ und gleicher Amplitude eine periodische Diracimpulsfolge. Wird nun auf die rechte Seite von Gl. (1.160) die FT angewendet, bzw. für Gl. (1.155) der Grenzübergang $T \to 0$ wiederholt, so erhält man folgende wichtige Korrespondenz:

$$\sum_{n=-\infty}^{\infty} \delta(t - n\Delta t) \quad \circ\!\!-\!\!\bullet \quad \frac{2\pi}{\Delta t} \sum_{n=-\infty}^{\infty} \delta\left(\omega - n\frac{2\pi}{\Delta t}\right) \,. \qquad (1.161)$$

Das Spektrum der periodischen Folge von Deltaimpulsen im Zeitbereich ist wiederum eine periodische Diracimpulsfolge.

Für die Rückgewinnung des ideal abgetasteten Signales $f(t)$ gilt gemäß Bild 1.46 im Frequenz- und entsprechend im Zeitbereich mit Gl (1.158) sowie der Korrespondenz aus den Gln. (1.71) und (1.72) für $t_0 = 0$:

$$F(j\omega) = H_{\mathrm{TP}}(j\omega)F_{\mathrm{a}}(j\omega) \quad \bullet\!\!-\!\!\circ \quad f(t) = \frac{2\omega_g}{\omega_{\mathrm{a}}} \operatorname{si}(\omega_g t) * f_{\mathrm{a}}(t) \,. \qquad (1.162)$$

Wurde mit der niedrigstmöglichen Abtastfrequenz $\omega_a = 2\omega_g$ abgetastet, dann ergibt sich mit den Gln. (1.151b) und (1.154)

$$f(t) = \text{si}\left(\pi\frac{t}{\Delta t}\right) * \sum_{n=-\infty}^{\infty} f(n\Delta t)\delta(t - n\Delta t)$$

$$= \sum_{n=-\infty}^{\infty} f(n\Delta t)\,\text{si}\left(\pi\frac{t - n\Delta t}{\Delta t}\right). \tag{1.163}$$

Diese *Interpolationsformel* zeigt, daß jedes Tiefpaßsignal der Grenzfrequenz $\omega_g$ fehlerfrei als unendliche Summe äquidistanter si-Funktionen beschrieben werden kann. Die Amplitudenkoeffizienten stellen direkt die in den Abständen von $\Delta t = \pi/\omega_g$ entnommenen Abtastwerte dar, wie durch Bild 1.47 veranschaulicht wird.

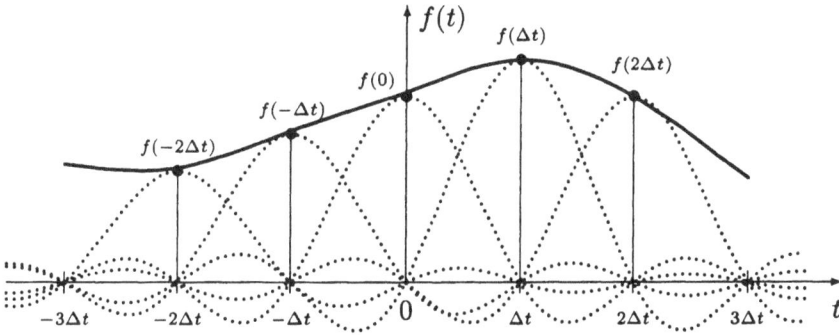

Bild 1.47 Interpolation des Signales $f(t)$ aus den Abtastwerten $f(n\Delta t)$

## 1.6.2 Abtastung im Frequenzbereich

Die Möglichkeit, eine Zeitfunktion durch ihre Abtastwerte zu beschreiben, läßt sich auch auf eine Spektralfunktion übertragen. Wegen der Symmetrieeigenschaft der Fourier-Transformation ergeben sich hierbei entsprechend aufgebaute Formelausdrücke. In Analogie zur realen Abtastschaltung, gemäß Bild 1.45, müßte jetzt ein schmaler Bandpaß mit diskret durchstimmbarer Mittenfrequenz $n\Delta\omega$ vorgesehen werden. Da diese Darstellung unnötig aufwendig wäre, soll gleich von der *idealen Abtastung*

$$F_a(\text{j}\omega) = F(\text{j}\omega) \sum_{n=-\infty}^{\infty} \delta(\omega - n\Delta\omega) \tag{1.164 a}$$

$$= \sum_{n=-\infty}^{\infty} F(\text{j}n\Delta\omega)\delta(\omega - n\Delta\omega) \tag{1.164 b}$$

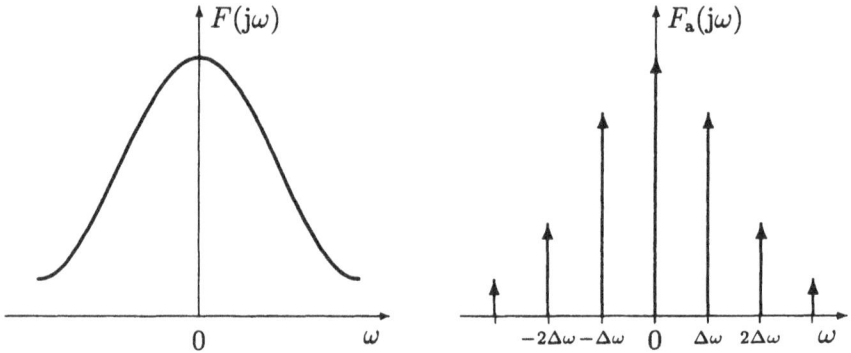

Bild 1.48 Spektralfunktion $F(\mathrm{j}\omega)$ und abgetastetes Spektrum $F_\mathrm{a}(\mathrm{j}\omega)$

ausgegangen werden, die in Bild 1.48 dargestellt ist. Führt man nun die *Abtastperiodendauer*

$$t_\mathrm{a} = \frac{2\pi}{\Delta\omega} \qquad (1.165)$$

ein, so läßt sich Gl. (1.164a) mit Hilfe von Korrespondenz (1.161) in den Zeitbereich transformieren:

$$f_\mathrm{a}(t) = f(t) * \frac{t_\mathrm{a}}{2\pi} \sum_{n=-\infty}^{\infty} \delta(t - nt_\mathrm{a})$$

$$= \frac{t_\mathrm{a}}{2\pi} \sum_{n=-\infty}^{\infty} f(t - nt_\mathrm{a}). \qquad (1.166)$$

Die ideale Abtastung des Spektrums $F(\mathrm{j}\omega)$ führt also zu einer periodischen Fortsetzung der Zeitfunktion $f(t)$ im Abstand $nt_\mathrm{a}$. Bild 1.49 zeigt diesen Zusammenhang für ein zeitbegrenztes Signal der Dauer $2t_g$.

Damit läßt sich für die Abtastung im Frequenzbereich das folgende **Abtasttheorem 2. Art** formulieren:

1. *Ist die frequenzkontinuierliche Funktion zeitbegrenzt auf die Dauer $2t_g$, so kann sie durch ihre Abtastwerte beschrieben werden, wenn für die Abtastperiodendauer die Bedingung*

$$t_\mathrm{a} \geq 2t_g \qquad (1.167)$$

*eingehalten wird, weil sich dann die periodischen Fortsetzungen der Zeitfunktion nicht überlappen.*

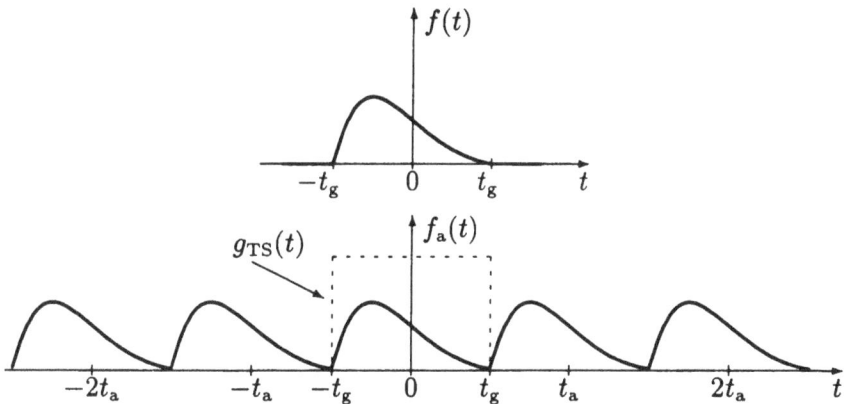

Bild 1.49 Entstehung der periodischen Zeitfunktion $f_a(t)$ aus der Zeitfunktion $f(t)$

2. *Die Interpolation der frequenzdiskreten Funktion kann mit einer Torschaltung des Zeitverlaufes*

$$g_{TS}(t) = \frac{2\pi}{t_a} \, \text{rect}\left(\frac{t}{2t_g}\right) \qquad (1.168)$$

*erfolgen* (in Bild 1.49 gestrichelt eingezeichnet).

Für die Rückgewinnung der Spektralfunktion $F(j\omega)$ gilt gemäß Bild 1.49 im Zeit- und entsprechend im Frequenzbereich mit Gl. (1.168) sowie Korrespondenz (1.54):

$$f(t) = g_{TS}(t) \cdot f_a(t) \quad \circ\!\!-\!\!\bullet \quad F(j\omega) = \frac{2t_g}{t_a} \, \text{si}(\omega t_g) * F_a(j\omega)\,.$$

Wurde mit der kürzestmöglichen Abtastperiodendauer $t_a = 2t_g$ abgetastet, dann ergibt sich mit den Gln. (1.164b) und (1.165)

$$F(j\omega) = \text{si}\left(\pi\frac{\omega}{\Delta\omega}\right) * \sum_{n=-\infty}^{\infty} F(jn\Delta\omega)\delta(\omega - n\Delta\omega)$$

$$= \sum_{n=-\infty}^{\infty} F(jn\Delta\omega)\,\text{si}\left(\pi\frac{\omega - n\Delta\omega}{\Delta\omega}\right)\,. \qquad (1.169)$$

Diese *Interpolationsformel* zeigt, daß jedes zeitbegrenzte Signal der Dauer $2t_g$ fehlerfrei als unendliche Summe äquidistanter si-Funktionen beschrieben werden kann. Die i. allg. komplexen Amplitudenkoeffizienten stellen direkt die in den Abständen von $\Delta\omega = \pi/t_g$ entnommenen Abtastwerte dar, wie durch Bild 1.50 veranschaulicht wird.

Da die si-Funktionen im gesamten Frequenzintervall von $\omega = -\infty$ bis $\omega = \infty$, mit Ausnahme an den diskreten Frequenzpunkten $n\Delta\omega$, nicht

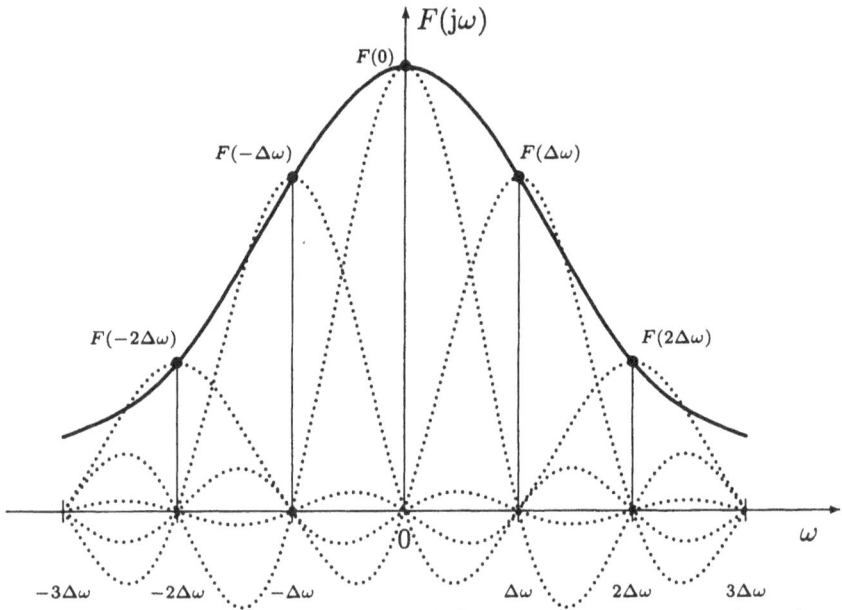

Bild 1.50 Interpolation des Spektrums $F(j\omega)$ aus den Abtastwerten $F(jn\Delta\omega)$

verschwinden, folgt aus obiger Darstellung, daß ein zeitbegrenztes Signal theoretisch nicht bandgegrenzt sein kann. Entsprechend folgt aus Gl. (1.163) des vorherigen Abschnittes, daß ein bandbegrenztes Signal theoretisch niemals zeitbegrenzt ist. Praktisch kann man jedoch davon ausgehen, daß alle Signale als zeitbegrenzt betrachtet werden können und oberhalb einer bestimmten Schranke keine relevanten Spektralanteile mehr besitzen. Damit lassen sie sich, zumindest näherungsweise, sowohl im Zeitbereich als auch im Frequenzbereich diskretisieren.

### 1.6.3 Die diskrete Fourier-Transformation

Ausgangspunkt der Überlegungen ist das Funktionenpaar $f(t)$ ○——● $F(j\omega)$, das durch die Fourier-Transformation miteinander verknüpft sein soll. Die Abtastung im Zeitbereich liefert mit Gl. (1.159) und der Abtastfrequenz nach Gl. (1.154) die periodische Spektralfunktion

$$F_{\mathrm{p}}(j\omega) = \frac{1}{\Delta t} \sum_{n=-\infty}^{\infty} F[j(\omega - n\omega_{\mathrm{a}})]. \qquad (1.170\,\mathrm{a})$$

Andererseits erhält man durch Anwendung der FT auf Gl. (1.151b) mit dem Verschiebungssatz das identische Spektrum

$$\text{FT}[f_a(t)] = F_p(\mathrm{j}\omega) = \sum_{n=-\infty}^{\infty} f(n\Delta t)\,\mathrm{e}^{-\mathrm{j}n\Delta t\omega}. \tag{1.170 b}$$

Bild 1.51 a zeigt den Zusammenhang zwischen der abgetasteten Zeitfunktion $f_a(t)$ und der periodischen Spektralfunktion $F_p(\mathrm{j}\omega)$, wobei mögliche Überlappungen der zumindest näherungsweise bandbegrenzten Frequenzfunktion durch eine entsprechend hohe Abtastfrequenz $\omega_a$ vermieden werden können.

Entsprechend liefert die Abtastung im Frequenzbereich mit Gl. (1.166) und der Abtastperiodendauer nach Gl. (1.165) die periodische Zeitfunktion

$$f_p(t) = \frac{1}{\Delta\omega} \sum_{m=-\infty}^{\infty} f(t - mt_a)\,. \tag{1.171 a}$$

Andererseits erhält man durch Anwendung der inversen FT auf Gl. (1.164b) mit dem Verschiebungssatz im Frequenzbereich den identischen Zeitverlauf

$$\text{FT}^{-1}[F_a(\mathrm{j}\omega)] = f_p(t) = \frac{1}{2\pi} \sum_{m=-\infty}^{\infty} F(\mathrm{j}m\Delta\omega)\,\mathrm{e}^{\mathrm{j}m\Delta\omega t}\,. \tag{1.171 b}$$

Diese Darstellung einer periodischen Zeitfunktion ist auch als komplexe Fourier-Reihenentwicklung bekannt. Den Zusammenhang zwischen der abgetasteten Spektralfunktion $F_a(\mathrm{j}\omega)$ und der periodischen Zeitfunktion $f_p(t)$ zeigt Bild 1.51 b, wobei mögliche Überlappungen der zumindest näherungsweise zeitbegrenzten Zeitfunktion durch eine entsprechend große Abtastperiodendauer $t_a$ vermieden werden können. Die in den Bildern 1.51 a und b gestrichelt eingezeichneten Verläufe stellen das ursprünglich kontinuierliche Funktionenpaar dar, welchem nun ein diskretes zugeordnet werden soll.

In den Gln. (1.170) wird die Frequenz durch $\omega = m\Delta\omega$ diskretisiert und in den Gln. (1.171) die Zeit gemäßt $t = n\Delta t$. Hierbei ergeben sich im Periodizitätsintervall $0 \le \omega \le \omega_a$ der Spektralfunktion $F_p(\mathrm{j}\omega)$ und im Periodizitätsintervall $0 \le t \le t_a$ der Zeitfunktion $f_p(t)$ mit den Gln. (1.154) und (1.164) gleichviel (äquidistante) Abtastwerte

$$N = \frac{\omega_a}{\Delta\omega} = \frac{2\pi}{\Delta t}\frac{t_a}{2\pi} = \frac{t_a}{\Delta t}\,, \tag{1.172}$$

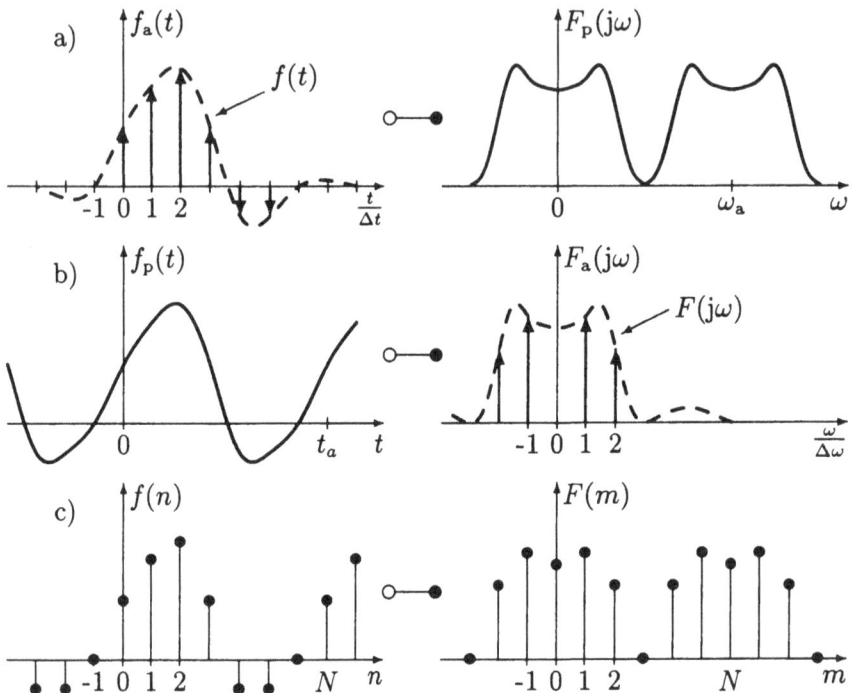

Bild 1.51 Entstehung des periodischen zeitdiskreten Signales $f(n)$ und des periodischen frequenzdiskreten Spektrums $F(m)$ aus der Korrespondenz
$f(t)$  ○———●  $F(j\omega)$

und es gilt für das Schrittweitenprodukt

$$\Delta\omega\Delta t = \frac{2\pi}{t_a}\frac{t_a}{N} = \frac{2\pi}{N}.\qquad(1.173)$$

Betrachtet man in Gl. (1.170a) nur die Periode $n = 0$ und entsprechend in Gl. (1.170b) die Abtastwerte im Intervall $0 \le t < t_a$, so ergibt sich

$$\frac{1}{\Delta t}F(jm\Delta\omega) = \sum_{n=0}^{N-1} f(n\Delta t)\,e^{-jn\Delta tm\Delta\omega}.\qquad(1.174)$$

In Gl. (1.171a) wird in gleicher Weise nur die Periode $m = 0$ betrachtet und entsprechend in Gl. (1.171b) das Intervall $0 \le \omega < \omega_a$. Um die gleichen physikalischen Dimensionen der diskreten Werte im Zeit- und Frequenzbereich zu erhalten wie in Gl. (1.174), werden beide Gleichungen mit $\Delta\omega$ multipliziert und Gl. (1.171b) zusätzlich mit $1/\Delta t$ erweitert:

$$f(n\Delta t) = \frac{\Delta\omega\Delta t}{2\pi}\sum_{m=0}^{N-1}\frac{1}{\Delta t}F(jm\Delta\omega)\,e^{jm\Delta\omega n\Delta t}.\qquad(1.175)$$

Mit den Abkürzungen

$$f(n\Delta t) = f(n)\,, \quad \frac{1}{\Delta t}F(jm\Delta\omega) = F(m)$$

und Gl. (1.173) erhält man schließlich aus den Gln. (1.174) und (1.175) die *diskrete Fourier-Transformation* (DFT):

$$F(m) = \sum_{n=0}^{N-1} f(n)\,\mathrm{e}^{-jmn2\pi/N}, \tag{1.176a}$$

$$f(n) = \frac{1}{N}\sum_{m=0}^{N-1} F(m)\,\mathrm{e}^{jmn2\pi/N}. \tag{1.176b}$$

Durch dieses Gleichungspaar wird der Zahlenfolge $f(n)$ eines periodischen zeitdiskreten Signales die i.allg. komplexwertige Zahlenfolge $F(m)$ einer periodischen frequenzdiskreten Spektralfunktion zugeordnet. Anhand von Bild 1.51c soll dieser Zusammenhang veranschaulicht werden. Da sich alle Rechenoperationen problemlos mit digitalen Komponenten realisieren lassen, spielt das Gleichungspaar (1.176) eine große Rolle in der *digitalen Signalverarbeitung*, wo die DFT durch eine geschickte Reduktion der Multiplikationen als FFT (Abkürzung für engl. „Fast Fourier Transform") ausgeführt wird.

Durch die Beschränkung auf periodische diskrete Signale kommt man zu einer *finiten Systemtheorie*, die dadurch gekennzeichnet ist, daß ihr Formalismus keine Integrale, Differentiale und unendliche Reihen enthält. Wegen der Periodizität im Zeit- und Frequenzbereich lassen sich die Zeit- und Frequenzfunktionen dann durch Vektoren mit einer endlichen Anzahl von Elementen darstellen. Diese Vektoren werden durch quadratische Matrizen zyklischer Bauart verknüpft, so daß sich die Algorithmen exakt auf dem Digitalrechner ausführen lassen.

Nach den Ergebnissen der beiden vorherigen Abschnitte bewirkt eine Interpolation der diskreten Zeitfunktion eine Bandbegrenzung der Spektralfunktion und umgekehrt. Diese so interpolierten und frequenz- bzw. zeitbegrenzten Signalverläufe stellen Näherungen des kontinuierlichen Funktionenpaares $f(t) \;\circ\!\!-\!\!\bullet\; F(j\omega)$ dar. Der durch Überlappung im Frequenz- bzw. Zeitbereich entstehende Fehler läßt sich durch geeignete Vorgabe der Abtastwerte nach Gl. (1.172) steuern.

## 1.7   Zeitdiskrete Systeme

Das Prinzip der zeitdiskreten Übertragung oder Verarbeitung ursprünglich kontinuierlicher Signale wurde bereits durch Bild 1.44 vorgestellt. Zwischen dem Abtaster und dem Interpolator befindet sich ein zeitdiskretes System, dessen Ein- und Ausgangssignal jeweils eine Impulsfolge darstellt. Durch eine Amplitudenquantisierung lassen sich $2^b$ verschiedene Amplitudenwerte als $b$-stelligens Binärwort darstellen und digital übertragen oder verarbeiten. Dieses Konzept wird angewendet, wenn z.B. das analoge Sprachsignal eines Fernsprechteilnehmers digital übertragen und wieder als analoges Signal empfangen werden soll. Handelt es sich dagegen sowohl beim Sender als auch beim Empfänger um eine technische Einrichtung, die digitale Signale sendet bzw. empfängt, so entfallen natürlich die Baugruppen zur Abtastung und Interpolation.

### 1.7.1  Beschreibung im Zeitbereich

Zur Beschreibung eines zeitdiskreten Signales wird das ideal abgetastete Signal nach Gl. (1.151b) durch zwei Maßnahmen an die Eigenschaften zeitdiskreter – insbesondere digitaler – Systeme angepaßt. Die kontinuierliche Zeit $t$ wird durch den normierten diskreten Zeitparameter $n = t/\Delta t$ ($n$ ganzzahlig) ersetzt und der Deltaimpuls $\delta(t)$ durch die *diskrete Impulsfunktion*

$$\delta(n) = \begin{cases} 1 & \text{für } n = 0 \\ 0 & \text{für } n \neq 0 \end{cases}. \tag{1.177}$$

Damit lautet die diskrete Zeitfunktion entsprechend Gl. (1.151b)

$$f(n) = \sum_{\nu=-\infty}^{\infty} f(\nu)\delta(n - \nu). \tag{1.178}$$

Neben der Impulsfunktion stellt die *diskrete Sprungfunktion*

$$s(n) = \begin{cases} 0 & \text{für } n < 0 \\ 1 & \text{für } n \geq 0 \end{cases}. \tag{1.179}$$

ein wichtiges Testsignal dar, und es gelten die Zusammenhänge zwischen der diskreten Impuls- und Sprungfunktion

$$\delta(n) = s(n) - s(n - 1), \tag{1.180a}$$

$$s(n) = \sum_{\nu=-\infty}^{n} \delta(\nu). \tag{1.180b}$$

Die Anregung des zeitdiskreten Systems mit der diskreten Impulsfunktion $x(n) = \delta(n)$ liefert die Impulsantwort $y(n) = h(n)$, während die diskrete Sprunganregung $x(n) = s(n)$ zur Sprungantwort $y(n) = a(n)$ führt. Diese Zusammenhänge sollen durch Bild 1.52 veranschaulicht werden.

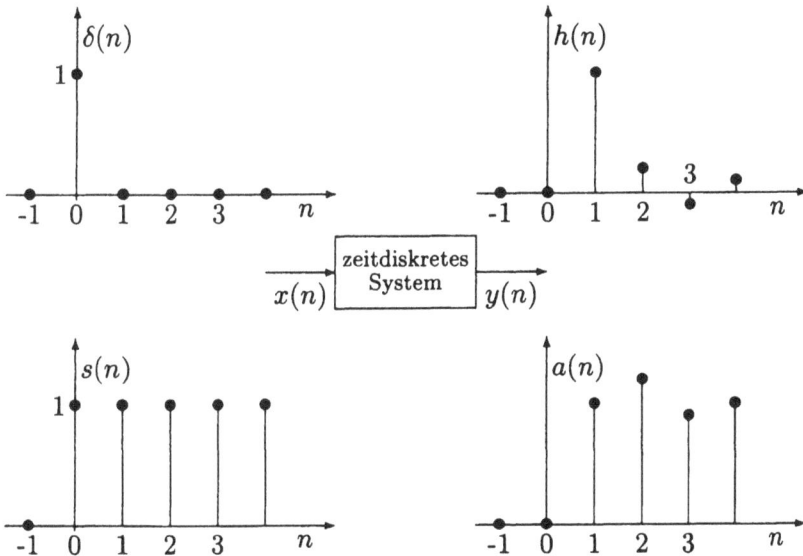

Bild 1.52 Impulsantwort $h(n)$ und Sprungantwort $a(n)$ eines zeitdiskreten Systems

Die beiden Gln. (1.180) stellen Beziehungen zwischen der diskreten Impuls- und Sprungfunktion her. Ein entsprechender Zusammenhang besteht auch für die Impuls- und Sprungantwort (Beweis siehe Aufg. 1.18):

$$h(n) = a(n) - a(n-1), \qquad (1.181\,a)$$

$$a(n) = \sum_{\nu=-\infty}^{n} h(\nu). \qquad (1.181\,b)$$

Man beachte die Analogien zwischen den Gln. (1.180) und (1.5) bzw. (1.6) einerseits sowie zwischen den Gln. (1.181) und (1.8) bzw. (1.9) andererseits. Die Differentiation der kontinuierlichen Signalbeschreibung wird hiernach durch eine Differenzbildung bei der diskreten Signalbeschreibung ersetzt und die Integration durch eine Summation. Dadurch ergeben sich erhebliche Vereinfachungen sämtlicher Zeitbereichsoperationen hinsichtlich digitaler Implementierungen, wie z.B. die *zeitdiskrete Faltung* belegt.

Das Eingangsignal $x(n)$ eines zeitdiskreten Systems läßt sich entsprechend Gl. (1.178) als die Impuls- oder Zahlenfolge

$$x(n) = \sum_{\nu=-\infty}^{\infty} x(\nu)\delta(n-\nu)$$

darstellen. Jeder zeitdiskrete Impuls $\delta(n-\nu)$ liefert am Ausgang die Impulsantwort $h(n-\nu)$. Für ein LZI-System gilt das Superpositionsprinzip und damit

$$y(n) = \sum_{\nu=-\infty}^{\infty} x(\nu)h(n-\nu)\,. \qquad (1.182\,\text{a})$$

Ist also die Impulsantwort $h(n)$ des zeitdiskreten Systems bekannt, so läßt sich damit das Ausgangssignal $y(n)$ für ein beliebiges Eingangssignal $x(n)$ berechnen. Das Faltungsintegral kontinuierlicher Systeme nach Gl. (1.11a) geht hier in eine Summation über (vergleiche auch Gl. (1.10)), die einer direkten Verarbeitung mit digitalen Systemkomponenten zugänglich ist. Die Substitution $n-\nu=\mu$ liefert entsprechend Gl. (1.11b)

$$y(n) = \sum_{\nu=-\infty}^{\infty} h(\nu)x(n-\nu)\,, \qquad (1.182\,\text{b})$$

wenn man am Schluß der Umformung $\mu$ wieder durch $\nu$ ersetzt. Auch im zeitdiskreten Fall wird das Symbol $*$ der Faltungsmultiplikation verwendet und abkürzend geschrieben

$$y(n) = x(n) * h(n) = h(n) * x(n)\,.$$

Aus Gl. (1.178) folgt sofort in Analogie zu Gl. (1.13)

$$f(n) * \delta(n) = f(n)\,. \qquad (1.183)$$

Für *kausale Systeme* und einseitige Eingangssignale, mit $h(n){=}x(n){=}0$ für $n < 0$, lassen sich die Faltungssummen mit endlichen Grenzen aufschreiben:

$$y(n) = \sum_{\nu=0}^{n} x(\nu)h(n-\nu) = \sum_{\nu=0}^{n} h(\nu)x(n-\nu)\,. \qquad (1.184)$$

Grundsätzlich kann in einer endlichen Zeit auch stets nur eine endliche Anzahl von $N$ Werten der Ausgangsfolge $y(n)$ berechnet werden.

Damit läßt sich für Gl. (1.184) auch folgendes Gleichungssystem der Ordnung $N$ angeben:

$$y(0) = x(0)h(0)$$
$$y(1) = x(0)h(1) + x(1)h(0)$$
$$y(2) = x(0)h(2) + x(1)h(1) + x(2)h(0)$$
$$\vdots$$
$$y(N-1) = x(0)h(N-1) + x(1)h(N-2) + \ldots + x(N-1)h(0).$$

Noch übersichtlicher ist die Matrizenschreibweise der zeitdiskreten Faltung nach Gl. (1.184):

$$
\begin{pmatrix} y(0) \\ y(1) \\ y(2) \\ \vdots \\ y(N-1) \end{pmatrix}
=
\begin{pmatrix}
x(0) & & & & \\
x(1) & x(0) & & \mathbf{0} & \\
x(2) & x(1) & x(0) & & \\
\vdots & & & \ddots & \\
x(N-1) & x(N-2) & & \ldots & x(0)
\end{pmatrix}
\begin{pmatrix} h(0) \\ h(1) \\ h(2) \\ \vdots \\ h(N-1) \end{pmatrix}
$$

$$
\qquad (1.185)
$$

$$
=
\begin{pmatrix}
h(0) & & & & \\
h(1) & h(0) & & \mathbf{0} & \\
h(2) & h(1) & h(0) & & \\
\vdots & & & \ddots & \\
h(N-1) & h(N-2) & & \ldots & h(0)
\end{pmatrix}
\begin{pmatrix} x(0) \\ x(1) \\ x(2) \\ \vdots \\ x(N-1) \end{pmatrix} .
$$

Durch rekursive Auflösung dieses Gleichungssystems kann sowohl die Zahlenfolge $h(n)$ als auch die Zahlenfolge $x(n)$ berechnet werden. Im Unterschied zu den zeitkontinuierlichen Systemen sind also im Fall diskreter Systeme die Fragestellungen der Systemsynthese ($h(n)$ gesucht) und der Signalentzerrung ($x(n)$ gesucht) direkt im Zeitbereich lösbar.

Als Anwendungsbeispiel hierzu soll die Impulsantwort eines zeitdiskreten Systems bestimmt werden, das bei Anregung mit einem diskreten Rechteckimpuls den in Bild 1.53 dargestellen Dreieckimpuls als Ausgangssignal liefert. Mit $N = 5$ folgt aus Gl. (1.185)

$$
\begin{pmatrix} 1 \\ 2 \\ 3 \\ 2 \\ 1 \end{pmatrix}
=
\begin{pmatrix}
1 & & & & \\
1 & 1 & & \mathbf{0} & \\
1 & 1 & 1 & & \\
0 & 1 & 1 & 1 & \\
0 & 0 & 1 & 1 & 1
\end{pmatrix}
\begin{pmatrix} h(0) \\ h(1) \\ h(2) \\ h(3) \\ h(4) \end{pmatrix}
$$

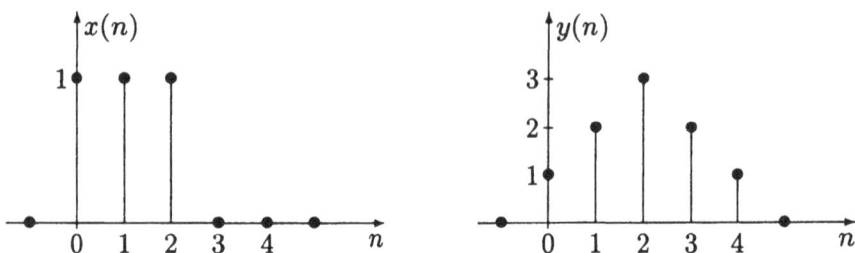

Bild 1.53 Ein- und Ausgangssignal eines zeitdiskreten Systems

Die rekursive Auflösung dieses Gleichungssystems ergibt

$$
\begin{aligned}
1 &= h(0)                      &&\rightarrow h(0) = 1\\
2 &= h(0) + h(1)               &&\rightarrow h(1) = 1\\
3 &= h(0) + h(1) + h(2)        &&\rightarrow h(2) = 1\\
2 &= h(1) + h(2) + h(3)        &&\rightarrow h(3) = 0\\
1 &= h(2) + h(3) + h(4)        &&\rightarrow h(4) = 0\,.
\end{aligned}
$$

Die Impulsantwort $h(n)$ ist also identisch mit dem Eingangssignal $x(n)$. In Analogie zu Aufg. 1.7 erhält man durch Faltung zweier gleicher diskreter Rechteckimpulse einen diskreten Dreieckimpuls.

### 1.7.2 Die Z-Transformation

In Abschn. 1.4 wurde die (einseitige) Laplace-Transformation als nützliches Hilfsmittel zur Beschreibung kontinuierlicher Signale und Systeme eingeführt. Die entsprechende Methode im zeitdiskreten Fall ist die (einseitige) Z-Transformation (abgekürzt ZT). Sie wird im folgenden aus der Laplace-Transformation hergeleitet und besitzt ähnliche Eigenschaften. Die kausale Zahlenfolge

$$
f(n) = \sum_{\nu=0}^{\infty} f(\nu)\delta(n - \nu) \tag{1.186}
$$

stellt kein Energiesignal dar, da die Fläche identisch verschwindet. Um trotzdem die LT anwenden zu können, ersetzen wir die Zahlenfolge in Gl. (1.186) zunächst durch eine Folge von Diracimpulsen im Abstand $\Delta t$ mit den Impulsflächen $f(n\Delta t)$:

$$
f(t) = \sum_{n=0}^{\infty} f(n\Delta t)\delta(t - n\Delta t)\,.
$$

Diese Darstellung entspricht dem ideal abgetasteten Signal nach Gl. (1.151b). Hierauf die Laplace-Transformation angewendet, liefert mit dem Verschiebungssatz von Korrespondenz (1.98)

$$F(p) = \sum_{n=0}^{\infty} f(n\Delta t)\, e^{-pn\Delta t}.$$

Man führt die Abkürzung

$$z = e^{p\Delta t} = e^{\sigma\Delta t}\, e^{j\omega\Delta t} \tag{1.187}$$

ein und nennt

$$F(z) = \text{ZT}\,[f(n)] = \sum_{n=0}^{\infty} f(n)z^{-n} \tag{1.188}$$

die *Z-Transformierte* der Zahlenfolge $f(n)$. Die unendliche Potenzreihe konvergiert außerhalb eines Kreises um den Nullpunkt der komplexen $z$-Ebene mit dem Radius $|z| > \varrho_0$ (siehe Bild 1.54), wobei der Konvergenzradius $\varrho_0$ von der Zahlenfolge $f(n)$ abhängt.

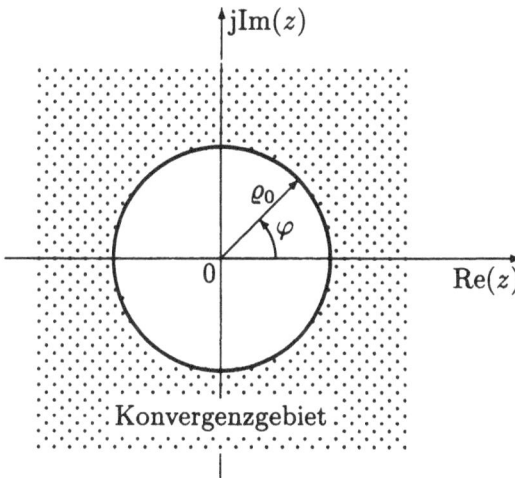

Bild 1.54 Konvergenzgebiet der einseitigen $z$-Transformation

Die *inverse Z-Transformation* (abgekürzt $\text{ZT}^{-1}$) lautet

$$f(n) = \text{ZT}^{-1}[F(z)] = \frac{1}{2\pi j} \oint_{\varrho} F(z)z^{n-1}\, \mathrm{d}z \quad \text{für } n \geq 0, \tag{1.189}$$

wobei das Umlaufintegral auf einem Kreis mit dem Radius $\varrho$ im Konvergenzgebiet der komplexen $z$-Ebene vom Winkel $\varphi = 0$ bis zum

Winkel $\varphi = 2\pi$ auszuwerten ist. Zum Beweis der Umkehrformel erhält man mit

$$z = \varrho\,e^{j\varphi}, \quad dz = jz\,d\varphi$$

sowie Gl. (1.188):

$$\frac{1}{2\pi j} \oint_\varrho F(z)z^{n-1}\,dz = \frac{1}{2\pi} \int_0^{2\pi} [f(0) + f(1)z^{-1} + f(2)z^{-2} + \ldots]z^n\,d\varphi$$

$$= \frac{1}{2\pi} \int_0^{2\pi} [f(0)z^n + f(1)z^{n-1} + \ldots + f(n) + f(n+1)z^{-1} + \ldots]\,d\varphi$$

$$= f(n)\,,$$

da alle Summanden, die Potenzen von $z = e^{\sigma\Delta t}\,e^{j\omega\Delta t}$ enthalten, bei der Integration verschwinden.

Eine der wichtigsten kontinuierlichen Zeitfunktionen stellt die Exponentialfunktion von Gl. (1.88) dar, die in diskreter Form lautet

$$f(n) = s(n)\,e^{\alpha n} = s(n)a^n. \tag{1.190}$$

Die Z-Transformation dieser Zahlenfolge ist mit Gl. (1.188) die unendliche geometrische Reihe

$$F(z) = \sum_{n=0}^{\infty} \left(\frac{a}{z}\right)^n,$$

die für $|z| = \varrho > |a|$ konvergiert und die Summe

$$F(z) = \frac{1}{1 - \dfrac{a}{z}} = \frac{z}{z - a}$$

besitzt. Da Gl. (1.190) für den Sonderfall $a = 1$ die diskrete Sprungfunktion beschreibt, können bereits zwei wichtige Korrespondenzen zur ZT angegeben werden:

$$s(n) \quad \circ\!\!-\!\!\bullet \quad \frac{z}{z - 1}\,, \tag{1.191}$$

$$s(n)a^n \quad \circ\!\!-\!\!\bullet \quad \frac{z}{z - a}\,. \tag{1.192}$$

Die Korrespondenz der diskreten Exponentialfunktion liefert zusammen mit der inversen Z-Transformation

$$s(n)a^n = \frac{1}{2\pi j} \oint_\varrho \frac{z}{z - a} z^{n-1}\,dz\,.$$

Wird diese Gleichung auf beiden Seiten $m$-mal nach $a$ differenziert, so erhält man

$$s(n)n(n-1)\cdots(n-m+1) = \frac{m!}{2\pi\mathrm{j}} \oint\limits_{\varrho} \frac{z}{(z-a)^{m+1}} z^{n-1}\,\mathrm{d}z \;.$$

Mit den Regeln der Kombinatorik folgt hieraus die Korrespondenz

$$s(n)\binom{n}{m}a^{n-m} \quad\circ\!\!-\!\!\bullet\quad \frac{z}{(z-a)^{m+1}}\,, \qquad (1.193)$$

die im Zusammenhang mit der Rücktransformation durch Partialbruchentwicklung der Z-Transformierten $F(z)$ noch Bedeutung erlangen wird. Im Anhang befindet sich wiederum eine umfangreichere Korrespondenzentabelle, in der die trigonometrischen und hyperbolischen Funktionen sich nach vorheriger Exponentialdarstellung elementar transformieren lassen.

Da die ZT aus der Laplace-Transformation hergeleitet wurde, muß sie analoge *Eigenschaften* besitzen, von denen hier nur die beiden wichtigsten angegeben werden:

**a) Faltungssatz**  Entsprechend Korrespondenz (1.95) erhält man die Zuordnung

$$f_1(n) * f_2(n) \quad\circ\!\!-\!\!\bullet\quad F_1(z)F_2(z)\,. \qquad (1.194)$$

Die Faltung zweier Zahlenfolgen $f_1(n)$ und $f_2(n)$ führt also wiederum zum algebraischen Produkt der zugehörigen Z-Transformierten $F_1(z)$ und $F_2(z)$. Insbesondere für $f_1(n) = h(n)$ und $f_2(n) = x(n)$ folgt hieraus mit Gl. (1.182) die grundlegende Systemgleichung im Z-Bereich:

$$Y(z) = H(z)X(z)\,. \qquad (1.195)$$

Der Faltungssatz liefert zusammen mit Gl. (1.183) die noch fehlende Korrespondenz der diskreten Impulsfunktion

$$\delta(n) \quad\circ\!\!-\!\!\bullet\quad 1\,, \qquad (1.196)$$

die sich natürlich auch direkt aus Gl. (1.188) ergibt.

**b) Verschiebungssatz**   Aus Korrespondenz (1.98) und Gl. (1.187) folgt mit einem ganzzahligen $m > 0$ für eine Verschiebung nach rechts

$$f(n - m) \;\; \circ\!\!-\!\!\bullet \;\; z^{-m} F(z) \,. \qquad (1.197)$$

Der nächste Abschnitt beschäftigt sich mit der Beschreibung zeitdiskreter Systeme durch Differenzengleichungen. Hierbei sind zwei verschiedene Darstellungen möglich, die entweder nur Verschiebungen nach rechts oder nach links enthalten. Weil bei einer Verschiebung ins Negative Funktionswerte abgeschnitten werden können, gilt in diesem Fall für den kausalen Anteil der verschobenen Zahlenfolge

$$s(n)f(n+m) \;\; \circ\!\!-\!\!\bullet \;\; z^m F(z) - z^m f(0) - z^{m-1} f(1) - \ldots - z f(m-1) \,.$$
$$(1.198)$$

Da die Größen $f(0), f(1), \ldots$ als Anfangswerte bezeichnet werden, entspricht diese Form des Verschiebungssatzes dem Differentiationssatz von Korrespondenz (1.103).

### 1.7.3 Differenzengleichung und Übertragungsfunktion

Zeitdiskrete Systeme bestehen aus verknoteten, gerichteten Zweigen. Jeder Zweig ist entweder ein *Konstantmultiplizierer* oder ein *Verzögerungsglied*. Knoten, von denen mehrere Zweige weggerichtet sind, stellen lediglich Verzweigungsknoten dar, während Knoten mit mehreren zufließenden Zweigen durch *Addierer* nach Bild 1.55 realisiert werden. Die technische Ausführung der Schaltelemente ist grundsätzlich verschieden, je nachdem ob es sich um amplitudenkontinuierliche (*Abtastsysteme*) oder amplitudendiskrete (*digitale Systeme*) handelt. Bei Abtastsystemen stellt der Konstantmultiplizierer einen Verstärker dar, das Verzögerungsglied einen Abtaster mit Halteglied und der Addierer einen Summierverstärker. In digitalen Systemen ist die Amplitude in $2^b$ Stufen quantisiert und das Signal besteht an jeder Stelle der Schaltung aus $b$ Binärzeichen (bit). Der Konstantmultiplizierer und der Addierer sind übliche Digitalbausteine wie auch das Verzögerungsglied, das aus $b$ parallelgeschalteten Flip-Flops besteht, die die Binärzeichen des Signals um einen Taktschritt $\Delta t$ verzögern.

Die Analyse zeitdiskreter Systeme führt auf den Zusammenhang zwischen der Eingangsfolge $x(n)$ und der Ausgangsfolge $y(n)$ in Form einer *Differenzengleichung* (Abkürzung $\Delta$gl.). Diese lautet in der Form von Rechtsverschiebungen

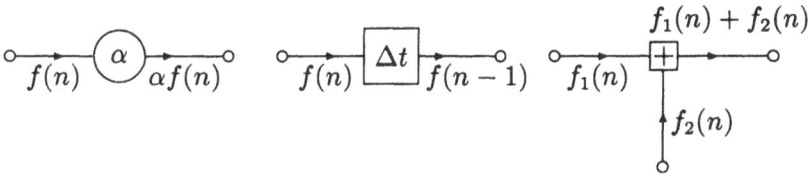

Bild 1.55 Schaltelemente zeitdiskreter Systeme

$$y(n) + \beta_1 y(n-1) + \ldots + \beta_q y(n-q)$$
$$= \alpha_0 x(n) + \alpha_1 x(n-1) + \ldots + \alpha_q x(n-q). \tag{1.199}$$

Hierin sind die $\alpha_i$ und $\beta_i$ ($i = 0, \ldots, q$) konstante, reelle Koeffizienten, von denen einzelne – mit Ausnahme von $\beta_0$ – auch Null werden können. Durch entsprechende Normierung wird der Koeffizient, der zu $y(n)$ gehört, zu $\beta_0 = 1$ gesetzt. Der Systemgrad $q$ ist in kanonischen Realisierungen gleich der Anzahl der Verzögerungsglieder.

Die $\Delta$gl. entspricht der Differentialgleichung (1.108) eines zeitkontinuierlichen Systems. Im Unterschied dazu kann jedoch das Ausgangssignal im zeitdiskreten Fall unmittelbar aus der Differenzengleichung ermittelt werden, und es gilt z.B. für $q = 2$:

$$y(n) = \alpha_0 x(n) + \alpha_1 x(n-1) + \alpha_2 x(n-2) - \beta_1 y(n-1) - \beta_2 y(n-2).$$

Die Unbekannte $y(n)$ wird aus den bekannten Daten $x(n), x(n-1)$, $x(n-2)$ und aus den berechneten Werten $y(n-1), y(n-2)$ rekursiv bestimmt. Diese rekursive Beziehung wird im Signalflußdiagramm von Bild 1.56 deutlich.

Mit der Substitution $n - q = m$ lautet die $\Delta$gl. (1.199) in der Form von Linksverschiebungen

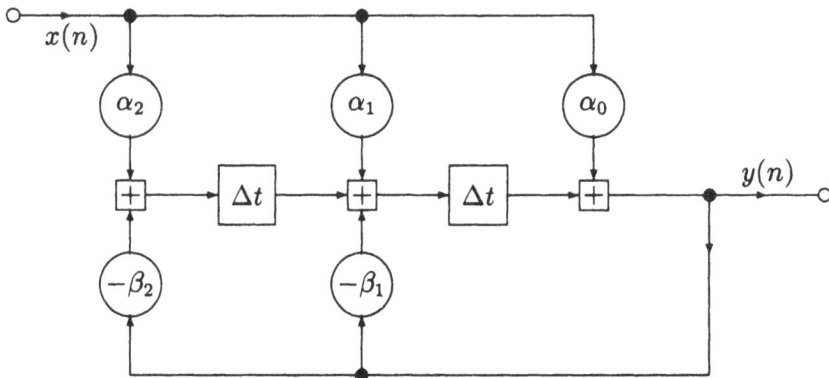

Bild 1.56 Signalflußdiagramm des zeitdiskreten Systems zweiten Grades (erste kanonische Form)

$$b_0 y(n) + b_1 y(n+1) + \ldots + y(n+q)$$
$$= a_0 x(n) + a_1 x(n+1) + \ldots + a_q x(n-q), \qquad (1.200)$$

wenn man nach der Umformung $m$ wieder durch $n$ ersetzt. Von den konstanten, reellen Koeffizienten $a_i$ und $b_i$ $(i = 0, \ldots, q)$ können wiederum einzelne – mit Ausnahme von $b_q$ – zu Null werden. In dieser Darstellung wurde der Koeffizient $b_q = 1$ gesetzt. Durch Auflösung nach $y(n+q)$ ergibt sich mit $q = 2$ ein Signalflußdiagramm, das dem von Bild 1.56 entspricht.

Die Differenzengleichung (1.200) soll nun durch Z-Transformation gelöst werden, und es gilt z.B. für $q = 2$ mit Korrespondenz (1.198)

$$b_0 Y(z) + b_1 z Y(z) - b_1 z y(0) + z^2 Y(z) - z^2 y(0) - z y(1)$$
$$= a_0 X(z) + a_1 z X(z) - a_1 z x(0) + a_2 z^2 X(z) - a_2 z^2 x(0) - a_2 z x(1).$$

Diese Gleichung läßt sich nach der gesuchten Ausgangsgröße $Y(z)$ im Z-Bereich auflösen, und man erhält

$$Y(z) = \frac{a_0 + a_1 z + a_2 z^2}{b_0 + b_1 z + z^2} X(z)$$
$$+ \frac{z[b_1 y(0) - a_1 x(0) + y(1) - a_2 x(1)] + z^2[y(0) - a_2 x(0)]}{b_0 + b_1 z + z^2}.$$

Das Ausgangssignal besteht demnach aus einem Anteil, der dem Eingangssignal proportional ist und einem weiteren Anteil, der durch die Anfangsbedingungen gegeben ist. Damit ergibt sich ein zu Abschn. 1.4.3 vollkommen analoges Ergebnis. Mit Gl. (1.195) gilt bei verschwindenden Anfangsbedingungen $Y(z) = H(z)X(z)$. Man nennt $H(z)$ die *Übertragungsfunktion* im Z-Bereich, die für beliebigen Systemgrad $q$ lautet:

$$H(z) = \frac{a_0 + a_1 z + \ldots + a_q z^q}{b_0 + b_1 z + \ldots + z^q}. \qquad (1.201)$$

Die Übertragungsfunktion eines zeitdiskreten LZI-Systems ist eine rationale Funktion des komplexen Parameters nach Gl. (1.187), d.h. als Quotient zweier Polynome von $z$ darstellbar. Die reellen Polynomkoeffizienten sind identisch mit den Koeffizienten der Differenzengleichung (1.200). Nach dem Hauptsatz der Algebra kann für Gl. (1.201) wiederum folgende Produktdarstellung angegeben werden:

$$H(z) = K \frac{(z - z_1')(z - z_2') \ldots (z - z_p')}{(z - z_1)(z - z_2) \ldots (z - z_q)}. \qquad (1.202)$$

Hierbei sind die $z'_\mu$ ($\mu = 1, \ldots, p \leq q$) die Nullstellen des Zählerpolynoms $Z(z)$, während $z_\nu$ ($\nu = 1, \ldots, q$) die Nullstellen des Nennerpolynoms $N(z)$ darstellen. Da die Polynomkoeffizienten in Gl. (1.201) sämtlich reell sind, können nur reelle oder paarweise konjugiertkomplexe Nullstellen auftreten. Dabei werden die Nullstellen von $N(z)$ auch als Polstellen von $H(z)$ bezeichnet. Aus dem Grenzübergang $z \to \infty$ folgt mit $b_q = 1$ der Wert der Konstanten $K = a_p$, wobei $a_p$ der Koeffizient der höchsten nicht verschwindenden Potenz von $z$ in $Z(z)$ ist.

Wird die Z-Transformation auf die Differenzengleichung (1.199) angewendet, so erhält man mit Korrespondenz (1.197) unmittelbar $Y(z) = H(z)X(z)$, wobei

$$H(z) = \frac{\alpha_0 + \alpha_1 z^{-1} + \ldots + \alpha_q z^{-q}}{1 + \beta_1 z^{-1} + \ldots + \beta_q z^{-q}} \tag{1.203}$$

lautet. Ist hierbei mindestens einer der Koeffizienten $\beta_i$ ($i = 1, \ldots, q$) verschieden von Null, so tritt im Signalflußdiagramm entsprechend Bild 1.56 wenigstens eine Rückkopplung auf, und man bezeichnet das System als *rekursiv*. Anderenfalls ergibt sich ein *nichtrekursives System* der Übertragungsfunktion

$$H(z) = \alpha_0 + \alpha_1 z^{-1} + \ldots + \alpha_q z^{-q} \,. \tag{1.204}$$

Im nächsten Abschnitt werden zwei besondere Eigenschaften nichtrekursiver Systeme aufgezeigt, die zu ihrer bevorzugten Anwendung in der digitalen Signalverarbeitung beigetragen haben.

### 1.7.4 Rücktransformation in den Zeitbereich

Das komplexe Umlaufintegral von Gl. (1.189) zur Gewinnung der Zahlenfolge $f(n)$ aus ihrer Z-Transformierten $F(z)$, läßt sich mit der *Residuenmethode* auswerten (vergleiche Abschn. 1.4.4). In der praktischen Ausführung ergeben sich diese Residuen wiederum durch eine *Partialbruchentwicklung* von $F(z)$. Analog zu Gl. (1.201) sei $F(z) = Z(z)/N(z)$ als Quotient zweier Polynome von $z$ darstellbar, wobei der Zählergrad aus Gründen der *Kausalität* nicht größer sein kann als der Nennergrad, denn es gilt

$$\frac{a_0 + a_1 z + \ldots + a_q z^q + a_{q+1} z^{q+1} + \ldots + a_{q+m} z^{q+m}}{b_0 + b_1 z + \ldots + z^q}$$

$$= \frac{a_0 z^{-q} + a_1 z^{1-q} + \ldots + a_q + a_{q+1} z + \ldots + a_{q+m} z^m}{b_0 z^{-q} + b_1 z^{1-q} + \ldots + 1} \,.$$

Die Zählerterme $a_{q+1}z, \ldots, a_{q+m}z^m$ lassen sich in einem Signalflußdiagramm entsprechend Bild 1.56 nicht kausal realisieren.

Werden die Pole von $F(z)$, d.h. die Nullstellen von $N(z)$, mit $z_\nu$ ($\nu = 1, \ldots, q$) bezeichnet, dann läßt sich im Fall *einfacher Polstellen* die Partialbruchentwicklung

$$F(z) = A_\infty + z^{-1} \sum_{\nu=1}^{q} \frac{z A_\nu}{z - z_\nu} \qquad (1.205)$$

angeben. Die Koeffizienten $A_\infty, A_\nu$ können wiederum in einfacher Weise mit den Gln. (1.115) und (1.116) direkt aus $F(z)$ berechnet werden. Mit den Korrespondenzen (1.192), (1.196) sowie dem Verschiebungssatz kann Gl. (1.205) nun in den Zeitbereich transformiert werden, und man erhält

$$f(n) = A_\infty \delta(n) + s(n-1) \sum_{\nu=1}^{q} \frac{A_\nu}{z_\nu} z_\nu^n \,. \qquad (1.206)$$

Als Anwendungsbeispiel soll die Sprungantwort des zeitdiskreten Systems ersten Grades von Bild 1.57 berechnet werden. Die Analyse im Z-Bereich ergibt

$$Y(z) = H(z)X(z) = \frac{z}{z - 0,5} \frac{z}{z - 1} \qquad (1.207)$$

mit der Partialbruchentwicklung

$$Y(z) = 1 + \frac{2}{z - 1} - \frac{0,5}{z - 0,5} \,.$$

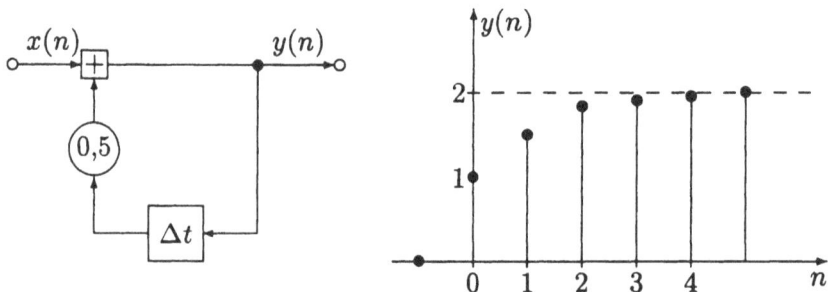

Bild 1.57 System ersten Grades mit zugehöriger Sprungantwort

Die Rücktransformation in den Zeitbereich liefert die diskrete Sprungantwort

$$y(n) = \delta(n) + s(n-1)[2 - (0,5)^n] \, ,$$

deren Verlauf ebenfalls in Bild 1.57 dargestellt ist.

Tritt in $F(z)$ *eine mehrfache Polstelle* $z_\nu$ mit der Vielfachheit $r$ auf, so lautet hierfür die Partialbruchentwicklung

$$F(z) = z^{-1} \sum_{\mu=1}^{r} \frac{z A_{\nu\mu}}{(z - z_\nu)^\mu} \, . \tag{1.208}$$

Die Koeffizienten $A_{\nu\mu}$ werden mit Gl. (1.119) berechnet, während die Rücktransformation in den Zeitbereich mit Korrespondenz (1.193) und dem Verschiebungssatz erfolgt.

Wie bei den kontinuierlichen Systemen, so bestimmen die Polstellen $z_\nu$ der rekursiven Übertragungsfunktion $H(z)$ wesentlich das Zeitverhalten diskreter Systeme. In der Impulsantwort $h(n)$ legen sie die Eigenschaften des Systems fest und werden auch als *Eigenwerte* bezeichnet. Sie können bei einer reellen Impulsantwort wiederum nur in reeller oder paarweise konjugiert-komplexer Form auftreten, wie die Koeffizienten $A_\infty$, $A_\nu$ und $A_{\nu\mu}$.

Für ein (Teil-)System mit zwei konjugiert-komplexen Eigenwerten $z_e$ und $z_e^*$ lautet demnach die Übertragungsfunktion in Partialbruchdarstellung

$$H_2(z) = A_\infty + z^{-1} \left( \frac{z A}{z - z_e} + \frac{z A^*}{z - z_e^*} \right)$$

und die Impulsantwort

$$h_2(n) = A_\infty \delta(n) + s(n-1) \left[ \frac{A}{z_e} z_e^n + \left( \frac{A}{z_e} \right)^* (z_e^*)^n \right] \, .$$

Mit der Abkürzung bzw. Aufspaltung der komplexen Größen in Betrag und Phase

$$\frac{A}{z_e} = A' = |A'| e^{j\varphi}, \quad z_e = |z_e| e^{j\Omega_e}$$

erhält man die reelle Darstellung

$$h_2(n) = A_\infty \delta(n) + s(n-1) 2 |A'| \, |z_e|^n \cos(\Omega_e n + \varphi) \, .$$

Der zweite Term ist je nach dem Betrag von $z_e$ eine ab- oder aufklingende Konsinusfolge. In der komplexen $z$-Ebene, die in Bild 1.58 dargestellt ist, gehören also die Pole innerhalb des Einheitskreises zu abklingenden, die außerhalb zu aufklingenden Zahlenfolgen. Man vergleiche

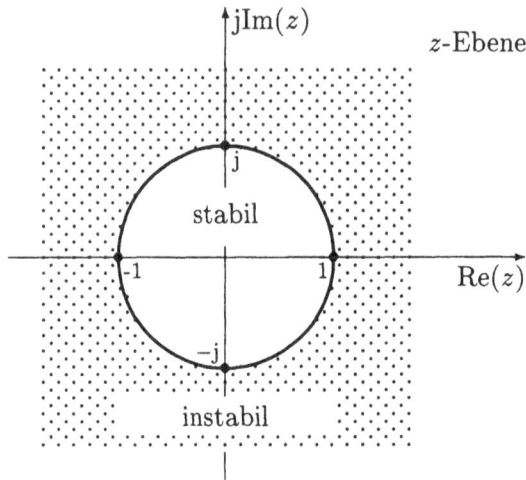

Bild 1.58 Polbereiche stabiler und instabiler Systeme in der komplexen $z$-Ebene

die Analogie zu den zeitkontinuierlichen Systemen von Abschnitt 1.4.4.
Entsprechend lautet die **Stabilitätsbedingung** (Definition):

> *Ein zeitdiskretes System ist stabil, wenn zu jeder endlichen*
> *Eingangsgröße $0 \leq |x(n)| < \infty$ eine endliche Ausgangsgröße*
> *$0 \leq |y(n)| < \infty$ gehört; d.h. in der Impulsantwort $h(n)$ dürfen*
> *keine aufklingenden Teilfolgen enthalten sein.*

Für die Pole $z_\nu$ ($\nu = 1, \ldots, q$) der Übertragungsfunktion eines stabilen
Systems gilt also

$$|z_\nu| \leq 1. \tag{1.209}$$

Im Falle *asymptotischer Stabilität*, mit $|z_\nu| < 1$, liegen die Pole nur
innerhalb des Einheitskreises. Für $|z_\nu| = 1$ erhält man Pole auf dem
Einheitskreis. Sind diese nur einfach, so spricht man von *Grenzstabi-
lität*. Bei mehrfachen Polstellen auf dem Einheitskreis liegt mit Korrespondenz (1.193) grundsätzlich Instabilität vor. Der Einheitskreis in
der $z$-Ebene diskreter Systeme hat also in diesem Zusammenhang die
gleiche Bedeutung wie die imaginäre Achse in der $p$-Ebene kontinuierlicher Systeme.

In manchen Anwendungen werden auch im zeitdiskreten Fall nur
die beiden Grenzwerte $f(0)$ und $f(\infty)$ benötigt. Diese Werte lassen
sich ebenfalls unter bestimmten Voraussetzungen direkt aus der Z-
Transformierten $F(z)$ bestimmen. Aus dem Vergleich von Gleichungspaar (1.205) und (1.206) folgt sofort das

**Anfangswert-Theorem:** Ist $f(n)$ eine kausale Zahlenfolge, so gilt

$$f(0) = \lim_{z \to \infty} F(z) \, . \tag{1.210}$$

Für die Instabilität ist kennzeichnend, daß kein endlicher Grenzwert $n \to \infty$ existiert. Deshalb lautet das

**Endwert-Theorem:** Ist $f(n)$ kausal und enthält $F(z)$ keine Pole außerhalb des Einheitskreises und auf dem Einheitskreis, mit Ausnahme eines einfachen Poles an der Stelle $z = 1$, dann gilt

$$\lim_{n \to \infty} f(n) = \lim_{z \to 1} (z-1) F(z) \, . \tag{1.211}$$

Als Anwendungsbeispiel sei die Z-Transformierte von Gl. (1.207) betrachtet. Mit den beiden obigen Grenzwertsätzen erhält man

$$y(0) = 1 \, , \quad y(\infty) = 2 \, ,$$

in Übereinstimmung mit Bild 1.57.

Im letzten Abschnitt ist die Übertragungsfunktion *nichtrekursiver Systeme* in Form von Gl. (1.204) angegeben worden, wofür man auch schreiben kann

$$H(z) = \frac{a_0 + a_1 z + \ldots + a_q z^q}{z^q} \, . \tag{1.212}$$

Hieraus folgt die Existenz eines $q$-fachen Poles an der Stelle $z = 0$ und daraus die Tatsache, daß nichtrekursive Systeme *grundsätzlich stabil* sind. Durch Anwendung des Verschiebungssatzes läßt sich Gl. (1.204) direkt in den Zeitbereich transformieren und es ergibt sich die *zeitbegrenzte Impulsantwort*

$$h(n) = \alpha_0 \delta(n) + \alpha_1 \delta(n-1) + \ldots + \alpha_q \delta(n-q) \, . \tag{1.213}$$

Man spricht in diesem Zusammenhang von einem „FIR-System" (FIR: Abk. f. finite impulse response). Die beiden genannten Eigenschaften und eine dritte, die im nächsten Abschnitt behandelt wird, sind der Grund für die bevorzugte Anwendung nichtrekursiver Systeme in der digitalen Signalverarbeitung.

## 1.7.5 Übertragungsfunktion und Frequenzgang

In Abschn. 1.2.1 ist die Übertragungsfunktion zeitkontinuierlicher Systeme dadurch eingeführt worden, daß die komplexe harmonische Schwingung $x(t) = \exp(j\omega t)$ in das Faltungsintegral eingesetzt wurde.

Als Ausgangssignal ergab sich wieder eine Zeitfunktion exp(j$\omega t$), multipliziert mit der komplexen Spektralfunktion $H(\mathrm{j}\omega)$, die dann in Abschn. 1.4.5 zur Unterscheidung von $H(p)$ als Frequenzgang bezeichnet wurde.

Dieses Ergebnis läßt sich auf zeitdiskrete Systeme übertragen, indem man die komplexe harmonische Folge

$$x(n) = \mathrm{e}^{\,\mathrm{j}\omega n\Delta t} = \cos(\omega n\Delta t) + \mathrm{j}\sin(\omega n\Delta t) \qquad (1.214)$$

betrachtet. Hierbei ist zu beachten, daß $\omega$ die Kreisfrequenz des Hüllkurvensignals der Folge darstellt, deren Realteil Bild 1.59 zeigt. Gl. (1.214) in die Faltungssumme von Gl. (1.182b) eingesetzt, ergibt

$$y(n) = \sum_{\nu=-\infty}^{\infty} h(\nu)\,\mathrm{e}^{\,\mathrm{j}\omega(n-\nu)\Delta t} = \mathrm{e}^{\,\mathrm{j}\omega n\Delta t} \sum_{\nu=-\infty}^{\infty} h(\nu)\,\mathrm{e}^{\,-\mathrm{j}\omega\nu\Delta t}.$$

Das Ausgangssignal $y(n)$ ist also dem Eingangssignal $x(n)$ proportional, wie im zeitkontinuierlichen Fall, wobei die unendliche Summe dem Fourier-Integral nach Gl. (1.18) entspricht. Beschränkt man sich auf ein kausales System, mit $h(n) \equiv 0$ für $n < 0$, so gilt

$$\left.\frac{y(n)}{x(n)}\right|_{x(n)=\mathrm{e}^{\,\mathrm{j}\omega n\Delta t}} = \sum_{n=0}^{\infty} h(n)\,\mathrm{e}^{\,-\mathrm{j}\omega n\Delta t}. \qquad (1.215)$$

Der Vergleich mit den Gln. (1.188) und (1.187) zeigt, daß die Summe mit der Z-Transformierten der Impulsantwort für $z = \exp(\mathrm{j}\omega\Delta t)$ bzw. $|z| = 1$ übereinstimmt, also

$$\left.\frac{y(n)}{x(n)}\right|_{x(n)=\mathrm{e}^{\,\mathrm{j}\omega n\Delta t}} = H(z = \mathrm{e}^{\,\mathrm{j}\omega\Delta t}) = H(|z| = 1)\,.$$

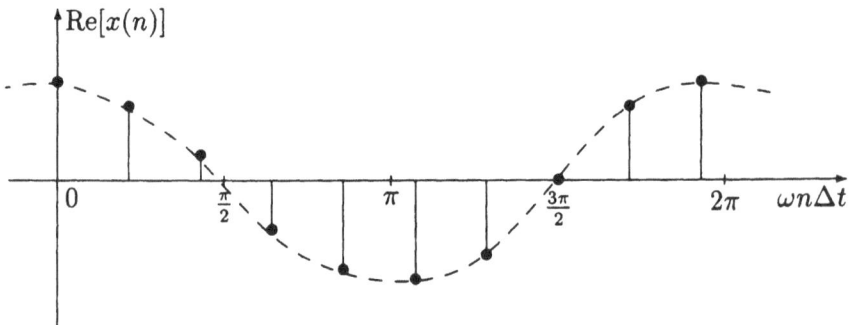

Bild 1.59 Zur Einführung des harmonischen zeitdiskreten Signals

Man führt die Abkürzung bzw. Normierung

$$\Omega = \omega \Delta t \tag{1.216}$$

ein und nennt $H(\mathrm{e}^{\mathrm{j}\Omega})$ den Frequenzgang zeitdiskreter Systeme. Hierbei muß jedoch die Konvergenz der unendlichen Summe von Gl. (1.215) beachtet werden, die unter der Bedingung

$$\sum_{n=0}^{\infty} |h(n)| < \infty$$

vorliegt. Diese Eigenschaft ist wiederum nur bei asymptotischer Stabilität des Systems gewährleistet. Damit läßt sich folgende Aussage formulieren (vergleiche Abschn. 1.4.5):

*Der Frequenzgang $H(\mathrm{e}^{\mathrm{j}\Omega})$ eines kausalen, asymptotisch stabilen, zeitdiskreten Systems ergibt sich aus der Übertragungsfunktion $H(z)$ für $z = \exp(\mathrm{j}\Omega)$ und umgekehrt.*

Setzt man in der Produktdarstellung von $H(z)$ nach Gl. (1.202)

$$z - z'_\mu = d'_\mu \, \mathrm{e}^{\mathrm{j}\delta'_\mu}, \quad \mu = 1, \ldots, p \leq q, \tag{1.217a}$$

$$z - z_\nu = d_\nu \, \mathrm{e}^{\mathrm{j}\delta_\nu}, \quad \nu = 1, \ldots, q, \tag{1.217b}$$

so ergibt sich mit den Differenzbeträgen $d'_\mu, d_\nu$ und den Differenzwinkeln $\delta'_\mu, \delta_\nu$

$$H(z) = K \frac{d'_1 d'_2 \cdots d'_p}{d_1 d_2 \cdots d_q} \, \mathrm{e}^{\mathrm{j}(\delta'_1 + \delta'_2 + \ldots + \delta'_p - \delta_1 - \delta_2 - \ldots - \delta_q)} \, .$$

Wird der Aufpunkt $z$ auf den Einheitskreis der komplexen $z$-Ebene gelegt, wie Bild 1.60 an einem Beispiel zeigt, dann kann der Betrag des Frequenzganges

$$A(\Omega) = |K| \frac{\displaystyle\prod_{\mu=1}^{p} d'_\mu(\Omega)}{\displaystyle\prod_{\nu=1}^{q} d_\nu(\Omega)} \, , \tag{1.218a}$$

sowie die Phase

$$\varphi(\Omega) = \varphi_K + \sum_{\mu=1}^{p} \delta'_\mu(\Omega) - \sum_{\nu=1}^{q} \delta_\nu(\Omega) \tag{1.218b}$$

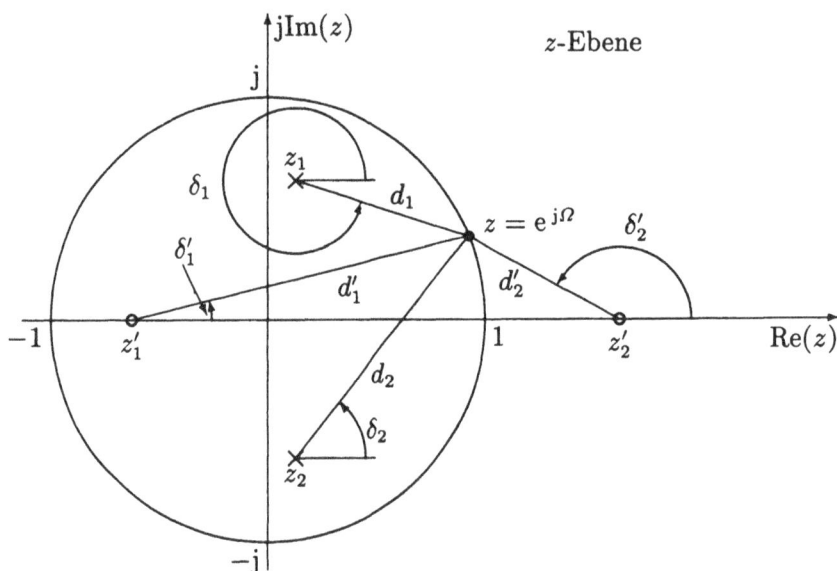

Bild 1.60 Zur Ermittlung des Frequenzganges aus der PN-Verteilung in der $z$-Ebene

punktweise aus der PN-Verteilung in der $z$-Ebene ermittelt werden. Die Pole und Nullstellen der Übertragungsfunktion $H(z)$ eines kausalen, asymptotisch stabilen, zeitdiskreten Systems bestimmen also, analog zum zeitkontinuierlichen Fall, den Frequenzgang $H(e^{j\Omega})$. Für das Beispiel von Bild 1.60 erhält man demnach

$$H(e^{j\Omega}) = K\frac{d_1' d_2'}{d_1 d_2} e^{j(\delta_1' + \delta_2' - \delta_1 - \delta_2)}.$$

Wie man aus Bild 1.60 entnehmen kann, ist der Frequenzgang zeitdiskreter Systeme grundsätzlich $2\pi$-*periodisch*. Innerhalb einer Periode ändert sich der Winkelbeitrag eines im Einheitskreis liegenden Poles um $-2\pi$ und einer im Einheitskreis liegenden Nullstelle um $2\pi$. Bei einer außerhalb liegenden Nullstelle ist die Winkelvariation vom Abstand zum Einheitskreis abhängig. Die geringstmögliche Winkeländerung ergibt sich, wenn alle Nullstellen von $H(z)$ im Einheitskreis liegen. Übertragungsfunktionen mit dieser Eigenschaft heißen *minimalphasig*.

Als Anwendungsbeispiel soll der Frequenzgang des Systems ersten Grades von Bild 1.57 mit der Übertragungsfunktion nach Gl. (1.207) betrachtet werden, und es gilt

$$H(e^{j\Omega}) = \frac{e^{j\Omega}}{e^{j\Omega} - 0,5} = \frac{1}{1 - 0,5\, e^{-j\Omega}}$$

$$= \frac{1 - 0,5\cos(\Omega) - \mathrm{j}0,5\sin(\Omega)}{1,25 - \cos(\Omega)} \,.$$

Die Aufspaltung in Real- und Imaginärteil sowie in Betrag und Phase

$$H(\mathrm{e}^{\,\mathrm{j}\Omega}) = R(\Omega) + \mathrm{j}X(\Omega) = A(\Omega)\,\mathrm{e}^{\,\mathrm{j}\varphi(\Omega)},$$

liefert die vier periodischen Funktionen:

$$R(\Omega) = \frac{1 - 0,5\cos(\Omega)}{1,25 - \cos(\Omega)}\,, \qquad X(\Omega) = \frac{-0,5\sin(\Omega)}{1,25 - \cos(\Omega)}\,,$$

$$A(\Omega) = \frac{1}{[1,25 - \cos(\Omega)]^{1/2}}\,, \qquad \varphi(\Omega) = \arctan\frac{-0,5\sin(\Omega)}{1 - 0,5\cos(\Omega)}\,,$$

deren Verläufe Bild 1.61 zeigt. Wie im Fall zeitkontinuierlicher Systeme, so sind auch hier der Realteil und der Betrag gerade, während der Imaginärteil und die Phase ungerade Funktionen darstellen, was sich entsprechend Abschn. 1.2.2 allgemein beweisen läßt.

Auch hier stellt der *Allpaß* einen interessanten Sonderfall dar, bei dem jeweils eine Nullstelle, bezogen auf den Einheitskreis, spiegelbildlich zu einer Polstelle liegt:

$$z_\nu = |z_\nu|\,\mathrm{e}^{\,\mathrm{j}\varphi_\nu}, \quad \nu = 1,\ldots,q\,, \tag{1.219 a}$$

$$z'_\mu = \frac{1}{|z_\nu|}\,\mathrm{e}^{\,\mathrm{j}\varphi_\nu}, \quad \mu = 1,\ldots,q\,. \tag{1.219 b}$$

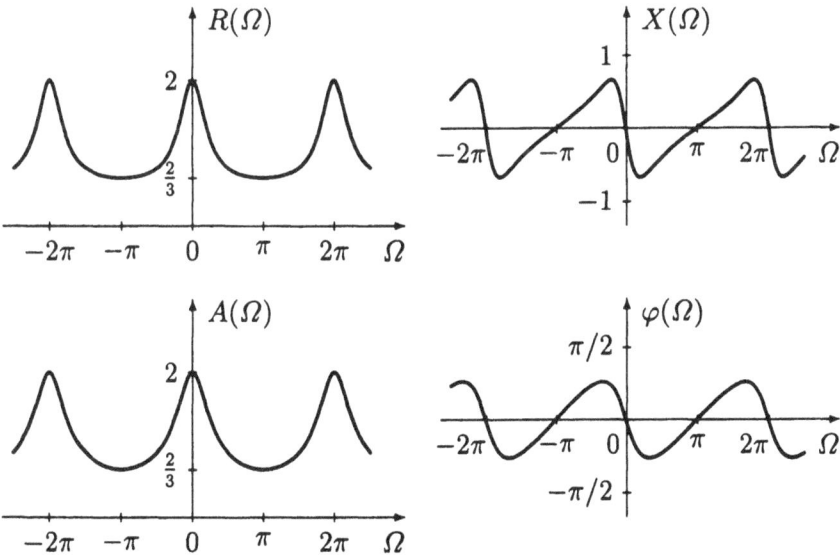

Bild 1.61 Frequenzgang des zeitdiskreten Systems ersten Grades als Real- und Imaginärteil sowie Betrag und Phase

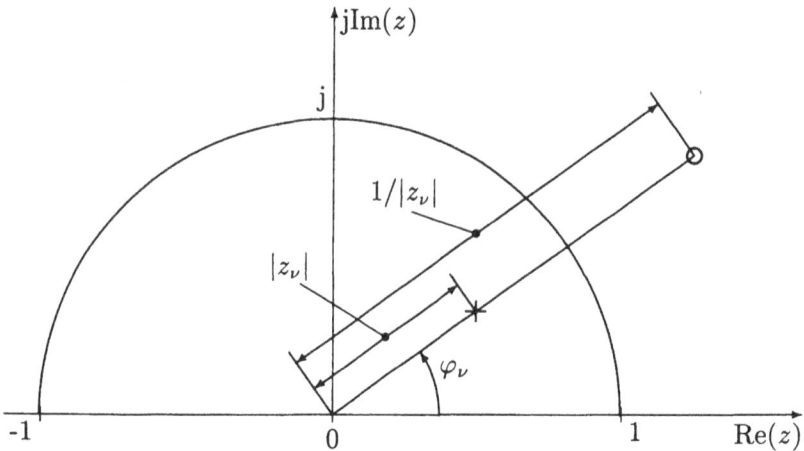

Bild 1.62 Pol-Nullstellenpaar eines zeitdiskreten Allpasses

Bild 1.62 zeigt ein spiegelbildliches Pol-Nullstellenpaar, und man erhält hierfür als Teil-Übertragungsfunktion

$$H_\nu(z) = \frac{z - 1/z_\nu^*}{z - z_\nu}$$

mit dem Betrag des Frequenzganges

$$A_\nu(\Omega) = \frac{\left|e^{j\Omega} - \frac{1}{|z_\nu|}e^{j\varphi_\nu}\right|}{\left|e^{j\Omega} - |z_\nu|e^{j\varphi_\nu}\right|} = \frac{1}{|z_\nu|}\frac{\left||z_\nu|e^{j\Omega} - e^{j\varphi_\nu}\right|}{\left|e^{j\Omega} - |z_\nu|e^{j\varphi_\nu}\right|}.$$

Hieraus ergibt sich nach einfachen Umformungen

$$|z_\nu|A_\nu(\Omega) = 1.$$

Das Pol-Nullstellenpaar entsprechend Gl. (1.219) liefert demnach einen konstanten Beitrag zum Betrag des Frequenzganges. Eine wichtige Anwendung des Allpasses besteht darin, daß eine nicht minimalphasige Übertragungsfunktion als Produkt einer minimalphasigen Übertragungsfunktion und einer Allpaß-Übertragungsfunktion dargestellt werden kann, wie bereits in Abschn. 1.4.5 gezeigt wurde.

Von großer Bedeutung für die digitale Signalverarbeitung sind *nichtrekursive Systeme* mit *linearer Phase* bzw. konstanter Gruppenlaufzeit. Aus der Übertragungsfunktion nach Gl. (1.212) folgt die Existenz eines $q$-fachen Poles an der Stelle $z = 0$, dessen Phasenbeitrag zum Frequenzgang linear ist. Nullstellen an der Stelle $z = 0$ würden sich gegen Polstellen kürzen. Linearphasige Anteile zum Frequenzgang tragen nur Nullstellen auf dem Einheitskreis bei und Nullstellenpaare, die spiegelbildlich zum Einheitskreis liegen:

$$z'_\mu = |z_\mu| \, \mathrm{e}^{\mathrm{j}\varphi_\mu}, \quad z'_{\mu+1} = \frac{1}{|z_\mu|} \, \mathrm{e}^{\mathrm{j}\varphi_\mu}. \tag{1.220}$$

Hierfür erhält man als Teil-Übertragungsfunktion

$$H_\mu(z) = (z - z'_\mu) \left( z - \frac{1}{z'^*_\mu} \right)$$

mit dem durch $|z_\mu|$ erweiterten Frequenzgang

$$|z_\mu| H_\mu(\mathrm{e}^{\mathrm{j}\Omega}) = (\mathrm{e}^{\mathrm{j}\Omega} - |z_\mu| \, \mathrm{e}^{\mathrm{j}\varphi_\mu})(|z_\mu| \, \mathrm{e}^{\mathrm{j}\Omega} - \mathrm{e}^{\mathrm{j}\varphi_\mu}) \,.$$

Durch einfache Umformungen ergibt sich hieraus die Phase als Summe der beiden Teilphasen

$$\varphi_\mu(\Omega) = \arctan \frac{\sin(\Omega) - |z_\mu| \sin(\varphi_\mu)}{\cos(\Omega) - |z_\mu| \cos(\varphi_\mu)} + \arctan \frac{|z_\mu| \sin(\Omega) - \sin(\varphi_\mu)}{|z_\mu| \cos(\Omega) - \cos(\varphi_\mu)} \,.$$

Die negative Ableitung der Phase nach der normierten Frequenz $\Omega$ liefert nach längerer Rechnung die *Gruppenlaufzeit* entsprechend Gl. (1.84):

$$-\frac{\mathrm{d}\varphi_\mu(\Omega)}{\mathrm{d}\Omega} = \tau_{g\mu}(\Omega) = -1 \,.$$

Für eine Nullstelle auf dem Einheitskreis erhält man den Beitrag $\tau_{g\mu}(\Omega) = -1/2$. Somit ist gezeigt worden, daß nichtrekursive Systeme mit Nullstellen auf dem Einheitskreis und Nullstellenpaaren (analog Bild 1.62) spiegelbildlich zum Einheitskreis, linearphasig sind. In Bd. 2 soll hierauf im Zusammenhang mit dem Entwurf zeitdiskreter Systeme nochmals eingegangen werden.

## 1.7.6 Zeitdiskretisierung der Zustandsbeschreibung

In Abschn. 1.5 wurde die Beschreibung zeitkontinuierlicher Systeme im Zustandsraum behandelt. Ausgangspunkt der Überlegungen war die Umwandlung einer Differentialgleichung $n$-ter Ordnung in ein System von $n$ Dgln. erster Ordnung. Ein hierzu völlig analoger Weg läßt sich im Fall zeitdiskreter Systeme beschreiben. Hierbei wird zunächst eine Differenzengleichung $q$-ter Ordnung in ein System von $q$ $\Delta$gln. erster

Ordnung umgewandelt. Die Lösung der diskreten Zustandsgleichungen kann entweder direkt oder durch Anwendung der Z-Transformation erfolgen, wobei hier eine zeitdiskrete Übergangsmatrix auftritt, die sich wiederum durch Transformation auf Diagonalform lösen läßt.

Ein anderer Weg, der hier beschritten werden soll, geht von der Zeit-diskretisierung der kontinuierlichen Zustandsbeschreibung aus. Diese Vorgehensweise beinhaltet gleichzeitig die zeitdiskrete Simulation eines kontinuierlichen Systems, wobei eine rekursive Lösung der Zustands-gleichungen möglich ist, die einer direkten Verarbeitung mit dem Di-gitalrechner zugänglich ist. Ersetzt man hierzu in Gl. (1.132) die Zeit $t$ durch den diskreten Zeitparameter $n$ und den vektoriellen Differen-tialquotienten $\dot{\boldsymbol{w}}$ durch einen entsprechenden Differenzenquotienten:

$$\dot{\boldsymbol{w}} \rightarrow \frac{\boldsymbol{w}(n+1) - \boldsymbol{w}(n)}{\Delta t}, \qquad (1.221)$$

so ergeben sich die *zeitdiskreten Zustandsgleichungen*

$$\boldsymbol{w}(n+1) = \boldsymbol{A}'\boldsymbol{w}(n) + \boldsymbol{B}'\boldsymbol{x}(n), \qquad (1.222\,\mathrm{a})$$

$$\boldsymbol{y}(n) = \boldsymbol{C}\,\boldsymbol{w}(n) + \boldsymbol{D}\,\boldsymbol{x}(n). \qquad (1.222\,\mathrm{b})$$

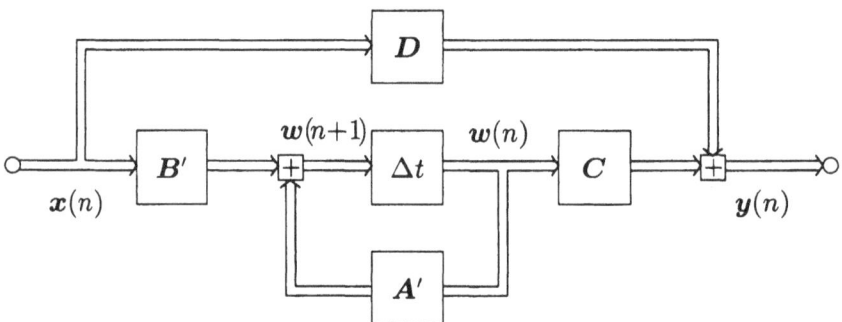

Bild 1.63 Signalflußdiagramm der zeitdiskreten Zustandsgleichungen

Das zugehörige Signalflußdiagramm von Bild 1.63 belegt den rekursi-ven Charakter dieses Gleichungssystems: Der Wert des Zustandsvek-tors im nächsten Zeitschritt berechnet sich aus seinem aktuellen Wert und dem Wert des Eingangssignals. Die Ausgangsgleichung stellt die zeitdiskrete Variante von Gl. (1.132b) dar. Der Zusammenhang mit einem entsprechenden zeitkontinuierlichen System drückt sich durch die folgenden beiden Beziehungen aus:

$$\boldsymbol{A}' = \mathbf{1} + \Delta t \boldsymbol{A}, \quad \boldsymbol{B}' = \Delta t \boldsymbol{B}. \qquad (1.223)$$

Als Anwendungsbeispiel der zeitdiskreten Simulation eines kontinuierlichen Systems betrachten wir die $RLC$-Schaltung von Bild 1.42 mit
den vier Zustandsmatrizen

$$
\boldsymbol{A} = \begin{pmatrix} -\dfrac{R}{L} & -\dfrac{1}{L} \\[2mm] \dfrac{1}{C} & 0 \end{pmatrix}, \quad \boldsymbol{B} = \begin{pmatrix} \dfrac{1}{L} \\[2mm] 0 \end{pmatrix}, \quad \boldsymbol{C} = \begin{pmatrix} 0 & 1 \end{pmatrix}, \quad \boldsymbol{D} = \begin{pmatrix} 0 \end{pmatrix}.
$$

Mit den Abkürzungen von Gl. (1.141) und den Bild 1.43 zugrundelie-
genden Werten $\sigma_e = \omega_e = 1/T$ sind zwei der drei Parameter $R$, $L$ oder
$C$ bestimmt und man erhält

$$
\frac{R}{L} = \frac{2}{T}, \quad \frac{1}{L} = \frac{2}{RT}, \quad \frac{1}{C} = \frac{R}{T}.
$$

Da die analytische Lösung nur von $\sigma_e$ und $\omega_e$ bzw. $T$ abhängt, ergibt
sich mit der Festlegung $R = 1$:

$$
\boldsymbol{A} = \begin{pmatrix} -\dfrac{2}{T} & -\dfrac{2}{T} \\[2mm] \dfrac{1}{T} & 0 \end{pmatrix}, \quad \boldsymbol{B} = \begin{pmatrix} \dfrac{2}{T} \\[2mm] 0 \end{pmatrix}
$$

und daraus mit Gl. (1.223)

$$
\boldsymbol{A}' = \begin{pmatrix} 1 - \dfrac{2\Delta t}{T} & -\dfrac{2\Delta t}{T} \\[2mm] \dfrac{\Delta t}{T} & 1 \end{pmatrix}, \quad \boldsymbol{B}' = \begin{pmatrix} \dfrac{2\Delta t}{T} \\[2mm] 0 \end{pmatrix}.
$$

Damit lassen sich die rekursiv auswertbaren, zeitdiskreten Zustandsgleichungen angeben zu

$$
w_1(n+1) = \left(1 - \frac{2\Delta t}{T}\right) w_1(n) - \frac{2\Delta t}{T} w_2(n) + \frac{2\Delta t}{T} x(n),
$$

$$
w_2(n+1) = \frac{\Delta t}{T} w_1(n) + w_2(n),
$$

$$
y(n) = w_2(n).
$$

Bild 1.64 zeigt die normierte Impulsantwort $Th(n)/\Delta t$ für $\Delta t = T/4$.
Zum Vergleich ist der exakte Signalverlauf von Bild 1.43 ebenfalls

dargestellt. Der Unterschied bzw. Fehler ist durch den Näherungscha-
rakter der Zeitdiskretisierung entsprechend der Zuordnung (1.221) zu
erklären. Er läßt sich entweder durch eine kleinere Schrittweite $\Delta t$
oder genauere Verfahren zur numerischen Integration verkleinern. In
Bd. 2 wird hierauf nochmals im Zusammenhang mit der Simulation
nichtlinearer kontinuierlicher Systeme eingegangen.

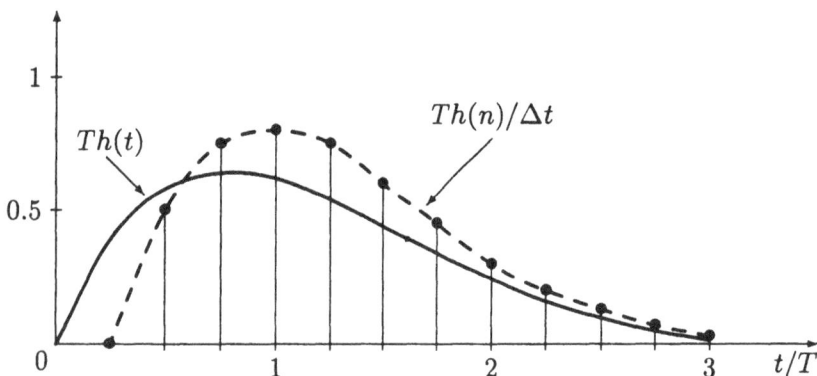

Bild 1.64 Zeitdiskrete Simulation der Impulsantwort der *RLC*-Schaltung nach Bild
          1.43

## 1.8   Aufgaben zu Kapitel 1

### Aufgabe 1.1

Gegeben ist die dargestellte *RC*-Schaltung mit dem Eingangssignal
$x(t)$ und dem Ausgangssignal $y(t)$.

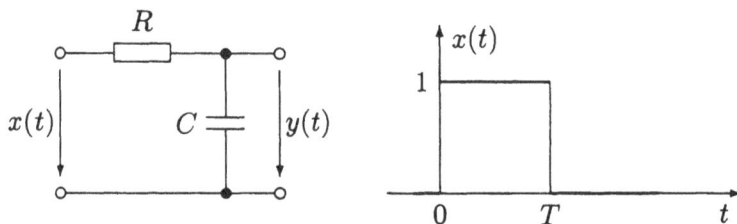

1. Man berechne die Sprungantwort $a(t)$ durch Aufstellung der Differentialgleichung und stelle den Zeitverlauf graphisch dar (mit der
Abkürzung $T = RC$).
2. Ermitteln Sie aus 1. die Impulsantwort $h(t)$ und den dazugehörigen
Zeitverlauf.
3. Berechnen Sie die Antwort auf den Rechteckimpuls der Dauer $T$
und der Amplitude 1 durch Auswertung des Faltungsintegrals.

## Aufgabe 1.2

Man beweise die Richtigkeit der inversen Fourier-Transformation nach
Gl. (1.20).
Hinweis: Setzen Sie hierzu das Fourier-Integral von Gl. (1.19) – mit
der Zeitvariablen $\tau$ statt $t$ – in Gl. (1.20) ein.

## Aufgabe 1.3

Gegeben sei wieder die $RC$-Schaltung von Aufgabe 1.1.

1. Bestimmen Sie die Übertragungsfunktion $H(\mathrm{j}\omega) = Y(\mathrm{j}\omega)/X(\mathrm{j}\omega)$
mit der Methode der komplexen Wechselstromrechnung.
2. Berechnen Sie $H(\mathrm{j}\omega)$ direkt durch Fourier-Transformation der Impulsantwort $h(t)$.
3. Man spalte $H(\mathrm{j}\omega)$ auf in Real- und Imaginärteil

$$H(\mathrm{j}\omega) = R(\omega) + \mathrm{j}X(\omega)$$

sowie nach Betrag und Phase

$$H(\mathrm{j}\omega) = A(\omega)\,\mathrm{e}^{\,\mathrm{j}\varphi(\omega)}$$

und stelle die prinzipiellen Verläufe von $R(\omega)$ , $X(\omega)$, $A(\omega)$ und $\varphi(\omega)$
graphisch dar.

## Aufgabe 1.4

Gegeben ist eine komplexe Zeitfunktion $f(t) = f_1(t) + \mathrm{j}f_2(t)$ mit der
Fourier-Transformierten $F(\mathrm{j}\omega)$. Beweisen Sie durch Anwendung des
Superpositionssatzes die Korrespondenz (1.37).

## Aufgabe 1.5

Zeigen Sie, daß für die Spektren reeller Zeitfunktionen gilt $F(-\mathrm{j}\omega) = F^*(\mathrm{j}\omega)$.

## Aufgabe 1.6

Leiten Sie mit Hilfe der Korrespondenzen (1.60) die Korrespondenz
(1.61) her.

**Aufgabe 1.7**

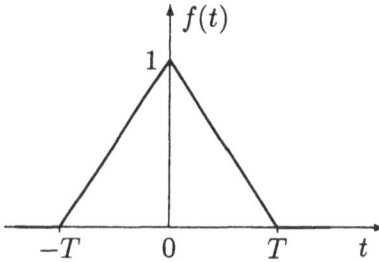

Man berechne die Fourier-Transformierte des dargestellten Dreieckimpulses

1. durch Faltung zweier gleicher Rechteckimpulse,
2. nach vorheriger zweimaliger Differentiation der Zeitfunktion.

**Aufgabe 1.8**

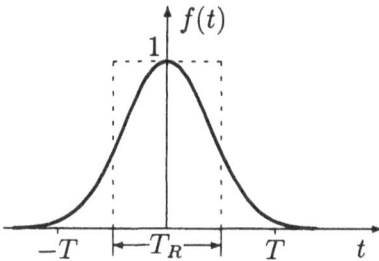

1. Berechnen Sie die Fourier-Transformierte des obigen Gauß-Impulses

$$f(t) = e^{-\pi(t/T)^2}, \quad T > 0.$$

Hinweis: Benutzen Sie Gl. (1.27a) sowie das bestimmte Integral

$$\int_0^\infty e^{-a^2 x^2} \cos(bx)\, dx = \frac{\pi^{1/2}}{2a}\, e^{-b^2/(2a)^2} \quad \text{für } a > 0.$$

2. Ermitteln Sie sowohl die Zeitdauer $T_R$ eines flächengleichen Rechtecks der Zeitfunktion als auch die Bandbreite $B_R = 2f_R$ eines flächengleichen Rechtecks der Spektralfunktion, und zeigen Sie hieran die Gültigkeit von Gl. (1.73).

**Aufgabe 1.9**

Anhand der Gln. (1.24) und (1.33) läßt sich zeigen, daß zwischen dem geraden und ungeraden Anteil einer *reellen kausalen* Zeitfunktion $f(t)$, die im Nullpunkt keinen Deltaimpuls enthält, folgender Zusammenhang besteht:

$$f_{g/u}(t) = f_{u/g}(t) \cdot \text{sgn}(t) \, .$$

1. Leiten Sie durch Fourier-Transformation damit den Zusammenhang zwischen $R(\omega)$ und $X(\omega)$ her.
2. Die unter 1. gefundene Beziehung wird als *Hilbert-Transformation* bezeichnet. Berechnen und skizzieren Sie die Imaginärteilfunktion $X(\omega)$ der Übertragungsfunktion $H(\text{j}\omega)$ eines kausalen Systems mit der Realteilfunktion

$$R(\omega) = \text{rect}\left(\frac{\omega}{2\omega_g}\right) \, .$$

**Aufgabe 1.10**

1. Berechnen und skizzieren Sie die Sprungantwort $a(t)$ des idealen Tiefpasses.
Hinweis: Das Integral

$$\text{Si}(x) = \int\limits_0^x \text{si}(\xi) \, \text{d}\xi$$

mit den Eigenschaften

$$\text{Si}(-x) = -\text{Si}(x) \, , \quad \text{Si}(\infty) = \frac{\pi}{2}$$

wird als *Integralsinusfunktion* bezeichnet. (Siehe hierzu die Diagramme im Anhang.)
2. Die *Einschwingzeit* $T_e$ kann definiert werden als Anstiegszeit einer begrenzten Rampenfunktion, deren Steigung gleich der maximalen Steigung von $a(t)$ ist und deren Höhe den Wert $a(\infty)$ aufweist.
Was liefert diese Definition, angewendet auf die Sprungantwort des idealen Tiefpasses?
3. Das *Überschwingen* der Sprungantwort wird beschrieben durch das relative Maß

$$\ddot{U}_a = \left| \frac{a_{\max} - a(\infty)}{a(\infty)} \right| \, .$$

Welcher ungefähre Wert ergibt sich für den idealen Tiefpaß, und wie hängt dieser Wert von der Grenzfrequenz $f_g$ ab?

**Aufgabe 1.11**

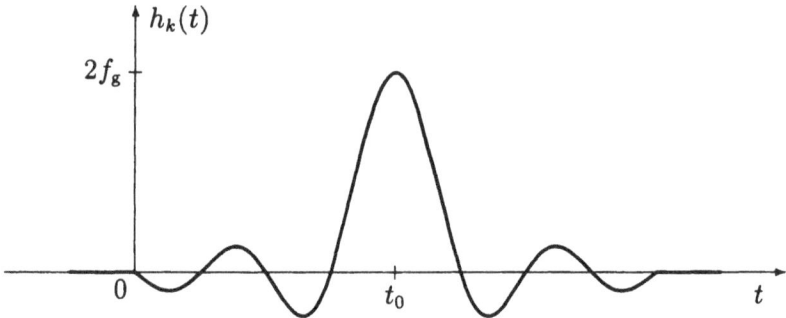

Multipliziert man die um $t_0$ verschobene Impulsantwort des idealen Tiefpasses mit einer Rechteckfunktion der Höhe 1 und der Breite $2t_0$, so ergibt sich die dargestellte kausale Impulsantwort

$$h_k(t) = \left[2f_g \, \text{si}(2\pi f_g t) \cdot \text{rect}\left(\frac{t}{2t_0}\right)\right] * \delta(t - t_0).$$

Ermitteln Sie die dazugehörige Übertragungsfunktion $H_k(j\omega)$ und skizzieren Sie diese nach Betrag und Phase für $t_0 = 2/f_g$.

**Aufgabe 1.12**

Wird über einen Bandpaß mit der Impulsantwort nach Gl. (1.80) ein Bandpaßsignal

$$x(t) = 2\,\text{Re}[x_T(t)\,e^{j\omega_0 t}]$$

übertragen, so gilt für das Ausgangssignal

$$y(t) = h(t) * x(t) = 2\,\text{Re}\{[h_T(t) * x_T(t)]\,e^{j\omega_0 t}\},$$

wobei die Spektralfunktion $X_T(j\omega)$ die Gl. (1.78) entsprechende Bedingung erfüllt.

1. Leiten Sie die obige Beziehung durch Anwendung der Fourier-Transformation her.

2. Verwenden Sie die unter 1. bewiesene Beziehung zur näherungsweisen Berechnung der Antwort eines idealen Bandpasses (Mittenfrequenz $f_0$, Bandbreite $\Delta f$) auf das cos-Schaltsignal

$$x(t) = s(t) \cos(\omega_0 t),$$

und skizzieren Sie den prinzipiellen Zeitverlauf.

**Aufgabe 1.13**

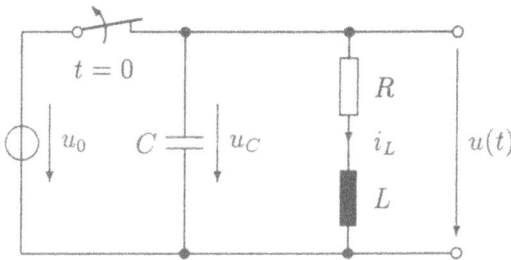

Die Gleichspannungsquelle $u_0$ liegt schon sehr lange Zeit an der *RLC*-Schaltung. Für die Werte der Schaltelemente gilt $1/(LC) > R^2/(2L)^2$. Der Schalter wird zur Zeit $t = 0$ geöffnet.

1. Wie lauten die Anfangsbedingungen $u_C(0-)$ und $i_L(0-)$?

2. Stellen Sie die *RLC*-Schaltung mit den Ergebnissen von 1. für $t \geq 0$ im Laplace-Bereich dar und berechnen Sie die Spannung $U(p) =$ LT $[u(t)]$.

3. Transformieren Sie $U(p)$ mit den entsprechenden Korrespondenzen des Anhangs in den Zeitbereich und stellen Sie den prinzipiellen Verlauf von $u(t)$ dar.

**Aufgabe 1.14**

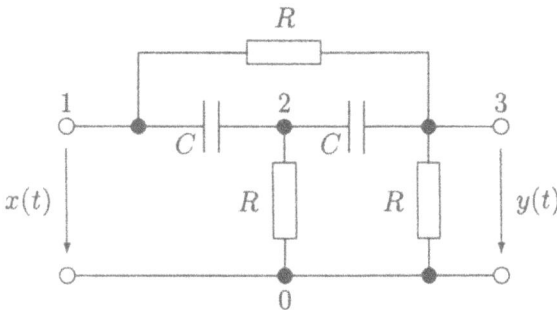

Gegeben ist obige Schaltung, bei der die beiden Kondensatoren für $t < 0$ ungeladen sein sollen.

1. Man berechne die Übertragungsfunktion $H(p) = Y(p)/X(p)$ durch Aufstellung der Knotenleitwertmatrix (mit der Abkürzung $T = RC$).

2. Wo liegen die Pole von $H(p)$?

3. Ist die Schaltung impulsdurchlässig $(H(\infty) \neq 0)$?

4. Berechnen Sie die Impulsantwort $h(t)$ mit dem Heavisideschen Entwicklungssatz und skizzieren Sie sie qualitativ.

**Aufgabe 1.15**

Eine Übertragungsfunktion $H(p)$ hat Nullstellen bei $-1 \pm j$ und bei $-3$, Pole bei $-1 \pm 5j$ und bei $-2$.

1. Man zeichne diese PN-Verteilung in der $p$-Ebene und bestimme den Amplituden- und Phasenverlauf von $H(j\omega)$ auf graphischem Weg (mit $K = 1$).
2. Wie lauten die Produktdarstellung, die Polynomdarstellung und das Betragsquadrat des Frequenzganges von $H(p)$?

**Aufgabe 1.16**

Bestimmen Sie aus dem Betragsquadrat

$$A^2(\omega) = 9 \frac{1 - \omega^2 + \omega^4}{1 + \omega^4}$$

die Übertragungsfunktion $H(p)$ kleinsten Grades, die für $\omega = 0$ den Übertragungswinkel $\varphi(0) = 0$ und für $\omega \to \infty$ den Übertragungswinkel $\varphi(\infty) = -2\pi$ hat. Im Ergebnis soll $H(p)$ in Polynomform geschrieben werden.

**Aufgabe 1.17**

Bei der realen Abtastung werden stets Abtastimpulse endlicher Breite $T$ benutzt. Bei Verwendung einer linearen Torschaltung, entsprechend Bild 1.45, kann das Signal $f(t)$ fehlerfrei zurückgewonnen werden, sofern das Abtasttheorem erfüllt ist. In der Praxis wird jedoch meist die sog. *Abtast-Halteschaltung* eingesetzt, deren prinzipielle Arbeitsweise durch folgende Abbildung beschrieben wird:

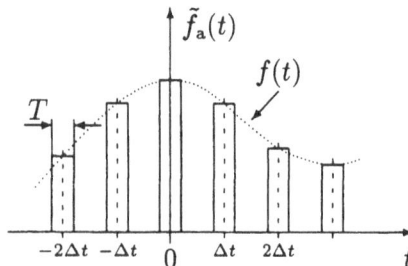

Diskutieren Sie anhand des Spektrums des abgetasteten Signals, ob der ursprüngliche Signalverlauf $f(t)$ in diesem Fall auch durch Tiefpaßfilterung fehlerfrei zurückgewonnen werden kann.

**Aufgabe 1.18**

Man beweise den Zusammenhang zwischen der diskreten Impulsantwort $h(n)$ und der Sprungantwort $a(n)$ nach Gl. (1.181).

**Aufgabe 1.19**

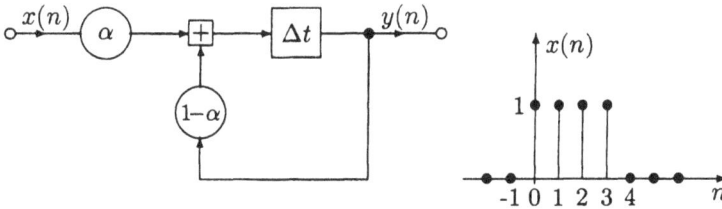

1. Wie lautet die Differenzengleichung des gegebenen zeitdiskreten Systems?

2. Man berechne für $\alpha = 1/4$ sowohl die zeitdiskrete Impulsantwort $h(n)$ als auch die Sprungantwort $a(n)$ durch rekursive Auswertung der Differenzengleichung.

3. Berechnen Sie die Antwort auf den dargestellten zeitdiskreten Rechteckimpuls durch zeitdiskrete Faltung nach Gl. (1.184).

4. Welches zeitkontinuierliche System läßt sich durch das vorliegende zeitdiskrete System simulieren? Ersetzen Sie in der zu dem zeitkontinuierlichen System gehörenden Differentialgleichung den Differentialquotienten durch einen entsprechenden Differenzenquotienten, und leiten Sie auf diese Weise die unter 1. gefundene Differenzengleichung her.

**Aufgabe 1.20**

Gegeben sei wieder das zeitdiskrete System von Aufgabe 1.19.

1. Berechnen Sie die Übertragungsfunktion $H(z) = Y(z)/X(z)$ durch Z-Transformation der Differenzengleichung.

2. Wie lautet die Impulsantwort $h(n)$?

3. Ermitteln Sie die Sprungantwort $a(n)$ mittels Partialbruchentwicklung von $Y(z) = H(z)X(z)$.

4. Man bestimme den Frequenzgang des zeitdiskreten Systems und spalte ihn auf in Real- und Imaginärteil

$$H(e^{j\Omega}) = R(\Omega) + j X(\Omega)$$

sowie nach Betrag und Phase

$$H(e^{j\Omega}) = A(\Omega) e^{j\varphi(\Omega)}$$

und skizziere die prinzipiellen Verläufe von $R(\Omega)$, $X(\Omega)$, $A(\Omega)$ und $\varphi(\Omega)$ zwischen $-2\pi \leq \omega \leq 2\pi$.

# 2 Stochastische Signale

Im ersten Kapitel wurden ausschließlich determinierte Signale betrachtet mit der Eigenschaft, daß jedem relevanten Zeitaugenblick eindeutig ein Amplitudenwert zugewiesen wird. Diese Signaldarstellung ist jedoch nicht möglich, wenn der Entstehungsprozeß keine eindeutige Vorhersage künftiger Amplitudenwerte zuläßt. Beispiele hierfür sind der Spannungsverlauf eines rauschenden Widerstandes oder auch das Sprachsignal eines Fernsprechteilnehmers, dessen Verlauf dem Empfänger a priori nicht bekannt ist.

Derartige Signale werden als Zufallssignale oder *stochastische Signale* behandelt. Hierbei wird jedem kontinuierlichen oder diskreten Zeitpunkt weitgehend zufällig ein Amplitudenwert aus einer Menge möglicher Amplituden zugewiesen. Diesen Signalwerten lassen sich Wahrscheinlichkeiten zuordnen, mit deren Hilfe wiederum Mittelwerte berechnet werden können. Wie noch gezeigt wird, spielen diese Mittelwerte eine herausragende Rolle bei der Kennzeichnung stochastischer Prozesse.

## 2.1 Grundbegriffe der Wahrscheinlichkeitsrechnung

Bevor auf die Beschreibung stochastischer Prozesse näher eingegangen werden kann, ist es zweckmäßig, zunächst die verwendeten Begriffe aus der Wahrscheinlichkeitsrechnung zusammenzustellen. In der Mathematik ist es heute üblich, den Begriff der Wahrscheinlichkeit axiomatisch einzuführen. Zugunsten einer größeren Anschaulichkeit soll hier der in der technischen Literatur übliche Weg eingeschlagen werden.

### 2.1.1 Die Wahrscheinlichkeit diskreter Ereignisse

Ausgangspunkt der Betrachtungen ist das Zufallsexperiment mit den möglichen Versuchsergebnissen $A_1, A_2, \ldots$, die in der Ergebnismenge $\mathbb{A}$ zusammengefaßt werden:

$$\mathbb{A} = \{A_1, A_2, \ldots\}. \tag{2.1}$$

Das Eintreten eines bestimmten Ergebnisses $A_\nu$, welches nicht vorhersehbar ist, wird als *Ereignis* bezeichnet. Es soll zunächst angenommen werden, daß das betrachtete Experiment nur endlich viele (diskrete) Versuchsergebnisse hat. Als Beispiel sei das Würfelspiel genannt, bei dem die Ergebnismenge $\mathbb{A} = \{1, 2, \ldots, 6\}$ durch die Menge der Augenzahlen beschrieben wird. Das Eintreten einer bestimmten Zahl – z.B. einer 4 – ist hier das Ereignis.

Wird ein Experiment $N$-mal durchgeführt, und tritt das Ergebnis $A_\nu$ hierbei $n_\nu$-mal auf, so kann die *relative Häufigkeit* dieses Versuchsergebnisses berechnet werden zu

$$h(A_\nu) = \frac{n_\nu}{N}. \tag{2.2}$$

Diese dimensionslose Größe hat die Eigenschaft

$$0 \le h(A_\nu) \le 1,$$

und es gilt für die Menge aller möglichen Versuchsergebnisse $A_\nu$

$$\sum_\nu h(A_\nu) = 1.$$

Läßt man nun in Gl. (2.2) die Größe $N$ beliebig groß werden, dann kann davon ausgegangen werden, daß die relative Häufigkeit $h(A_\nu)$ einem festen Wert zustrebt. Der Grenzwert $N \to \infty$ wird deshalb als die *Wahrscheinlichkeit* des Versuchsergebnisses $A_\nu$ erklärt:

$$P(A_\nu) = \lim_{N \to \infty} \frac{n_\nu}{N}. \tag{2.3}$$

Entsprechend den Eigenschaften der relativen Häufigkeit gilt $0 \le P(A_\nu) \le 1$ und

$$\sum_\nu P(A_\nu) = 1, \tag{2.4}$$

wobei für $P(A_\nu) = 0$ vom unmöglichen und bei $P(A_\nu) = 1$ vom sicheren Versuchsausgang gesprochen wird. Für ein Experiment mit $n$ *gleichwahrscheinlichen* Versuchsergebnissen gilt mit Gl. (2.4)

$$\sum_{\nu=1}^{n} P(A_\nu) = nP(A_\nu) = 1$$

und somit

$$P(A_\nu) = \frac{1}{n}, \quad \nu = 1, \ldots, n. \tag{2.5}$$

Die *Abzählregel der Wahrscheinlichkeitsrechnung* beantwortet die Frage des Auftretens eines von $m$ dieser $n$ möglichen Ausgänge (das Zeichen $\cup$ ist im Sinne von „oder" zu lesen):

$$P(A_1 \cup A_2 \cup \ldots \cup A_m) = \frac{m}{n} = \frac{\text{Anzahl der günstigen Fälle}}{\text{Anzahl der möglichen Fälle}}. \tag{2.6}$$

Die Wahrscheinlichkeit, beim Würfelspiel eine 4 zu würfeln, ist also $P(4) = 1/6$ und das Ereignis „gerade Zahl" stellt sich mit der Wahrscheinlichkeit $P(2 \cup 4 \cup 6) = 3/6 = 0,5$ ein.

Ein Zufallsexperiment soll darin bestehen, aus einer Schachtel mit fünf schwarzen, drei weißen und zwei roten Kugeln jeweils eine Kugel wahllos herauszugreifen. Die Wahrscheinlichkeit, eine weiße bzw. rote Kugel zu erwischen, ist nach Gl. (2.6) gleich 0,3 bzw. 0,2. Die Wahrscheinlichkeit, entweder eine weiße oder eine rote Kugel herauszugreifen, muß gleich 0,5 sein. Dieser Zusammenhang kommt zum Ausdruck im **Additionssatz der Wahrscheinlichkeitsrechnung**:

*Die Wahrscheinlichkeit, daß gerade eines der beiden unvereinbaren Ereignisse $A_1$ oder $A_2$ auftritt, beträgt*

$$P(A_1 \cup A_2) = P(A_1) + P(A_2). \tag{2.7}$$

Ein weiteres Ereignis bei dem Kugelexperiment könnte z.B. sein, nacheinander erst eine weiße und dann eine rote Kugel zu erwischen. Das Auszählen der günstigen bzw. möglichen Fälle liefert hier $3 \cdot 2$ bzw. $10 \cdot 10$. Die Wahrscheinlichkeit, erst eine weiße und dann eine rote Kugel herauszugreifen, ist also mit Gl. (2.6) gleich 0,06. Das gleiche Ergebnis liefert auch der **Multiplikationssatz der Wahrscheinlichkeitsrechnung**:

*Die Wahrscheinlichkeit, daß die voneinander unabhängigen Ereignisse $A_1$ und $A_2$ zugleich eintreten, beträgt (das Zeichen $\cap$ ist im Sinne von „und" zu lesen):*

$$P(A_1 \cap A_2) = P(A_1) \cdot P(A_2). \tag{2.8}$$

Diese Beziehung ist außerdem von großer Bedeutung im Zusammenhang mit der *stochastischen Unabhängigkeit*. In dem Kugelexperiment ist diese Unabhängigkeit gegeben, wenn die herausgenommene erste

Kugel wieder zurückgelegt wird. Die Wahrscheinlichkeit, nacheinander erst eine weiße und dann eine rote Kugel zu erwischen, ist nach Gl. (2.8) gleich $0,3 \cdot 0,2 = 0,06$.

Wird dagegen die herausgenommene erste Kugel nicht wieder in den Kasten zurückgelegt, so wird beim Auftreten des ersten Ereignisses (weiße Kugel) eine besondere Bedingung für das Auftreten des zweiten Ereignisses (rote Kugel) geschaffen. Dies führt zum Begriff der *bedingten Wahrscheinlichkeit* $P(A_2/A_1)$ des Ereignisses $A_2$ unter der Annahme, daß das Ereignis $A_1$ eingetreten ist; dann gilt statt Gl. (2.8)

$$P(A_1 \cap A_2) = P(A_1) \cdot P(A_2/A_1). \qquad (2.9)$$

Die Wahrscheinlichkeit, in dem Kugelexperiment erst eine weiße und dann eine rote Kugel herauszugreifen, ist gleich $0,3 \cdot 2/9 \approx 0,067$, wenn die herausgenommene erste Kugel nicht wieder zurückgelegt wird.

In einem anderen Experiment befinde sich eine sehr große Anzahl von schwarzen und weißen Kugeln in der Schachtel. Die Wahrscheinlichkeit für das Ziehen einer schwarzen bzw. einer weißen Kugel sei $P_s = p$ bzw. $P_w = 1 - p$. Es gilt also $P_s + P_w = 1$. Nun stellt sich die Frage nach der Wahrscheinlichkeit dafür, daß in einer Reihe von $n$ nacheinander entnommenen Kugeln $m$ schwarze auftreten. Da die Kugeln unabhängig voneinander entnommen werden, ist die Wahrscheinlichkeit einer einzigen Reihe von $m$ schwarzen und $n - m$ weißen Kugeln gleich $p^m(1-p)^{n-m}$. Es gibt aber $n!/[m!(n-m)!]$ Möglichkeiten zur Bildung einer derartigen Reihe. Damit gilt folgender **Satz der wiederholten Versuche**:

*Werden $n$ unabhängige Versuche durchgeführt und ist bei jedem dieser Versuche die Wahrscheinlichkeit des Ereignisses A gleich p, so ist die Wahrscheinlichkeit dafür, daß das Ereignis A insgesamt m-mal auftritt,*

$$P(m,n) = \frac{n!}{m!(n-m)!} p^m (1-p)^{n-m}. \qquad (2.10)$$

Man spricht in diesem Zusammenhang auch von der sog. *Binomialverteilung*, weil der Ausdruck

$$\frac{n!}{m!(n-m)!} = \binom{n}{m}$$

bei der Berechnung der Binomialkoeffizienten auftritt.

Für sehr große Werte von $n$ läßt sich Gl. (2.10) nur mühsam auswerten. Ist gleichzeitig die Bedingung $p \ll 1$ erfüllt, so wird die Substitution $np = k$ eingeführt, und man erhält zunächst

$$P(m, n) = \frac{n!}{m!(n-m)!} \left(\frac{k}{n}\right)^m \left(1 - \frac{k}{n}\right)^{n-m}.$$

Hierfür kann folgende Näherung, die als *Poisson-Verteilung* bezeichnet wird, angegeben werden:

$$P(m) \approx \frac{k^m}{m!}\, e^{-k}, \quad \text{mit} \quad k = np, \tag{2.11}$$

denn es gelten folgende Grenzwerte:

$$\lim_{n \to \infty} \frac{n!}{(n-m)!\,n^m} = 1, \quad \lim_{n \to \infty} \left(1 - \frac{k}{n}\right)^{n-m} = e^{-k}.$$

Als Beispiel soll ein $n$-adriges Fernsprechkabel betrachtet werden, bei dem die Wahrscheinlichkeit für die Belegung einer Leitung gleich $p$ beträgt. Es sei $n$ hinreichend groß und $k = np = 5$. Damit läßt sich die Wahrscheinlichkeit dafür, daß in dem $n$-adrigen Kabel $m$ Leitungen belegt sind, durch die Poisson-Verteilung näherungsweise angeben:

$$P(m) \approx \frac{5^m}{m!}\, e^{-5}.$$

### 2.1.2 Verteilungsfunktionen von Zufallsgrößen

Der Ausgang eines stochastischen Experimentes, ein Versuchsergebnis $A$, läßt sich stets durch eine Zahlenangabe $X(A)$ charakterisieren, die man *Zufallsgröße* oder *Zufallsvariable* nennt. Man spricht von einer *diskreten* Zufallsgröße, wenn diese nur diskrete Werte besitzt, während eine kontinuierliche Zufallsgröße beliebige Werte in einem kontinuierlichen Intervall annehmen kann. Werden z.B. den sechs Flächen eines Würfels die Augenzahlen $1, \ldots, 6$ zugeordnet, so handelt es sich um eine diskrete Zufallsvariable. Die (normierte) Geschwindigkeit vorbeifahrender Fahrzeuge an einer bestimmten Stelle der Autobahn stellt dagegen eine kontinuierliche Zufallsvariable dar.

Für die Zufallsgröße $X(A)$ eines beliebigen Versuchsergebnisses $A$ läßt sich das Ereignis $X(A) \le x$ oder kürzer $X \le x$ bezüglich einer oberen

Schranke $x \in \mathbb{R}$ definieren. Diesem Ereignis kann eine Wahrscheinlichkeit zugeordnet werden, und man nennt

$$P(X \le x) = F(x) \tag{2.12}$$

die *Verteilungsfunktion* der Zufallsgröße $X$. Es ist sofort ersichtlich, daß diese Funktion der Variablen $x$ die Eigenschaften

$$0 \le F(x) \le 1$$

und

$$F(-\infty) = 0, \quad F(\infty) = 1$$

besitzen muß. Außerdem gilt mit $x_2 > x_1$:

$$
\begin{aligned}
F(x_2) - F(x_1) &= P(X \le x_2) - P(X \le x_1) \\
&= P(X \le x_1) + P(x_1 < X \le x_2) - P(X \le x_1) \\
&= P(x_1 < X \le x_2) \ge 0.
\end{aligned}
$$

Hieraus folgt, daß $F(x)$ eine *monoton wachsende* Funktion mit dem grundsätzlichen Verlauf von Bild 2.1 a sein muß. Liegt der Fall einer diskreten Zufallsgröße vor, dann stellt $F(x)$ eine Treppenfunktion entsprechend Bild 2.1 b dar. Als Beispiel überlege man sich den Verlauf der Verteilungsfunktion der Augenzahlen beim Würfelspiel.

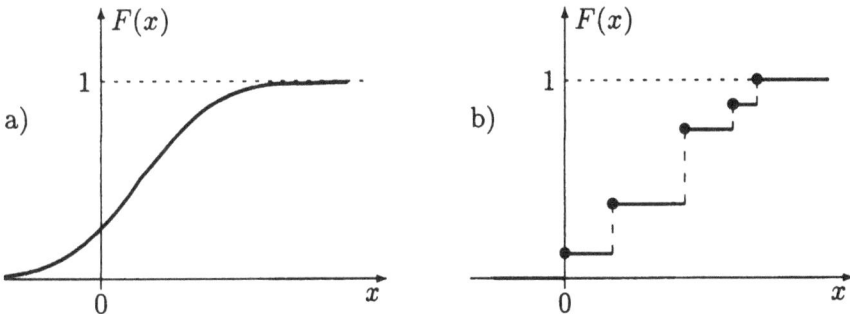

Bild 2.1 Verteilungsfunktionen a) einer kontinuierlichen und b) einer diskreten Zufallsgröße

Der Grenzwert (vgl. Bild 2.2)

$$\lim_{\Delta x \to 0} [F(x_0) - F(x_0 - \Delta x)] = P(X = x_0) = p_0$$

ist nur von Null verschieden, wenn $x_0$ eine Sprungstelle von $F(x)$ ist, wobei $p_0$ die Sprunghöhe an der Stelle $x = x_0$ darstellt. Bei einer

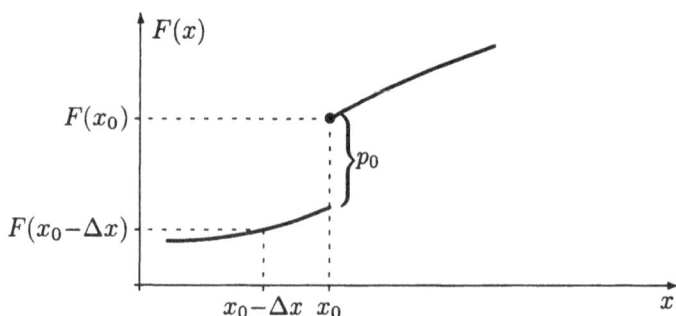

Bild 2.2 Verteilungsfunktion mit einer Sprungstelle $x = x_0$

kontinuierlichen Zufallsvariablen ist also die Wahrscheinlichkeit, daß $X$ einen bestimmten Wert $x_0$ annimmt, für alle Werte von $x$ gleich Null. Als lokale Beschreibung der Wahrscheinlichkeit ist deshalb die *Verteilungsdichtefunktion*

$$f(x) = \frac{\mathrm{d}F(x)}{\mathrm{d}x} \qquad (2.13)$$

besser geeignet, und es gilt die Umkehrbeziehung

$$F(x) = \int\limits_{-\infty}^{x} f(\xi)\,\mathrm{d}\xi\,. \qquad (2.14)$$

Da $F(x)$ eine monoton wachsende Funktion ist, muß $f(x) \geq 0$ sein, und es gilt entsprechend Gl. (2.4)

$$\int\limits_{-\infty}^{\infty} f(x)\,\mathrm{d}x = F(\infty) = 1\,. \qquad (2.15)$$

Im kontinuierlichen Fall ist $f(x)\Delta x$ näherungsweise gleich der Wahrscheinlichkeit, daß der Wert der Zufallsvariablen $X$ zwischen $x$ und $x + \Delta x$ liegt:

$$\int\limits_{x}^{x+\Delta x} f(\xi)\,\mathrm{d}\xi = F(x + \Delta x) - F(x)$$

$$= P(x < X \leq x + \Delta x) \approx f(x)\Delta x\,.$$

Im diskreten Fall ist $f(x)$ eine Folge von Deltaimpulsen der Stärke (Impulsfläche)

$$P(X = x_\nu) = p_\nu\,.$$

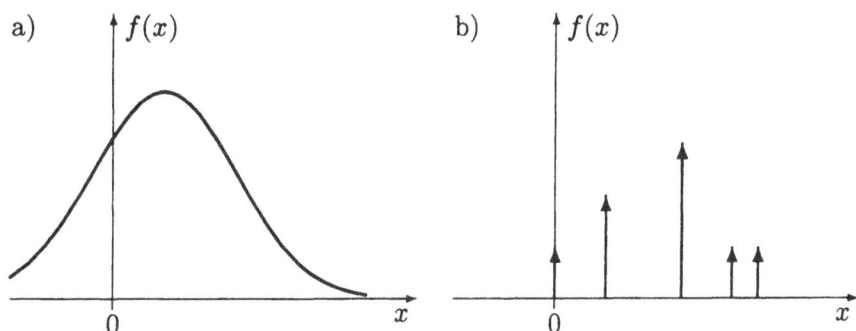

Bild 2.3 Verteilungsdichtefunktionen a) einer kontinuierlichen und b) einer diskreten Zufallsgröße

In Bild 2.3 sind die entsprechenden Verläufe $f(x)$ für eine kontinuierliche und eine diskrete Zufallsgröße dargestellt. Die bei praktischen Anwendungen häufig vorkommende *Normalverteilung* (Gaußsche Verteilung) ist Gegenstand von Aufg. 2.3. Als weiteres Beispiel überlege man sich wiederum den Verlauf der Verteilungsdichtefunktion der Augenzahlen beim Würfelspiel.

Die bisherigen Ergebnisse lassen sich verallgemeinern und auf ein stochastisches Experiment übertragen, bei dem *mehrere Zufallsgrößen* gebildet werden, wie z.B. das Würfelspiel mit drei Würfeln. Zufallsvariable sind hierbei die Augenzahlen der einzelnen Würfel. Ein anderes Beispiel wäre die Motorleistung und die Geschwindigkeit vorbeifahrender Fahrzeige an einer bestimmten Stelle der Autobahn. Für die Behandlung stochastischer Prozesse ist der Fall von zwei Zufallsvariablen besonders wichtig. Man denke in diesem Zusammenhang an die Paarungen: Eingangsprozeß und Ausgangsprozeß eines LZI-Systems oder Nutzsignal und Störsignal.

Für die beiden Zufallsgrößen $X(A)$ und $Y(A)$ eines beliebigen Versuchsergebnisses $A$ läßt sich das Ereignis $X(A) \leq x \cap Y(A) \leq y$ oder kürzer $X \leq x \cap Y \leq y$ definieren. Diesem Ereignis kann eine Wahrscheinlichkeit zugeordnet werden, und man nennt

$$P(X \leq x \cap Y \leq y) = F(x, y) \qquad (2.16)$$

die *Verbundverteilungsfunktion* der Zufallsgrößen $X$ und $Y$. Die Eigenschaften dieser Funktion und Verallgemeinerungen auf mehr als zwei Variablen sind naheliegend und sollen nicht weiter behandelt werden. Als lokale Beschreibung der Wahrscheinlichkeit ist wiederum die *Verbunddichtefunktion*

$$f(x,y) = \frac{\partial^2 F(x,y)}{\partial x\,\partial y} \qquad\qquad (2.17)$$

besser geeignet, und es gilt die Umkehrbeziehung

$$F(x,y) = \int\limits_{-\infty}^{x} \int\limits_{-\infty}^{y} f(\xi,\eta)\,\mathrm{d}\xi\,\mathrm{d}\eta\,. \qquad\qquad (2.18)$$

Neben der Gl. (2.15) entsprechenden Eigenschaft

$$\int\limits_{-\infty}^{\infty} \int\limits_{-\infty}^{\infty} f(x,y)\,\mathrm{d}x\,\mathrm{d}y = 1\,, \qquad\qquad (2.19)$$

sind noch die beiden (eindimensionalen) *Randverteilungen* wichtig:

$$\int\limits_{-\infty}^{x} \int\limits_{-\infty}^{\infty} f(\xi,y)\,\mathrm{d}\xi\,\mathrm{d}y = \int\limits_{-\infty}^{x} f(\xi)\,\mathrm{d}\xi = F(x)\,, \qquad (2.20\,\mathrm{a})$$

$$\int\limits_{-\infty}^{\infty} \int\limits_{-\infty}^{y} f(x,\eta)\,\mathrm{d}x\,\mathrm{d}\eta = \int\limits_{-\infty}^{y} f(\eta)\,\mathrm{d}\eta = F(y)\,. \qquad (2.20\,\mathrm{b})$$

Im Fall der *stochastischen Unabhängigkeit* kann mit Gl. (2.8) die Verbundverteilungsfunktion aus dem Produkt der Randverteilungen berechnet werden:

$$F(x,y) = F(x) \cdot F(y)\,. \qquad\qquad (2.21)$$

Hieraus folgt die entsprechende Beziehung für die Verbunddichtefunktion

$$f(x,y) = f(x) \cdot f(y)\,. \qquad\qquad (2.22)$$

Als Anwendungsbeispiel ist in Bild 2.4 die Verbundverteilungsfunktion der Augenzahlen des Würfelspiels mit zwei Würfeln in Tabellenform dargestellt. (Die linke bzw. untere Begrenzung eines Feldes besitzt gemäß Bild 2.1 b den darin angegebenen Wert.) Da kein Versuchsergebnis des einen Würfels irgendeinen Einfluß auf das Ergebnis des anderen hat, kann die Verbundverteilung als Produkt der Randverteilungen berechnet werden.

| $y$ | | | | | | | |
|---|---|---|---|---|---|---|---|
| 6 | 0 | $\frac{1}{6}$ | $\frac{2}{6}$ | $\frac{3}{6}$ | $\frac{4}{6}$ | $\frac{5}{6}$ | 1 |
| 5 | 0 | $\frac{5}{36}$ | $\frac{10}{36}$ | $\frac{15}{36}$ | $\frac{20}{36}$ | $\frac{25}{36}$ | $\frac{5}{6}$ |
| 4 | 0 | $\frac{4}{36}$ | $\frac{8}{36}$ | $\frac{12}{36}$ | $\frac{16}{36}$ | $\frac{20}{36}$ | $\frac{4}{6}$ |
| 3 | 0 | $\frac{3}{36}$ | $\frac{6}{36}$ | $\frac{9}{36}$ | $\frac{12}{36}$ | $\frac{15}{36}$ | $\frac{3}{6}$ |
| 2 | 0 | $\frac{2}{36}$ | $\frac{4}{36}$ | $\frac{6}{36}$ | $\frac{8}{36}$ | $\frac{10}{36}$ | $\frac{2}{6}$ |
| 1 | 0 | $\frac{1}{36}$ | $\frac{2}{36}$ | $\frac{3}{36}$ | $\frac{4}{36}$ | $\frac{5}{36}$ | $\frac{1}{6}$ |
| | 0 | 0 | 0 | 0 | 0 | 0 | 0 |
| | | 1 | 2 | 3 | 4 | 5 | 6 $x$ |

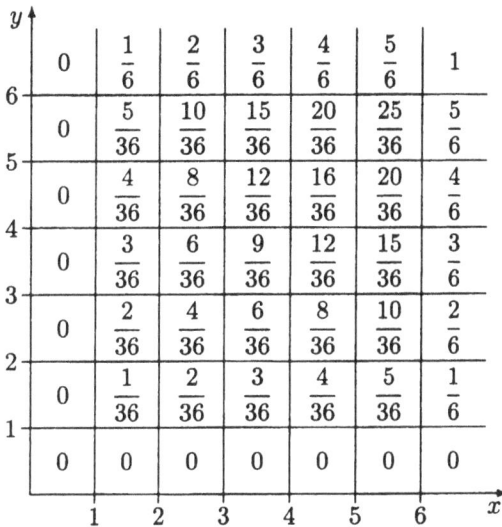

Bild 2.4 Verbundverteilungsfunktion der Augenzahlen des Würfelspiels mit zwei Würfeln

### 2.1.3 Erwartungswerte von Zufallsgrößen

Verteilungsfunktionen bieten die Möglichkeit einer sehr detaillierten Charakterisierung von Zufallsgrößen, die oftmals nicht verlangt wird. In vielen Fällen reicht die grobe Beschreibung durch sog. Erwartungswerte. Der *Mittelwert* $m_x$ stellt den wichtigsten Erwartungswert $E[X]$ der Zufallsvariablen $X$ dar und ist definiert durch

$$m_x = E[X] = \int\limits_{-\infty}^{\infty} x f(x)\,\mathrm{d}x \ . \tag{2.23a}$$

In der Mechanik tritt dieses Integral bei der Berechnung des Massenmittelpunktes oder Schwerpunktes auf, wobei die Dichtefunktion der Verteilungsdichtefunktion entspricht. Deshalb läßt sich $m_x$ als die Abszisse des geometrischen Schwerpunktes der unter $f(x)$ eingeschlossenen Fläche interpretieren (siehe Bild 2.5). Im Falle einer diskreten Zufallsgröße nimmt Gl. (2.23a) die Form

$$m_x = E[X] = \sum_{\nu} x_\nu p_\nu \tag{2.23b}$$

an. Als Beispiel sei das Würfelspiel genannt mit $m_x = (1 + 2 + 3 + 4 + 5 + 6)/6 = 21/6 = 3,5$.

Der *Erwartungswert* läßt sich verallgemeinern auf eine beliebige Funktion $g(X)$ in der Form

$$E[g(X)] = \int\limits_{-\infty}^{\infty} g(x)f(x)\,\mathrm{d}x \ . \tag{2.24}$$

In diesem Zusammenhang werden die zu $g(X) = X^n$ gehörenden Erwartungswerte als *n*-te Momente der Zufallsgröße $X$ bezeichnet. Das zweite Moment der Größe $X - m_x$ wird *Varianz* oder *Streuungsquadrat* genannt und ist definiert durch

$$\sigma_x^2 = E[(X - m_x)^2] = \int\limits_{-\infty}^{\infty} (x - m_x)^2 f(x)\,\mathrm{d}x \ . \tag{2.25\,a}$$

In der Mechanik tritt dieses Integral wiederum bei der Berechnung des Trägheitsmomentes bezüglich der durch den Schwerpunkt gehenden Achse $x = m_x$ auf. Bekanntlich ist dieses Trägheitsmoment gleich dem Produkt aus der „Gesamtmasse" $\int\limits_{-\infty}^{\infty} f(x)\,\mathrm{d}x$ und dem Quadrat des Abstandes $r_x$, in dem diese Masse punktförmig angreift, also

$$\sigma_x^2 = r_x^2 \int\limits_{-\infty}^{\infty} f(x)\,\mathrm{d}x = r_x^2 \ .$$

Damit entspricht die Streuung $\sigma_x$ dem Trägheitsradius $r_x$ der Mechanik und ist somit ein Maß für die Konzentration der Verteilungsdichtefunktion $f(x)$ um den Mittelwert $m_x$, wie durch Bild 2.5 veranschaulicht werden soll. Im Fall einer diskreten Zufallsgröße nimmt Gl. (2.25a) die Form

$$\sigma_x^2 = E[(X - m_x)^2] = \sum_{\nu}(x_\nu - m_x)^2 p_\nu \tag{2.25\,b}$$

an. Als Beispiel sei wieder das Würfelspiel genannt mit $\sigma_x^2 = 2(2,5^2 + 1,5^2 + 0,5^2)/6 = 17,5/6$ bzw. $\sigma_x \approx 1,71$.

Der *Erwartungswert* einer beliebigen Funktion $g(X)$ einer Zufallsgröße wird durch Gl.(2.24) beschrieben. Ganz entsprechend gilt für die Funktion $g(X, Y)$ *zweier Zufallsvariablen*

$$E[g(X,Y)] = \int\limits_{-\infty}^{\infty} \int\limits_{-\infty}^{\infty} g(x,y)f(x,y)\,\mathrm{d}x\,\mathrm{d}y \ . \tag{2.26}$$

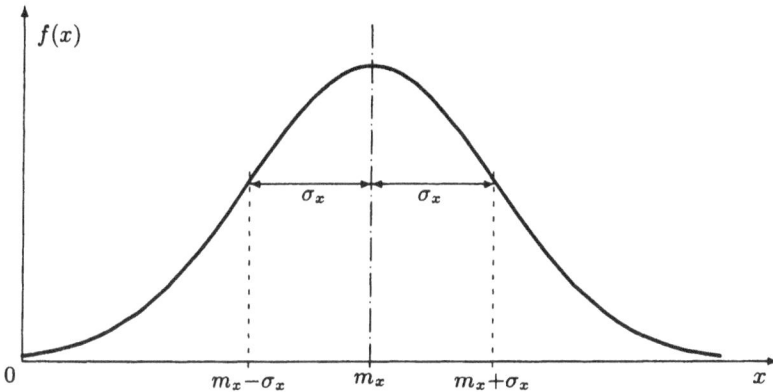

Bild 2.5 Veranschaulichung des Mittelwertes $m_x$ und der Streuung $\sigma_x$ als Schwerpunkt bzw. Trägheitsradius

Hieran läßt sich zeigen, daß die Bildung des Erwartungswertes eine lineare Operation darstellt, denn es gilt mit den beliebigen Konstanten $k_1$ und $k_2$

$$E[k_1 X + k_2 Y] = \int\limits_{-\infty}^{\infty} \int\limits_{-\infty}^{\infty} (k_1 x + k_2 y) f(x, y) \, dx \, dy \ .$$

Nach Aufspaltung in zwei Teilintegrale erhält man unter Beachtung von Gl (2.20)

$$E[k_1 X + k_2 Y] = k_1 E[X] + k_2 E[Y] \,. \tag{2.27}$$

Als Beispiel hierzu möge die mittlere Augenzahl 7 des Würfelspiels mit zwei Würfeln dienen.

Durch Gl. (2.25) wurde die Varianz eingeführt. Die Übertragung dieses Begriffes auf einen Erwartungswert, der von zwei Zufallsvariablen abhängt, führt zur *Kovarianz*, die definiert ist als

$$\begin{aligned} c_{xy} &= E[(X - m_x)(Y - m_y)] \\ &= \int\limits_{-\infty}^{\infty} \int\limits_{-\infty}^{\infty} (x - m_x)(y - m_y) f(x, y) \, dx \, dy \,, \end{aligned} \tag{2.28a}$$

bzw. im Fall diskreter Zufallsgrößen:

$$c_{xy} = \sum_{\mu} \sum_{\nu} (x_\mu - m_x)(y_\nu - m_y) p_{\mu\nu} \,. \tag{2.28b}$$

Werden die beiden runden Klammern innerhalb der eckigen Klammer des Erwartungswertes von Gl. (2.28a) ausmultipliziert, so liefert die mehrfache Anwendung von Gl. (2.27)

$$c_{xy} = E[XY] - E[X] \cdot E[Y].\qquad(2.29)$$

Nun gilt aber mit Gl. (2.22) im Fall der *stochastischen Unabhängigkeit*

$$\begin{aligned}E[XY] &= \int\limits_{-\infty}^{\infty}\int\limits_{-\infty}^{\infty} xy f(x)f(y)\,\mathrm{d}x\,\mathrm{d}y\\ &= \int\limits_{-\infty}^{\infty} x f(x)\,\mathrm{d}x \int\limits_{-\infty}^{\infty} y f(y)\,\mathrm{d}y\\ &= E[X]\cdot E[Y].\end{aligned}\qquad(2.30)$$

Damit stellt die Kovarianz $c_{xy}$ ein Maß der stochastischen Abhängigkeit der Zufallsgrößen $X$ und $Y$ dar. Im Fall stochastischer Unabhängigkeit, wie beim Würfelspiel mit zwei Würfeln, wird $c_{xy} = 0$. Man spricht dann von *unkorrelierten* Zufallsvariablen $X$ und $Y$.

## 2.2   Beschreibung stochastischer Prozesse

In einer Schachtel befinde sich eine sehr große Anzahl von $m$ gleichartigen rauschenden Widerständen. Die in einem Zeitaugenblick $t_0$ gemessene (normierte) Spannung stellt eine Zufallsvariable $X(A, t_0)$ in bezug auf das Versuchsergebnis $A = A_1, A_2, \ldots, A_m$ dar. Jeder einzelne Widerstand erzeugt jedoch eine bestimmte Zeitfunktion (vgl. Bild 2.6)

$$x(A_i, t) = x_i(t), \quad i = 1, \ldots, m.$$

Die Gesamtheit (oder das *Ensemble*) aller Zeitfunktion wird als *stochastischer Prozeß*

$$X(A, t) = X(t)$$

bezeichnet. Ein stochastischer Prozeß ist damit eine Zufallsvariable, die noch vom Zeitparameter $t$ abhängt. Im zeitdiskreten Fall, der in Abschn. 2.5 behandelt wird, ist dies der diskrete, normierte Zeitparameter $n$.

Bei der Nachrichtenübertragung ist jedes gesendete Signal $x_i(t)$ für den Sender genau definiert; man bezeichnet es als *Musterfunktion*. Für den

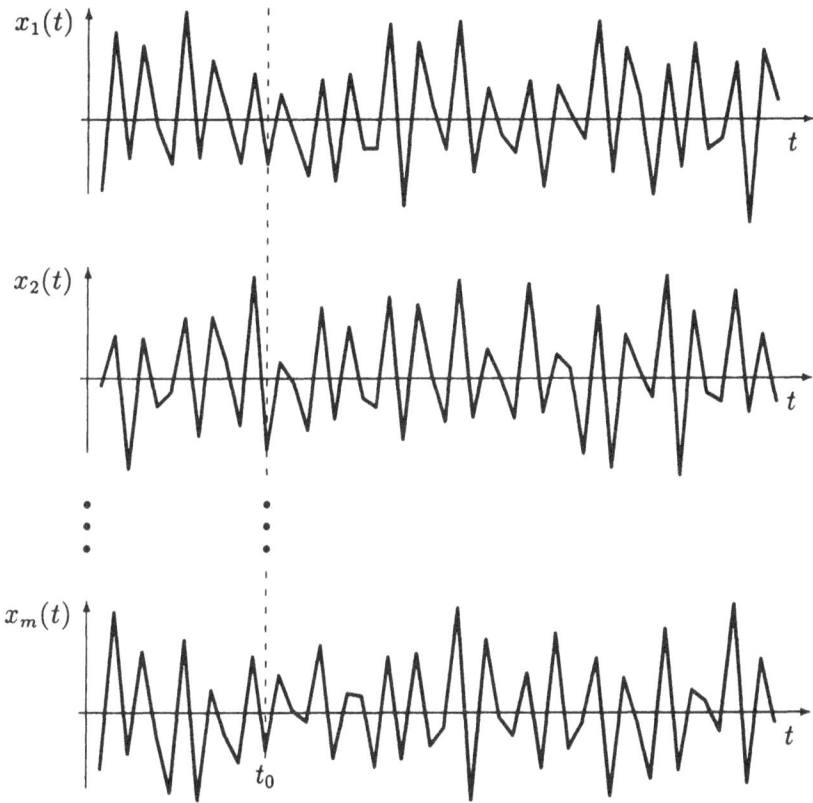

Bild 2.6 Mögliche Spannungsverläufe an $m$ gleichartigen rauschenden Widerständen

Empfänger, der das Signal noch nicht kennt, ist das Empfangssignal $x_i(t)$ stochastischer Natur. Der Wert im Zeitpunkt $t_0$ hängt davon ab, welche der möglichen Musterfunktionen gesendet wurde. Hierfür existieren sowohl Verteilungsfunktionen als auch Erwartungswerte.

### 2.2.1 Verteilungsfunktionen und Erwartungswerte

Da $X(t)$ für jeden festen Zeitpunkt $t_0$ eine Zufallsvariable ist, kann hierfür eine Verteilungs- bzw. eine Verteilungsdichtefunktion angegeben werden:

$$F(x, t_0) = P[X(t_0) \leq x], \qquad (2.31\,\text{a})$$

$$f(x, t_0) = \frac{\mathrm{d}F(x, t_0)}{\mathrm{d}x}. \qquad (2.31\,\text{b})$$

Beide Funktionen sind im allgemeinen vom Zeitpunkt $t_0$ abhängig. Die Untersuchung der rauschenden Widerstände von Bild 2.6 würde eine zeitunabhängige Normalverteilung (vgl. Aufg. 2.3) liefern. Würde man die Rauschspannungen dagegen zum Zeitpunkt $t = 0$ auf die Eingänge gleichartiger Tiefpässe schalten, so wäre die Verteilungs- bzw. die Verteilungsdichtefunktion des Ausgangsprozesses $Y(t)$ für $t > 0$ zeitabhängig.

Für zwei feste Zeitpunkte $t_1$ und $t_2$ sind $X(t_1)$ und $X(t_2)$ zwei Zufallsgrößen ein und desselben stochastischen Prozesses, deren Verbundverteilungs- und Verbunddichtefunktion lauten:

$$F(x_1, x_2, t_1, t_2) = P[X(t_1) \leq x_1 \cap X(t_2) \leq x_2], \qquad (2.32\,\mathrm{a})$$

$$f(x_1, x_2, t_1, t_2) = \frac{\partial^2 F(x_1, x_2, t_1, t_2)}{\partial x_1 \partial x_2}. \qquad (2.32\,\mathrm{b})$$

Im Unterschied dazu stellen $X(t_1)$ und $Y(t_2)$ die Zufallsgrößen zweier unterschiedlicher stochastischer Prozesse dar, deren Verbundverteilungs- und Verbunddichtefunktion ebenfalls angegeben werden können:

$$F(x, y, t_1, t_2) = P[X(t_1) \leq x \cap Y(t_2) \leq y], \qquad (2.33\,\mathrm{a})$$

$$f(x, y, t_1, t_2) = \frac{\partial^2 F(x, y, t_1, t_2)}{\partial x \partial y}. \qquad (2.33\,\mathrm{b})$$

Der Umgang mit diesen vier Funktionen, die im allgemeinen von den beiden Zeitpunkten $t_1$ und $t_2$ abhängen, ist sehr aufwendig. Aus diesem Grund werden später Einschränkungen vorgenommen, die zu erheblichen Erleichterungen führen.

Bei der Kennzeichnung eines stochastischen Prozesses begnügt man sich vielfach mit gewissen Erwartungswerten, wie dem statistischen Mittelwert

$$m_x(t_0) = E[X(t_0)] \qquad (2.34)$$

oder der Varianz

$$\sigma_x^2(t_0) = E[(X(t_0) - m_x(t_0))^2] \qquad (2.35)$$

im Fall einer einzigen Zufallsvariablen $X(t_0)$. Ein Erwartungswert, der von zwei Zufallsgrößen abhängt, ist die Kovarianz nach Gl. (2.28). Wie bereits weiter oben festgestellt wurde, sind $X(t_1)$ und $X(t_2)$ zwei Zufallsvariablen ein und desselben Prozesses, für die man die sog. *Autokovarianzfunktion* definiert:

$$c_{xx}(t_1, t_2) = E[(X(t_1) - m_x(t_1))(X(t_2) - m_x(t_2))], \qquad (2.36)$$

die für $t_1 = t_2 = t_0$ die Varianz von Gl. (2.35) als Sonderfall beinhaltet. Gl (2.36) stellt nach den Ausführungen zu Gl. (2.28) ein Maß der stochastischen Abhängigkeit der Zufallsgrößen $X(t_1)$ und $X(t_2)$ dar. Aus praktischen Gründen, die noch zu erörtern sind, wird diese „innere Verwandtschaft" eines stochastischen Prozesses meistens durch die *Autokorrelationsfunktion* beschrieben, für die mit Gl. (2.29) gilt

$$r_{xx}(t_1, t_2) = E[X(t_1)X(t_2)] = c_{xx}(t_1, t_2) + m_x(t_1)m_x(t_2). \qquad (2.37)$$

Diese Funktion unterscheidet sich von der Autokovarianz nur durch einen additiven Term, der im Fall eines mittelwertfreien stochastischen Prozesses verschwindet. Entsprechend werden zur Kennzeichnung der gegenseitigen Abhängigkeit zweier unterschiedlicher Prozesse $X(t)$ und $Y(t)$ die sog. *Kreuzkovarianzfunktion*

$$c_{xy}(t_1, t_2) = E[(X(t_1) - m_x(t_1))(Y(t_2) - m_y(t_2))] \qquad (2.38)$$

und die *Kreuzkorrelationsfunktion*

$$r_{xy}(t_1, t_2) = E[X(t_1)Y(t_2)] = c_{xy}(t_1, t_2) + m_x(t_1)m_y(t_2) \qquad (2.39)$$

verwendet. Diese beiden Funktionen werden identisch, wenn nur einer der beiden Prozesse mittelwertfrei ist.

Auch der Umgang mit den Erwartungswerten wird dadurch erschwert, daß diese vom Zeitpunkt $t_0$ bzw. von den Zeitpunkten $t_1$ und $t_2$ abhängen. Außerdem erfordert die Bildung obiger Erwartungswerte jeweils eine Mittelung über das gesamte Ensemble, weshalb diese Mittelwerte auch als *Ensemblemittelwerte* bezeichnet werden.

## 2.2.2 Stationarität und Ergodizität

Die allgemeine Beschreibung stochastischer Prozesse durch zeitabhängige Verteilungsfunktionen und Erwartungswerte ist für die meisten praktischen Anwendungen unnötig aufwendig. Wie im Fall der rauschenden Widerstände, so kann auch bei vielen anderen Prozessen von der Zeitinvarianz statistischer Kenngrößen ausgegangen werden. Diese Eigenschaft wird als *Stationarität* bezeichnet. Weiter stellt sich die Frage, ob die statistische Auswertung des gesamten Ensembles nicht ersetzt werden kann durch die Auswertung einer einzigen Musterfunktion. Wird hierzu Bild 2.6 betrachtet, so leuchtet ein, daß der Ensemblemittelwert an der Stelle $t = t_0$ identisch sein müßte mit dem Zeitmittelwert einer einzelnen Musterfunktion. Man nennt diese Eigenschaft auch *Ergodizität*. Beide Eigenschaften, die noch näher ausgeführt werden, führen zusammengenommen zu erheblichen Vereinfachungen bei der Behandlung stochastischer Prozesse.

Ein stochastischer Prozeß wird (im strengen Sinn) *stationär* genannt, wenn sich alle statistischen Eigenschaften durch eine beliebige zeitliche Verschiebung des Prozesses nicht ändern. Die Prozesse $X(t)$ und $X(t + \vartheta)$ können dann für ein beliebiges $\vartheta$ durch dieselbe Verteilungsfunktion beschrieben werden:

$$F(x, t_0) = P[X(t_0) \leq x] = P[X(t_0 + \vartheta) \leq x]$$
$$= F(x, t_0 + \vartheta) = F(x).$$

Hieraus folgt sofort auch die Zeitinvarianz der Verteilungsdichtefunktion. Entsprechend muß für die Verbundverteilungsfunktion gelten

$$F(x_1, x_2, t_1, t_2) = P[X(t_1) \leq x_1 \cap X(t_2) \leq x_2]$$
$$= P[X(t_1 + \vartheta) \leq x_1 \cap X(t_2 + \vartheta) \leq x_2]$$
$$= F(x_1, x_2, t_1 + \vartheta, t_2 + \vartheta) = F(x_1, x_2, \tau),$$

die damit nur von der Zeitdifferenz $\tau = t_2 - t_1$ abhängt, wie die Verbunddichtefunktion. Aus diesen Vereinfachungen folgt z.B. für die beiden Erwartungswerte

$$m_x(t_0) = E[X(t_0)] = E[X(t_0 + \vartheta)]$$
$$= m_x(t_0 + \vartheta) = m_x, \tag{2.40}$$
$$r_{xx}(t_1, t_2) = E[X(t_1)X(t_2)] = E[X(t_1 + \vartheta)X(t_2 + \vartheta)]$$
$$= r_{xx}(t_1 + \vartheta, t_2 + \vartheta) = r_{xx}(\tau) \tag{2.41}$$

mit $\tau = t_2 - t_1$. Der Mittelwert eines stationären Prozesses ist also zeitinvariant, während die Autokorrelationsfunktion nur von der Zeitdifferenz $\tau$ abhängt. Wegen der besonderen Bedeutung dieser beiden Erwartungswerte wird ein stochastischer Prozeß *schwach stationär* genannt, wenn nur die Gln. (2.40) und (2.41) erfüllt sind. Wie das Beispiel der rauschenden Widerstände in Verbindung mit den Tiefpässen zeigt, kann sich die Stationarität auch erst nach dem Abklingen eines Einschwingvorganges einstellen. Besitzen diese Tiefpässe die Einschwingzeit $T_e$ (bei Sprunganregung), so ist zu erwarten, daß die Verteilungsfunktion des Ausgangsprozesses $Y(t)$ für $t \gg T_e$ zeitinvariant wird.

Man nennt einen stationären Prozeß (im strengen Sinn) *ergodisch*, wenn alle Ensemblemittelwerte dieses Prozesses $X(t)$ mit den Zeitmittelwerten einer beliebig ausgewählten Musterfunktion $x_i(t)$ übereinstimmen. So gilt z.B. für den statistischen Mittelwert

$$E[X(t_0)] = m_x = \lim_{T \to \infty} \frac{1}{2T} \int\limits_{-T}^{T} x_i \, dt = \overline{x_i(t)} \quad \text{für alle } i \qquad (2.42)$$

und für die Autokorrelationsfunktion

$$E[X(t_0)X(t_0 + \tau)] = r_{xx}(\tau) = \lim_{T \to \infty} \frac{1}{2T} \int\limits_{-T}^{T} x_i(t)x_i(t + \tau) \, dt$$

$$= \overline{x_i(t)x_i(t + \tau)} \quad \text{für alle } i \, . \qquad (2.43)$$

Hierbei soll durch den waagerechten Strich die Bildung des Zeitmittelwertes unterschieden werden von der Bildung des Erwartungswertes als Ensemblemittelwert. Analog zu oben spricht man wieder von einem *schwach ergodischen* Prozeß, wenn nur die beiden Gln. (2.42) und (2.43) erfüllt sind. Stehen nur wenige Musterfunktionen zur Verfügung, dann läßt sich die Gleichheit von Ensemble- und Zeitmittelwert kaum überprüfen. Kann jedoch von einem für alle möglichen Musterfunktionen gleichartigen physikalischen Entstehungsprozeß ausgegangen werden, wie im Fall rauschender Widerstände, so stellt die *Ergodenhypothese* sicher eine vernünftige mathematische Vereinfachung dar.

### 2.2.3 Korrelationsfunktionen

In Abschn. 2.2.1 sind neben den Verteilungsfunktionen auch die Erwartungswerte stochastischer Prozesse eingeführt worden. Setzt man Ergodizität voraus, dann lassen sich diese Mittelwerte als Zeitmittelwerte bilden und experimentell bequem ermitteln. Die beiden wichtigsten Mittelwerte stellen die *Autokorrelationsfunktion* (abgekürzt AKF)

$$r_{xx}(\tau) = \lim_{T \to \infty} \frac{1}{2T} \int\limits_{-T}^{T} x(t)x(t + \tau) \, dt \qquad (2.44)$$

und die *Kreuzkorrelationsfunktion* (abgekürzt KKF)

$$r_{xy}(\tau) = \lim_{T \to \infty} \frac{1}{2T} \int\limits_{-T}^{T} x(t)y(t+\tau)\,dt \qquad (2.45)$$

dar, die im Unterschied zu Gl. (2.43) künftig ohne den Index der betreffenden Musterfunktion aufgeschrieben werden.

Die *Messung der AKF* beruht auf der Darstellung

$$r_{xx}(\tau) = r_{xx}(-\tau) = \lim_{T \to \infty} \frac{1}{T} \int\limits_{0}^{T} x(t)x(t-\tau)\,dt$$

und erfolgt nach dem Signalflußdiagramm von Bild 2.7.

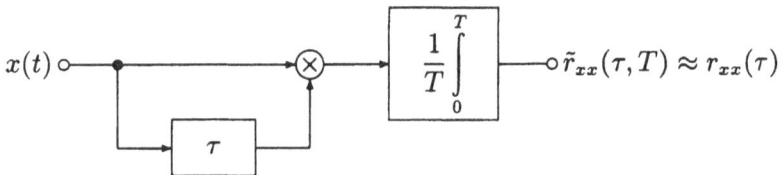

Bild 2.7 Signalflußbild eines Korrelators

Der Beweis, daß die AKF eine *gerade Funktion* ist, läßt sich unmittelbar mit der Substitution $\vartheta = t - \tau$ führen. Zur *Messung der KKF* muß eine Fallunterscheidung hinsichtlich positiver und negativer Werte von $\tau$ vorgenommen werden. Für $\tau \geq 0$ wird von

$$r_{xy}(\tau) = r_{yx}(-\tau) = \lim_{T \to \infty} \frac{1}{T} \int\limits_{0}^{T} y(t)x(t-\tau)\,dt$$

ausgegangen, wobei diese Beziehung sich ebenfalls aus der Substitution $\vartheta = t - \tau$ ergibt. Die Werte der KKF für $\tau \leq 0$ erhält man aus der gespiegelten Funktion

$$r_{xy}(-\tau) = \lim_{T \to \infty} \frac{1}{T} \int\limits_{0}^{T} x(t)y(t-\tau)\,dt \ .$$

Es muß also sowohl $x(t)$ gegenüber $y(t)$ verzögert werden als auch $y(t)$ gegenüber $x(t)$, wobei die zugehörigen Schaltungen sich aus Bild 2.7 ergeben.

### 2.2.3.1 Korrelation zeitbegrenzter Rechteckfolgen

Zum besseren Verständnis der Aussagekraft von Korrelationsfunktionen sollen die beiden Rechteckfolgen von Bild 2.8 untersucht werden. Da es sich um zeitbegrenzte Signale der Dauer $2t_g$ handelt, muß man die AKF und die KKF etwas anders definieren:

$$\tilde{r}_{xx}(\tau) = \frac{1}{2t_g} \int\limits_{-t_g}^{t_g} x(t)x(t+\tau)\,dt,$$

$$\tilde{r}_{xy}(\tau) = \frac{1}{2t_g} \int\limits_{-t_g}^{t_g} x(t)y(t+\tau)\,dt.$$

Zur Auswertung dieser beiden Integrale wird die unverschobene Funktion auf normales Papier gezeichnet und die zu verschiebende auf Transparentpapier. Dann legt man die beiden Signale aufeinander und führt die Verschiebung um ganzzahlige Vielfache der Rechteckbreite $T$ durch. (Für positive Werte von $\tau$ muß nach links verschoben werden und umgekehrt.) Nun bewertet man die Segmente mit gleichen und unterschiedlichen Vorzeichen mit $+T$ bzw. $-T$ und addiert sie vorzeichenrichtig. Die Summe müßte noch jeweils durch $11T$ geteilt werden. Da dies zu Bruchzahlen führen würde, ist es günstiger, den elffachen Wert darzustellen, wie es Bild 2.9 zeigt.

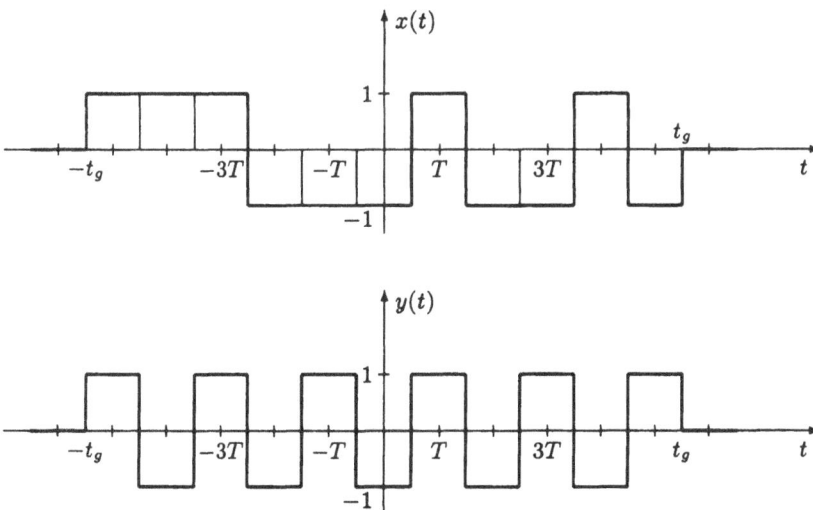

Bild 2.8 Zwei zeitbegrenzte Rechteckfolgen der Dauer $2t_g$

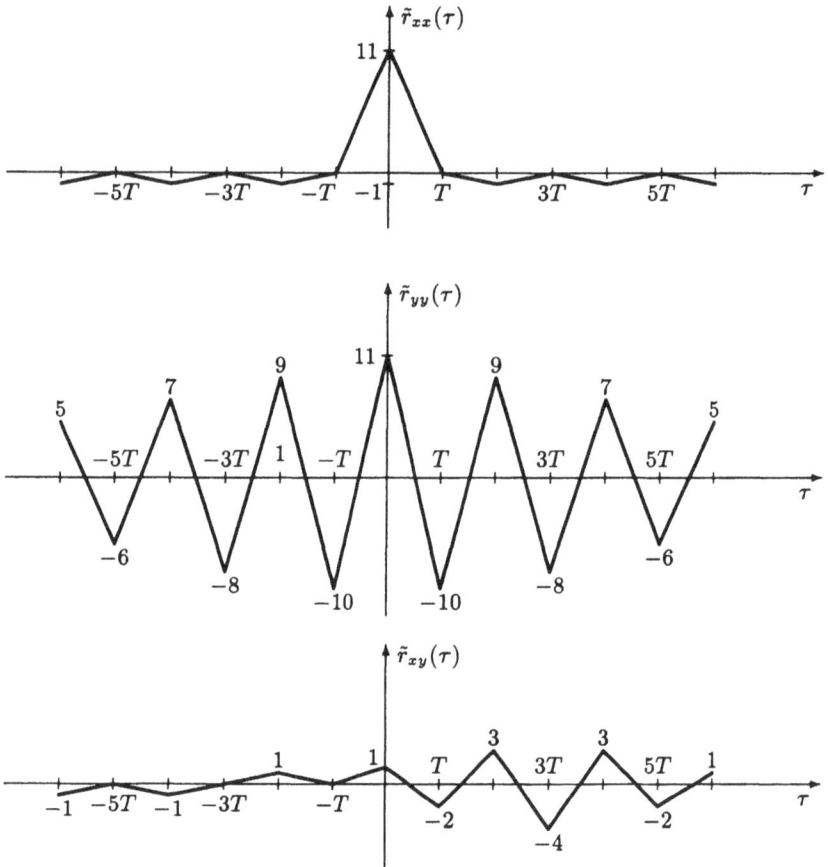

Bild 2.9 Korrelationsfunktionen der zeitbegrenzten Signale von Bild 2.8 (mit dem Faktor 11 multipliziert)

Offensichtlich stellt $x(t)$ ein Signal mit wenig „innerer Verwandtschaft" dar, denn $r_{xx}(\tau)$ nimmt für $|\tau| > T$ sehr kleine Werte an. Dagegen ist $y(t)$ sehr stark mit sich selbst korreliert, wie die stark oszillierende AKF $r_{yy}(\tau)$ zeigt. Hieran gemessen ist die statistische Verwandtschaft der beiden Signale $x(t)$ und $y(t)$ sehr gering, da die KKF $r_{xy}(\tau)$ nur relativ kleine Extrema aufweist. Weiter bestätigt sich, daß beide Autokorrelierte gerade Funktionen sind mit dem Maximum bei $\tau = 0$. Die Kreuzkorrelierte dagegen ist weder gerade noch ungerade mit einem um $3T$ nach rechts verschobenen Maximum des Betrages.

### 2.2.3.2 Eigenschaften der Korrelationsfunktionen

Eine wichtige Eigenschaft der AKF bzw. der KKF ist bereits im Zusammenhang mit der Messung gefunden worden:

$$r_{xx}(\tau) = r_{xx}(-\tau), \qquad (2.46\,\text{a})$$

$$r_{xy}(\tau) = r_{yx}(-\tau). \qquad (2.46\,\text{b})$$

Für $\tau \to 0$ muß sich bei der AKF ein Maximum einstellen, wie auch die Beispiele von Bild 2.9 belegen. Zum Beweis wird von der Beziehung

$$\lim_{T \to \infty} \frac{1}{2T} \int_{-T}^{T} [x(t) \pm x(t+\tau)]^2 \, \mathrm{d}t = 2[r_{xx}(0) \pm r_{xx}(\tau)] \geq 0$$

ausgegangen. Hieraus folgt

$$|r_{xx}(\tau)| \leq r_{xx}(0). \qquad (2.47\,\text{a})$$

Damit existiert die AKF für jeden physikalisch erzeugbaren Prozess, bei dem der quadratische Mittelwert (die mittlere normierte Signalleistung) einen endlichen Wert annimmt:

$$r_{xx}(0) = \lim_{T \to \infty} \frac{1}{2T} \int_{-T}^{T} x^2(t) \, \mathrm{d}t < \infty.$$

Die KKF hat im Gegensatz zur AKF nicht notwendig ihr Maximum bei $\tau = 0$, wie Bild 2.9 zeigt. Zur Abschätzung ihres Betrages wird von der Beziehung

$$\lim_{T \to \infty} \frac{1}{2T} \int_{-T}^{T} [x(t) + f(\tau)y(t+\tau)]^2 \, \mathrm{d}t$$

$$= r_{xx}(0) + 2f(\tau)r_{xy}(\tau) + f^2(\tau)r_{yy}(0) \geq 0$$

ausgegangen. Hieraus folgt mit $f(\tau) = -r_{xy}(\tau)/r_{yy}(0)$ bzw. $f(\tau) = \pm 1$:

$$|r_{xy}(\tau)| \leq [r_{xx}(0)r_{yy}(0)]^{1/2} \leq \frac{1}{2}[r_{xx}(0) + r_{yy}(0)]. \qquad (2.47\,\text{b})$$

Für $\tau \to \infty$ nimmt die stochastische Abhängigkeit von $X(t_0)$ und $X(t_0 + \tau)$ bzw. $Y(t_0 + \tau)$ gewöhnlich ab, so daß diese Zufallsgrößen unkorreliert sind. Somit gilt mit Gl. (2.30), wenn man die Erwartungswerte durch entsprechende Zeitmittelwerte ausdrückt:

$$\lim_{\tau \to \infty} r_{xx}(\tau) = \lim_{T \to \infty} \frac{1}{2T} \int_{-T}^{T} x(t)\,dt \cdot \lim_{T \to \infty} \frac{1}{2T} \int_{-T}^{T} x(t+\tau)\,dt$$

$$= m_x^2\,, \qquad\qquad\qquad\qquad\qquad (2.48\,a)$$

$$\lim_{\tau \to \infty} r_{xy}(\tau) = \lim_{T \to \infty} \frac{1}{2T} \int_{-T}^{T} x(t)\,dt \cdot \lim_{T \to \infty} \frac{1}{2T} \int_{-T}^{T} y(t+\tau)\,dt$$

$$= m_x m_y\,. \qquad\qquad\qquad\qquad\qquad (2.48\,b)$$

Im Fall mittelwertfreier Prozesse gehen also die Korrelationsfunktionen gegen Null. Eine Ausnahme bilden jedoch stochastische Prozesse mit periodischen Anteilen, wie z.B.

$$Z(t) = X(t) + P(t) = X(t) + a\cos(\omega_0 t + \varphi)\,. \qquad (2.49)$$

Hierin ist $P(t) = a\cos(\omega_0 t + \varphi)$ ein periodischer Anteil, bei dem $\varphi$ eine im Intervall $(0, 2\pi)$ gleichverteilte Zufallsgröße und $a$ eine Konstante darstellt. Unter der sinnvollen Annahme der stochastischen Unabhängigkeit von $X(t)$ und $P(t)$ gilt

$$\begin{aligned}
r_{zz}(\tau) &= E[(X(t_0) + P(t_0))(X(t_0 + \tau) + P(t_0 + \tau))] \\
&= E[X(t_0)X(t_0 + \tau)] + E[P(t_0)P(t_0 + \tau)] \\
&\quad + E[X(t_0)]E[P(t_0 + \tau)] + E[P(t_0)]E[X(t_0 + \tau)] \\
&= r_{xx}(\tau) + r_{pp}(\tau)\,,
\end{aligned}$$

da $E[P(t_0)] = 0$ ist. Weiter gilt unter Berücksichtigung der Periodendauer $T = 2\pi/\omega_0$ der Musterfunktion $p(t)$:

$$\begin{aligned}
r_{pp}(\tau) &= \frac{1}{T} \int_{0}^{T} a^2 \cos(\omega_o t + \varphi)\cos(\omega_0 t + \omega_0 \tau + \varphi)\,dt \\
&= \frac{a^2}{2T} \left[ \int_{0}^{T} \cos(\omega_0 \tau)\,dt + \int_{0}^{T} \cos(2\omega_0 t + \omega_0 \tau + 2\varphi)\,dt \right] \\
&= \frac{a^2}{2} \cos(\omega_0 \tau)\,,
\end{aligned}$$

weil das zweite Integral wegen der Integration über zwei volle Perioden identisch Null wird. Damit erhält man die AKF des stochastischen Prozesses von Gl. (2.49) zu

$$r_{zz}(\tau) = r_{xx}(\tau) + \frac{a^2}{2} \cos(\omega_0 \tau)\,. \qquad (2.50)$$

Ist der nichtperiodische Anteil $r_{xx}(\tau)$ mittelwertfrei, so verschwindet dieser für $\tau \to \infty$, und es bleibt nur ein periodischer Anteil mit der Kreisfrequenz $\omega_0$ übrig. (Die Phasenverschiebung ist wegen der Mittelwertbildung nicht mehr vorhanden.) Die Korrelation eignet sich damit zur *Signalerkennung* eines periodischen Signals, das von einem stochastischen Geräusch überlagert ist.

### 2.2.4 Spektraldarstellung stochastischer Prozesse

Im Zusammenhang mit der Beschreibung determinierter Signale hat die Spektraldarstellung viele Vorteile im Hinblick auf die numerische Auswertung und das grundsätzliche Verständnis dynamischer Systeme mit sich gebracht. Es ist naheliegend, diese Vorgehensweise auf stochastische Signale zu übertragen.

#### 2.2.4.1 Spektrale Leistungsdichte

Im Zeitbereich stellt sich ein stochastischer Prozeß als die Gesamtheit (oder das Ensemble) aller Musterfunktionen dar. Man könnte nun daran denken, jeder Musterfunktion eine Fourier-Transformierte zuzuordnen. Da wegen der vorausgesetzten Stationarität die Musterfunktion $x(t)$ für $t \to \infty$ nicht gegen Null geht, konvergiert das Fourier-Integral in der Regel nicht. Wie bereits in Abschn. 1.2.3 unter g) festgestellt wurde, besitzen stationäre Zufallssignale keine endliche Gesamtenergie. In diesen Fällen betrachtet man zunächst das zeitbegrenzte Signal mit dem zugehörigen Spektrum

$$x_T(t) = \begin{cases} x(t) \text{ für } |t| \leq T \\ 0 \quad \text{sonst} \end{cases} \quad \circ\!\!-\!\!\bullet \quad X_T(\mathrm{j}\omega)\,.$$

Hieraus ergibt sich mit dem Parsevalschen Theorem entsprechend der Herleitung von Gl. (1.50)

$$\lim_{T\to\infty} \frac{1}{2T} \int\limits_{-T}^{T} x^2(t)\,\mathrm{d}t = \frac{1}{2\pi} \int\limits_{\infty}^{\infty} \lim_{T\to\infty} \frac{1}{2T} |X_T(\mathrm{j}\omega)|^2\,\mathrm{d}\omega\,. \qquad (2.51)$$

Auf der linken Seite dieser Gleichung steht die mittlere normierte Signalleistung, die für jeden physikalisch erzeugbaren Prozeß existiert, ausgedrückt im Zeitbereich. Demzufolge steht rechts die gleiche Größe, ausgedrückt durch die Integration über die Spektralfunktion. Diese wird als *spektrale Leistungsdichte*

$$S_{xx}(\omega) = \lim_{T \to \infty} \frac{1}{2T} |X_T(\mathrm{j}\omega)|^2 \qquad (2.52)$$

bezeichnet, weil $S_{xx}(\omega)\Delta\omega$ für hinreichend kleine $\Delta\omega > 0$ näherungsweise die mittlere Leistung im Frequenzintervall $(\omega, \omega + \Delta\omega)$ darstellt.

Der wichtigste Erwartungswert zur Kennzeichnung eines stochastischen Prozesses $X(t)$ ist die Autokorrelationsfunktion $r_{xx}(\tau)$. Ordnet man der AKF formal die Fourier-Transformierte

$$R_{xx}(\omega) = \int\limits_{-\infty}^{\infty} r_{xx}(\tau)\,\mathrm{e}^{-\mathrm{j}\omega\tau}\,\mathrm{d}\tau$$

zu, mit der inversen Beziehung

$$r_{xx}(\tau) = \frac{1}{2\pi} \int\limits_{-\infty}^{\infty} R_{xx}(\omega)\,\mathrm{e}^{\mathrm{j}\omega\tau}\,\mathrm{d}\omega\,,$$

dann gilt für $\tau = 0$:

$$r_{xx}(0) = \lim_{T \to \infty} \frac{1}{2T} \int\limits_{-T}^{T} x^2(t)\,\mathrm{d}t = \frac{1}{2\pi} \int\limits_{-\infty}^{\infty} R_{xx}(\omega)\,\mathrm{d}\omega\,. \qquad (2.53)$$

Wird diese Gleichung verglichen mit Gl. (2.51), dann folgt hieraus die wichtige Aussage des *Wiener-Khintchine-Theorems*:

$$r_{xx}(\tau) \quad \circ\!\!-\!\!\bullet \quad R_{xx}(\omega) = S_{xx}(\omega)\,. \qquad (2.54)$$

Die Fourier-Transformierte der AKF ist somit gleich der spektralen Leistungsdichte des stochastischen Prozesses $X(t)$. Da die AKF reell und gerade ist, muß die spektrale Leistungsdichte nach Abschn. 1.2.2 stets eine *reelle* und *gerade* Funktione von $\omega$ sein. Wegen Gl. (2.52) ist $S_{xx}(\omega)$ außerdem eine *nichtnegative* Funktion.

Zur Charakterisierung der statistischen Abhängigkeit zweier Prozesse $X(t)$ und $Y(t)$ wird die Kreuzkorrelationsfunktion $r_{xy}(\tau)$ herangezogen. In Analogie zu Gl. (2.54) definiert man das sog. *Kreuzleistungsspektrum* durch

$$r_{xy}(\tau) \quad \circ\!\!-\!\!\bullet \quad S_{xy}(\mathrm{j}\omega)\,. \qquad (2.55)$$

Da $r_{xy}(\tau)$ nicht notwendig gerade ist, wird $S_{xy}(j\omega)$ im allgemeinen komplexe Werte annehmen. Wegen $r_{yx}(\tau) = r_{xy}(-\tau)$ gilt mit den Gln. (1.39) und (1.40)

$$S_{yx}(j\omega) = S_{xy}(-j\omega) = S_{xy}^*(j\omega) . \qquad (2.56)$$

### 2.2.4.2 Beispiele spektraler Leistungsdichten

a) Den einfachsten und zugleich wichtigsten stochastischen Prozeß stellt das *weiße Rauschen* dar, mit einer für alle Frequenzen konstanten Leistungsdichte

$$S(\omega) = S_0 . \qquad (2.57\,a)$$

Obwohl dieser Prozeß wegen der unbeschränkten mittleren Leistung physikalisch nicht erzeugt werden kann, spielt er bei der Systemcharakterisierung dennoch eine außerordentliche Rolle. Die zugehörige Autokorrelierte

$$r(\tau) = S_0 \delta(\tau) \qquad (2.57\,b)$$

belegt, daß es sich um die mathematische Abstraktion eines völlig unkorrelierten Prozesses handelt.

b) Ist die spektrale Leistungsdichte nur über ein Frequenzintervall $\Delta\omega$ (Mittenfrequenz $\omega_0$) konstant und außerhalb dieses Intervalles gleich Null, so spricht man von *bandpaßbegrenztem (farbigem) Rauschen*

$$S(\omega) = S_0 \left[ \text{rect}\left(\frac{\omega + \omega_0}{\Delta\omega}\right) + \text{rect}\left(\frac{\omega - \omega_0}{\Delta\omega}\right) \right] . \qquad (2.58\,a)$$

In diesem Fall ist die mittlere Leistung beschränkt, und die AKF lautet (vgl. Abschn. 1.3.3)

$$r(\tau) = S_0 2\Delta f \, \text{si}(\pi\Delta f\tau) \cos(\omega_0\tau) . \qquad (2.58\,b)$$

c) Ein realistisches Modell für *tiefpaßbegrenztes Rauschen* stellt der *Markoffsche Prozeß* dar mit der spektralen Leistungsdichte

$$S(\omega) = \frac{S_0}{1 + (\omega T)^2} \qquad (2.59\,a)$$

und der Autokorrelierten (vgl. Abschn. 1.2.2)

$$r(\tau) = \frac{S_0}{2T} e^{-|\tau|/T} . \qquad (2.59\,b)$$

In den beiden letzten Beispielen sorgt die Bandbegrenzung für zeitlich beschränkte Signaländerungen, die zu einer Abhängigkeit aktueller Amplitudenwerte von der Vergangenheit führen. Dies drückt sich in der inneren statistischen Verwandtschaft aus.

## 2.3   Stochastische Prozesse und lineare Systeme

Die Eigenschaften von LZI-Systemen lassen sich grundsätzlich mit Hilfe von determinierten Signalen im Zeit- und Frequenzbereich charakterisieren. Die Messung der Impulsantwort oder des Frequenzganges ist jedoch in einigen Fällen mit Schwierigkeiten verbunden. So stellt die Approximation des Diracimpulses oft eine schwer zu lösende Aufgabe dar, während die rein harmonische Messung mit Sinusschwingungen – z.B. in der Akustik – zu störenden Interferenzen (Signalauslöschungen in bestimmten Raumpunkten) führt.

Die Systemidentifikation mit Hilfe von Rauscherregungen kann hier einen Ausweg bieten. Eine weitere wichtige Anwendung für die Nachrichtenübertragung stellt die Erkennung bzw. Wiedergewinnung eines durch Rauschen verdeckten Nutzsignales dar.

### 2.3.1 Systembeschreibung im Zeitbereich

Liegt am Eingang eines LZI-Systems mit der Impulsantwort $h(t)$ ein stationärer stochastischer Prozeß $X(t)$, entsprechend Bild 2.10, dann ist für jede Musterfunktion $x(t)$ das Ausgangssignal $y(t)$ gegeben durch das Faltungsintegral (vgl. Abschn. 1.1.3)

$$y(t) = \int\limits_{-\infty}^{\infty} h(\vartheta) x(t - \vartheta)\, \mathrm{d}\vartheta \; . \tag{2.60}$$

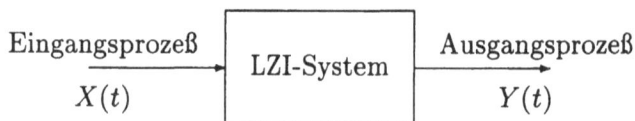

Bild 2.10 Die stochastischen Prozesse $X(t)$ und $Y(t)$ am Ein- bzw. Ausgang eines LZI-Systems

Die Gesamtheit aller Ausgangssignale bildet den stochastischen Prozeß $Y(t)$, der ebenfalls stationär ist, sofern der Prozeß am Eingang schon von $t = -\infty$ an auf das System einwirkt. Es gilt dann für den statistischen Mittelwert des Ausgangsprozesses mit den Gln. (2.42) und (2.60)

$$m_y = \lim_{T \to \infty} \frac{1}{2T} \int\limits_{-T}^{T} \int\limits_{-\infty}^{\infty} h(\vartheta) x(t - \vartheta) \, d\vartheta \, dt \ .$$

Wird in diesem Doppelintegral die Reihenfolge der Integration vertauscht, so erhält man

$$m_y = \int\limits_{-\infty}^{\infty} h(\vartheta) \lim_{T \to \infty} \frac{1}{2T} \int\limits_{-T}^{T} x(t - \vartheta) \, dt \, d\vartheta$$

$$= \int\limits_{-\infty}^{\infty} h(\vartheta) m_x \, d\vartheta = m_x \int\limits_{-\infty}^{\infty} h(t) \, dt \ . \qquad (2.61)$$

Die AKF des Ausgangsprozesses lautet mit den Gln. (2.44) und (2.60)

$$r_{yy}(\tau) = \lim_{T \to \infty} \frac{1}{2T} \int\limits_{-T}^{T} \int\limits_{-\infty}^{\infty} h(\vartheta) x(t - \vartheta) \, d\vartheta \, y(t + \tau) \, dt \ .$$

Auch in diesem Doppelintegral wird zunächst die Integrationsreihenfolge vertauscht und dann die Substitution $t' = t - \vartheta$ eingeführt:

$$r_{yy}(\tau) = \int\limits_{-\infty}^{\infty} h(\vartheta) \lim_{T \to \infty} \frac{1}{2T} \int\limits_{-T}^{T} x(t') y(t' + \vartheta + \tau) \, dt' \, d\vartheta$$

$$= \int\limits_{-\infty}^{\infty} h(\vartheta) r_{xy}(\vartheta + \tau) \, d\vartheta \ . \qquad (2.62)$$

Entsprechend ergibt sich mit den Gln. (2.45) und (2.60) die KKF zwischen Eingangs- und Ausgangsprozeß zu

$$r_{xy} = \lim_{T \to \infty} \frac{1}{2T} \int\limits_{-T}^{T} x(t) \int\limits_{-\infty}^{\infty} h(\vartheta) x(t + \tau - \vartheta) \, d\vartheta \, dt$$

$$= \int\limits_{-\infty}^{\infty} h(\vartheta) \lim_{T \to \infty} \frac{1}{2T} \int\limits_{-T}^{T} x(t)x(t + \tau - \vartheta)\, \mathrm{d}t\, \mathrm{d}\vartheta$$

$$= \int\limits_{-\infty}^{\infty} h(\vartheta) r_{xx}(\tau - \vartheta)\, \mathrm{d}\vartheta \ . \tag{2.63}$$

Die beiden letzten Gleichungen zeigen, daß die Autokorrelierte des Ausgangsprozesses eines LZI-Systems durch zwei Integralbeziehungen mit der Impulsantwort und der AKF des Eingangsprozesses verknüpft ist. Beide Gleichungen zusammengefaßt zu einem Doppelintegral bilden die sog. *Wiener-Lee-Beziehung*. Während Gl. (2.63) bereits ein Faltungsintegral darstellt, muß Gl. (2.62) hierzu noch etwas umgeformt werden, und man erhält mit Gl. (2.46)

$$r_{yy} = r_{yy}(-\tau) = \int\limits_{-\infty}^{\infty} h(\vartheta) r_{xy}(\vartheta - \tau)\, \mathrm{d}\vartheta = \int\limits_{-\infty}^{\infty} h(\vartheta) r_{yx}(\tau - \vartheta)\, \mathrm{d}\vartheta \ .$$

Damit folgt schließlich in abgekürzter Schreibweise mit dem Symbol $*$ der Faltungsmultiplikation

$$r_{yy}(\tau) = h(\tau) * r_{yx}(\tau)\,, \tag{2.64a}$$

$$r_{xy}(\tau) = h(\tau) * r_{xx}(\tau)\,. \tag{2.64b}$$

Diese Zusammenhänge lassen sich durch Anwendung der Fourier-Transformation bequem in den Frequenzbereich transformieren.

### 2.3.2 Systembeschreibung im Frequenzbereich

Für den statistischen Mittelwert des Ausgangsprozesses nach Gl. (2.61) ergibt sich durch Vergleich mit dem Fourier-Integral von Gl. (1.18)

$$m_y = m_x H(0)\,. \tag{2.65}$$

Der Mittelwert eines stochastischen Signals wird also von einem LZI-System in gleicher Weise übertragen wie der Gleichanteil eines determinierten Signals. Das Gleichungspaar (2.64) lautet im Frequenzbereich

$$S_{yy}(\omega) = H(\mathrm{j}\omega) S_{yx}(\mathrm{j}\omega)\,, \tag{2.66a}$$

$$S_{xy}(\mathrm{j}\omega) = H(\mathrm{j}\omega) S_{xx}(\omega)\,. \tag{2.66b}$$

Durch Anwendung von Gl. (2.56) läßt sich die spektrale Leistungsdichte des Ausgangsprozesses direkt mit Hilfe der Leistungsdichte des
Eingangsprozesses ausdrücken:

$$S_{yy}(\omega) = H(j\omega)H^*(j\omega)S_{xx}^*(\omega) = |H(j\omega)|^2 S_{xx}(\omega). \qquad (2.67)$$

Diese Gleichung hat im Zusammenhang mit stochastischen Prozessen
und linearen System die gleiche Bedeutung wie die Beziehung $Y(j\omega) =$
$H(j\omega)X(j\omega)$ im Kapitel der determinierten Signale. Während hierin
die komplexe Übertragungsfunktion $H(j\omega)$ auftritt, sind die spektralen
Leistungsdichten in Gl. (2.67) nur durch das Betragsquadrat des Frequenzganges miteinander verknüpft. Im nächsten Abschnitt wird gezeigt, wie die spektrale Leistungsdichte direkt gemessen werden kann.
Damit läßt sich durch Auswertung von Gl. (2.67) der Betragsfrequenzgang eines Systems bestimmen, wenn als Systemerregung weißes Rauschen mit $S_{xx}(\omega) = S_0$ näherungsweise realisiert wird.

Mit Hilfe von Rauscherregungen ist jedoch auch die Bestimmung der
komplexen Übertragungsfunktion möglich, wie Gl. (2.66b) zeigt. Hierbei wird ebenfalls weißes Rauschen als Eingangsprozeß erzeugt, die
Kreuzkorrelierte $r_{xy}(\tau)$ gemäß Abschn. 2.2.3 gemessen und das Ergebnis der (diskreten) Fourier-Transformation unterzogen. Man spricht in
diesem Zusammenhang von der *Korrelationsmeßtechnik*.

### 2.3.3 Beispiele zu stochastischen Signalen in LZI-Systemen

a) Ein idealer Tiefpaß der Übertragungsfunktion

$$H(j\omega) = A_0 \operatorname{rect}\left(\frac{\omega}{2\omega_g}\right) e^{-j\omega t_0}$$

wird mit weißem Rauschen erregt. Die mittlere Leistung des Ausgangsprozesses, d.h. das Quadrat des Effektivwertes der betrachteten Musterfunktion, ist mit Gl. (2.53) gegeben durch

$$y_{\text{eff}}^2 = r_{yy}(0) = \frac{1}{2\pi} \int\limits_{-\infty}^{\infty} S_{yy}(\omega)\, d\omega.$$

Mit Gl. (2.67) erhält man hieraus für das Tiefpaßsystem bei Rauschan-
regung $(S_{xx}(\omega) = S_0)$

$$y_{\text{eff}}^2 = \frac{1}{2\pi} \int\limits_{-\omega_g}^{\omega_g} A_0^2 S_0\, d\omega = \frac{1}{2\pi} A_0^2 S_0 2\omega_g.$$

Für den Effektivwert einer Musterfunktion des Ausgangsprozesses gilt
also (mit $A_0 > 0$)

$$y_{\text{eff}} = A_0(2S_0 f_g)^{1/2}.$$

b) Es wird ein idealer Bandpaß mit dem Betragsfrequenzgang

$$A(\omega) = \text{rect}\left(\frac{\omega + \omega_0}{\Delta\omega}\right) + \text{rect}\left(\frac{\omega - \omega_0}{\Delta\omega}\right)$$

betrachtet, der durch den stationären stochastischen Prozeß $X(t)$ erregt wird. Die mittlere Leistung des Ausgangsprozesses $Y(t)$ berechnet
sich damit zu

$$y_{\text{eff}}^2 = \frac{1}{\pi} \int\limits_{\omega_0 - \Delta\omega/2}^{\omega_0 + \Delta\omega/2} S_{xx}(\omega)\,\mathrm{d}\omega\ .$$

Für hinreichend kleines $\Delta\omega > 0$ stimmt das Integral beliebig genau
mit $S_{xx}(\omega_0)\Delta\omega$ überein, und man erhält

$$S_{xx}(\omega_0) \approx \frac{y_{\text{eff}}^2}{2\Delta f}\ .$$

Die spektrale Leistungsdichte $S_{xx}(\omega)$ läßt sich also relativ einfach messen mit Hilfe eines durchstimmbaren Bandpasses der Bandbreite $\Delta f$
und eines Effektivwertmessers.

c) Die $RC$-Schaltung von Bild 2.11 sei durch weißes Rauschen
$S_{xx}(\omega) = S_0$  •———○  $r_{xx}(\tau) = S_0\delta(\tau)$    erregt.    Gesucht    werden
$S_{yy}(\omega)$  •———○  $r_{yy}(\tau)$ und die mittlere Leistung $y_{\text{eff}}^2$ des Ausgangsprozesses. Die Übertragungsfunktion des Systems lautet

$$H(\mathrm{j}\omega) = \frac{1}{1 + \mathrm{j}\omega T}\ , \quad T = RC\ ,$$

und damit ergibt sich für die spektrale Leistungsdichte des Ausgangsprozesses mit Gl. (2.67)

$$S_{yy}(\omega) = \frac{S_0}{1 + (\omega T)^2}\ .$$

Am Ausgang der $RC$-Schaltung erhält man also einen Markoffschen
Prozeß mit der AKF nach Gl. (2.59b)

$$r_{yy}(\tau) = \frac{S_0}{2T}\,\mathrm{e}^{-|\tau|/T}.$$

Je kleiner die Zeitkonstante $T = RC$ ist, desto höher wird die mittlere Leistung

$$y_{\text{eff}}^2 = r_{yy}(0) = \frac{S_0}{2T} \, .$$

In Bild 2.11 sind diese Zusammenhänge nochmals graphisch veranschaulicht.

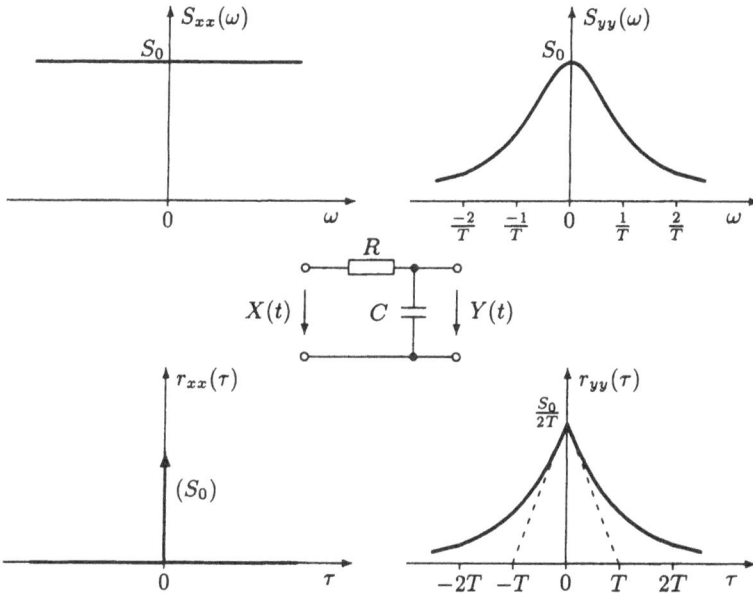

Bild 2.11 Spektrale Leistungsdichten und Autokorrelierte am Ein- und Ausgang einer *RC*-Schaltung

## 2.3.4 Signalerkennung im Rauschen (matched filter)

Eine wesentliche Aufgabe der Nachrichtenübertragung besteht darin, ein durch Rauschen verdecktes Nutzsignal wiederzugewinnen. Wird hierbei ein Nutzsignal, von dem nur eine statistische Signalbeschreibung bekannt ist, möglichst weitgehend von den überlagerten Störungen befreit, so spricht man von *Signalschätzung* oder *Optimalfilterung* (siehe hierzu Abschn. 2.4). Soll dagegen nur entschieden werden, ob das empfangene Signalgemisch ein in seiner Form bekanntes Nutzsignal enthält, dann wird von *Signalerkennung* oder *Suchfilterung* gesprochen. Ein Beispiel hierzu, nämlich die Erkennung eines periodischen Signals, das von einem stochastischen Geräusch überlagert ist, wurde bereits zum Schluß von Abschn. 2.2.3.2 behandelt. Im Zusammenhang mit digitalen Übertragungsverfahren ist man mehr an der Erkennung zeitbegrenzter, impulsförmiger Signale interessiert.

### 2.3.4.1 Die Übertragungsfunktion des Suchfilters

Empfangen werde das Signalgemisch $x(t) + M(t)$ mit einem determinierten Nutzsignal endlicher Dauer $x(t)$ und einem mittelwertfreien, stationären Rauschprozeß $M(t)$ gemäß Bild 2.12. Am Ausgang des LZI-Systems mit der Impulsantowrt $h(t)$ ergibt sich die Summe aus (Nutz-)Signal und Rauschen $y(t) + N(t)$. Zum Zeitpunkt $t = t_0$ betrachten wir die momentane Signalleistung $P_s = y^2(t_0)$ und die mittlere Leistung des Rauschprozesses (engl.: noise) $P_n = E[N^2(t_0)]$. Es stellt sich nun die Aufgabe, die Impulsantwort bzw. Übertragungsfunktion mit $h(t)$ $\circ\!\!-\!\!\bullet$ $H(j\omega)$ derart festzulegen, daß das *Signal-Rausch-Verhältnis*

$$SN = \frac{P_s}{P_n} = \frac{y^2(t_0)}{E[N^2(t_0)]} \tag{2.68}$$

maximal wird. Mit der Zuordnung $x(t)$ $\circ\!\!-\!\!\bullet$ $X(j\omega)$ gilt für das Nutzsignal

$$y(t) = \frac{1}{2T} \int_{-\infty}^{\infty} X(j\omega)H(j\omega)\,e^{j\omega t}\,d\omega$$

und damit für die momentane Signalleistung

$$P_s = y^2(t_0) = \left[\frac{1}{2\pi} \int_{-\infty}^{\infty} X(j\omega)H(j\omega)\,e^{j\omega t_0}\,d\omega\right]^2. \tag{2.69}$$

Nimmt man weiter einen ergodischen Rauschprozeß an, so kann der Ensemblemittelwert $E[N^2(t_0)]$ durch den entsprechenden Zeitmittel-

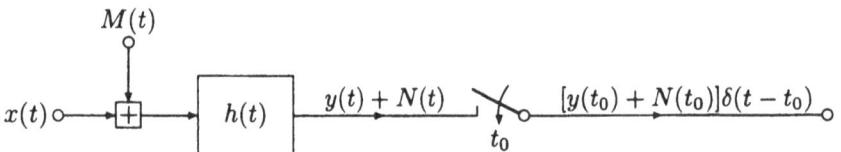

Bild 2.12 Ein- und Ausgangssignale eines linearen Systems zur Signalerkennung

wert der Musterfunktion $n(t)$ ersetzt werden, und es ergibt sich mit
Gl. (2.53)

$$P_n = \overline{n^2(t)} = \frac{1}{2\pi} \int\limits_{-\infty}^{\infty} S_{nn}(\omega)\,d\omega \ .$$

Hierbei ist $S_{nn}(\omega)$ die spektrale Leistungsdichte des Ausgangs-Rausch-
prozesses, die mit Gl. (2.67) durch die Leistungsdichte des Eingangsprozesses $S_{mm}(\omega)$ ausgedrückt werden kann:

$$P_n = \frac{1}{2\pi} \int\limits_{-\infty}^{\infty} |H(j\omega)|^2 S_{mm}(\omega)\,d\omega \ . \tag{2.70}$$

Gl. (2.69) wird nun mit $S_{mm}^{1/2}(\omega)$ erweitert, und man erhält mit Hilfe
der Schwarzschen Ungleichung[1] die Abschätzung

$$P_s = \left[ \frac{1}{2\pi} \int\limits_{-\infty}^{\infty} H(j\omega) S_{mm}^{1/2}(\omega) \frac{X(j\omega)}{S_{mm}^{1/2}(\omega)}\,e^{j\omega t_0}\,d\omega \right]^2$$

$$\leq \frac{1}{2\pi} \int\limits_{-\infty}^{\infty} |H(j\omega)|^2 S_{mm}(\omega)\,d\omega \cdot \frac{1}{2\pi} \int\limits_{-\infty}^{\infty} \frac{|X(j\omega)|^2}{S_{mm}(\omega)}\,d\omega \ . \tag{2.71}$$

Für das $SN$-Verhältnis gilt also mit den Gln. (2.68), (2.70) und (2.71)

$$SN \leq \frac{1}{2\pi} \int\limits_{-\infty}^{\infty} \frac{|X(j\omega)|^2}{S_{mm}(\omega)}\,d\omega \ . \tag{2.72}$$

Das Gleichheitszeichen gilt mit einer beliebigen reellen Konstanten $k$
für die (optimale) Übertragungsfunktion

$$H_o(j\omega) = k\,\frac{X^*(j\omega)}{S_{mm}(\omega)}\,e^{-j\omega t_0}. \tag{2.73}$$

---

[1]Die Schwarzsche Ungleichung beinhaltet folgende Aussage: Sind $F_1(j\omega)$, $F_2(j\omega)$
zwei komplexwertige, stückweise stetige Funktionen des reellen Parameters $\omega$, so
gilt die Relation

$$\left| \int\limits_{a}^{b} F_1(j\omega) F_2^*(j\omega)\,d\omega \right|^2 \leq \int\limits_{a}^{b} |F_1(j\omega)|^2\,d\omega \cdot \int\limits_{a}^{b} |F_2(j\omega)|^2\,d\omega \ .$$

Das Gleichheitszeichen gilt genau für $F_1(j\omega) = k F_2(j\omega)$.

Das Suchfilter verstärkt jene Spektralanteile, in denen das Amplitudenspektrum des Nutzsignals groß und die spektrale Leistungsdichte des Rauschens relativ klein ist. Hierdurch wird erreicht, daß das SN-Verhältnis im Abtastzeitpunkt $t_0$ seinen maximal möglichen Wert annimmt.

### 2.3.4.2 Die Impulsantwort des Suchfilters

Setzt man als Störung $M(t)$ weißes Rauschen der spektralen Leistungsdichte $S_{mm}(\omega) = S_0$ voraus, dann vereinfacht sich Gl. (2.73) wie folgt:

$$H_o(j\omega) = \frac{k}{S_0} \left[ X(j\omega) \, e^{j\omega t_0} \right]^* = k' \left[ X(j\omega) \, e^{j\omega t_0} \right]^* .$$

Mit den Gln. (1.40) und (1.41) ergibt sich hieraus die Impulsantwort des optimalen Suchfilters in der einfachen Form

$$h_o(t) = k' x(t_0 - t) . \qquad (2.74)$$

Ein in dieser Weise an das Signal $x(t)$ angepaßtes System wird auch als *matched filter* bezeichnet. Da das Nutzsignal als zeitbegrenzt vorausgesetzt wurde, läßt sich durch geeignete Wahl von $t_0$ stets eine kausal realisierbare Impulsantwort angeben. Für das $SN$-Verhältnis des Suchfilters folgt aus Gl. (2.72) mit $S_{mm}(\omega) = S_0$

$$SN = \frac{1}{2\pi S_0} \int\limits_{-\infty}^{\infty} |X(j\omega)|^2 \, d\omega = \frac{E_x}{S_0} . \qquad (2.75)$$

Hierbei stellt $E_x$ nach Gl. (1.49) die Energie des Nutzsignals $x(t)$ dar.

Im störungsfreien Fall kann das Ausgangssignal des Suchfilters aus dem Faltungsprodukt des Signals $x(t)$ mit der Impulsantwort $h_o(t)$ berechnet werden:

$$y(t) = k' x(t) * x(t_0 - t) . \qquad (2.76)$$

Bild 2.13 zeigt das entsprechende Ergebnis für einen einzelnen Rechteckimpuls der Dauer $T$ als Eingangssignal. Mit dem Ergebnis von Aufg. 1.7 liefert die Faltung der beiden Rechteckimpulse gleicher Breite einen Dreieckimpuls der Dauer $2T$, wobei das Maximum genau im Abtastzeitpunkt $t_0$ erreicht wird.

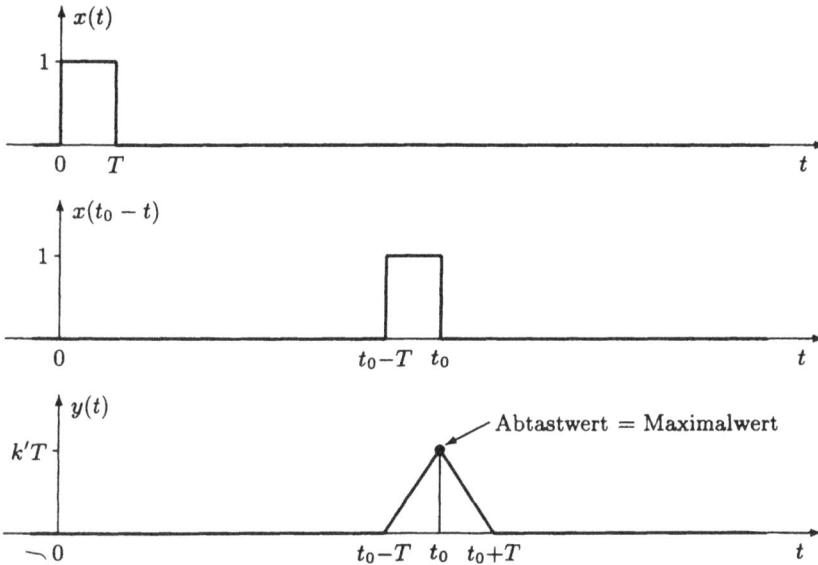

Bild 2.13 Entstehung eines dreieckförmigen Ausgangssignals des matched filters aus einem rechteckförmigen Eingangssignal

Für ein weiteres Beispiel soll ein im Intervall $(-t_g, t_g)$ zeitbegrenztes Signal angenommen werden, so daß sich Gl. (2.76) in folgender Form angeben läßt:

$$y(t) = k' \int\limits_{-t_g}^{t_g} x(\vartheta) x(t_0 - t + \vartheta)\, d\vartheta\,.$$

In Abschn. 2.2.3.1 wurde die AKF zeitbegrenzter Rechteckfolgen der Dauer $2t_g$ definiert. Unter Beachtung von Gl. (2.46a) lautet diese Autokorrelierte $\tilde{r}_{xx}(\tau)$ mit dem Argument $t - t_0$ statt $\tau$ aufgeschrieben

$$\tilde{r}_{xx}(t - t_0) = \frac{1}{2t_g} \int\limits_{-t_g}^{t_g} x(\vartheta) x(t_0 - t + \vartheta)\, d\vartheta\,.$$

Aus dem Vergleich dieser beiden Faltungsintegrale folgt

$$y(t) = k' 2 t_g \tilde{r}_{xx}(t - t_0)\,. \tag{2.77}$$

Das Ausgangssignal ist also der um $t_0$ verzögerten AKF zeitbegrenzter Signale proportional. Damit kann ein *Suchfilter* auch als *Korrelator* interpretiert werden.

Als Anwendungsbeispiel soll das obere Signal von Bild 2.8 betrachtet werden. Das Ausgangssignal des matched filters, das sich mit Gl. (2.77) aus Bild 2.9 einfach konstruieren läßt, ist in Bild 2.14 dargestellt. An dem Ergebnis ist bemerkenswert, daß nicht nur im Abtastzeitpunkt $t_0$ der Maximalwert auftritt, sondern gleichzeitig eine enorme *Impulskompression* stattfindet. Dies hängt damit zusammen, daß $x(t)$ zur Signalklasse der sog. *Barker-Codes* gehört, die mit sich selbst nur minimal korreliert sind. Da diese Rechteckfolge eine Dauer von $11T$ besitzt, ist die Energie $E_x$ – und damit auch das $SN$-Verhältnis gemäßt Gl. (2.75) – elfmal höher als im Fall des einzelnen Rechteckimpulses von Bild 2.13.

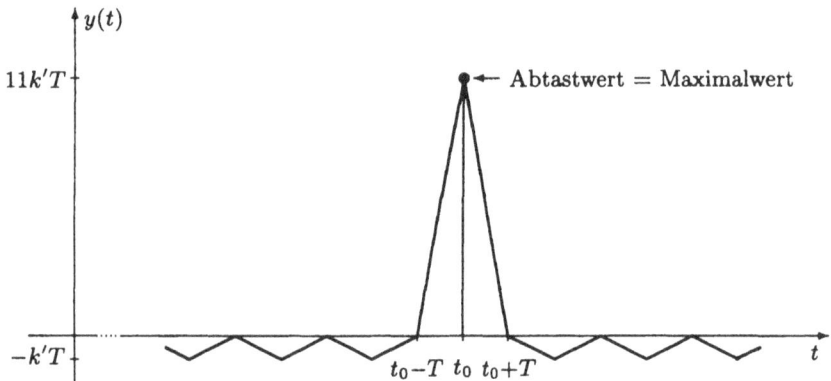

Bild 2.14  Ausgangssignal des matched filters bei einem Barker-Code der Länge $11T$ als Eingangssignal

## 2.4   Optimalfilter (Wiener-Filter)

Eine der interessantesten Anwendungen der stochastischen Signaltheorie stellt die Signalschätzung oder Optimalfilterung dar. Es geht hierbei darum, ein durch Rauschen oder andere Störungen überlagertes Nutzsignal, von dem nur statistische Kenngrößen bekannt sind, möglichst genau zu rekonstruieren. Bekannt ist diese Problemstellung im Zusammenhang mit dem Rauschfilter eines Hi-Fi-Verstärkers.

Man stelle sich die Überspielung einer Musikaufnahme mit vielen hohen Spektralanteilen vor, die gleichzeitig stark verrauscht ist. Wird die Grenzfrequenz des Rauschfilters, das als einfacher Tiefpaß realisiert ist, relativ hoch eingestellt, so bleiben die hohen Töne der Aufnahme erhalten, aber die Störungen sind mitunter unerträglich. Stellt man dagegen die Grenzfrequenz des Filters sehr tief ein, so läßt sich das Rauschen gut unterdrücken, aber der Musikgenuß geht verloren, weil die hohen Spektralanteile fehlen. Irgendwo zwischen diesen Einstellungen gibt es ein subjektives (gefühlsmäßiges) und ein objektives (mathematisches) Optimum, die beide durchaus nicht übereinstimmen müssen.

### 2.4.1 Die Wiener-Hopfsche Integralgleichung

Empfangen werde ein stochastischer Prozeß $X(t)$, der sich gemäß Bild 2.15 additiv zusammensetzt aus dem Nutzsignal $M(t)$ und einer Störung $N(t)$, die als mittelwertfreie, stationäre stochastische Prozesse betrachtet werden. Gegeben sei außerdem die Impulsantwort bzw. Übertragungsfunktion $g(t)$ ○—● $G(j\omega)$ eines „Wunschfilters", das nicht notwendigerweise realisierbar sein muß. Es stellt sich nun die Aufgabe, die Impulsantwort bzw. Übertragungsfunktion $h(t)$ ○—● $H(j\omega)$ eines LZI-Systems zu bestimmen, so daß das Ausgangssignal $Y(t)$ möglichst wenig vom Wunschsignal $Z(t)$ abweicht. Ausgedrückt wird diese Abweichung durch das *mittlere Fehlerquadrat* (als objektives Kriterium), das mit dem Ergodentheorem lautet

$$E[F^2(t)] = \overline{f^2(t)} = \overline{[z(t) - y(t)]^2}\,. \tag{2.78}$$

Hierbei stellen $f(t)$, $z(t)$ und $y(t)$ Musterfunktionen der entsprechenden Prozesse dar. Das Ausgangssignal $y(t)$ ergibt sich mit Gl. (2.60), wobei das Faltungsintegral durch eine endliche Faltungssumme beliebig genau approximiert werden kann. Damit erhält man für das Fehlerkriterium die Näherung

$$\widetilde{E}[F^2(t)] = \overline{\left[z(t) - \sum_n h(\vartheta_n)x(t - \vartheta_n)\Delta\vartheta\right]^2}\,,$$

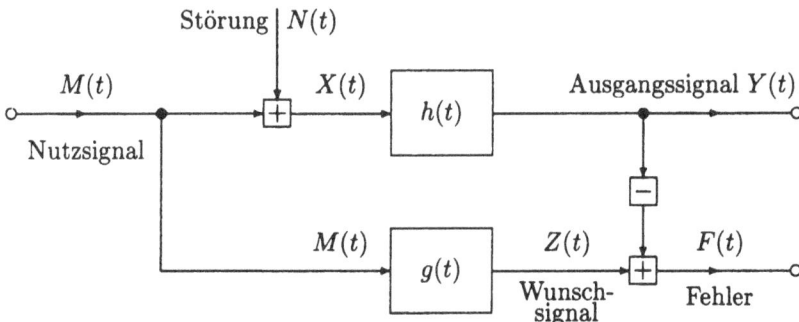

Bild 2.15 Signalflußbild zur Herleitung der Impulsantwort $h(t)$ des Optimalfilters

die in Abhängigkeit von den Werten $h(\vartheta_n)$ zum Minimum zu machen ist. Dazu wird $\widetilde{E}[F^2(t)]$ nach $h(\vartheta_n)$ für alle $n$ partiell differenziert, wobei Differentiation und Mittelwertbildung vertauscht werden dürfen:

$$\frac{\partial \widetilde{E}[F^2(t)]}{\partial h(\vartheta_n)} = 2\overline{\left[z(t) - \sum_n h(\vartheta_n)x(t-\vartheta_n)\Delta\vartheta\right]\left[-x(t-\vartheta_n)\Delta\vartheta\right]}. \quad (2.79)$$

Die zweite partielle Ableitung dieses Ergebnisses nach $h(\vartheta_n)$ liefert

$$\frac{\partial^2 \widetilde{E}[F^2(t)]}{\partial h^2(\vartheta_n)} = 2\overline{[x(t-\vartheta_n)\Delta\vartheta]^2} > 0 \quad \text{für alle } n.$$

Wird nun der Differentialquotient von Gl. (2.79) gleich Null gesetzt, dann ergibt sich eine Bestimmungsgleichung für $h(\vartheta_n)$, so daß der Fehler zum Minimum wird. Kürzt man zunächst den Faktor $-2\Delta\vartheta$ und ersetzt die Summe wieder durch das entsprechende Integral, dann gilt

$$\overline{[z(t) - y(t)][x(t-\tau)]} = 0 \quad \text{für alle } \tau. \quad (2.80)$$

Mit Gl. (2.60) und der Beziehung für das Wunschsignal

$$z(t) = \int\limits_{-\infty}^{\infty} g(\vartheta)m(t-\vartheta)\,\mathrm{d}\vartheta \quad (2.81)$$

lautet Gl. (2.80) ausführlich aufgeschrieben

$$\lim_{T\to\infty} \frac{1}{2T} \int\limits_{-T}^{T} \left[\int\limits_{-\infty}^{\infty} g(\vartheta)m(t-\vartheta)\,\mathrm{d}\vartheta - \int\limits_{-\infty}^{\infty} h(\vartheta)x(t-\vartheta)\,\mathrm{d}\vartheta\right] [x(t-\tau)]\,\mathrm{d}t$$

$$= \int\limits_{-\infty}^{\infty} g(\vartheta) \lim_{T\to\infty} \frac{1}{2T} \int\limits_{-T}^{T} x(t)m(t+\tau-\vartheta)\,\mathrm{d}t\,\mathrm{d}\vartheta$$

$$- \int\limits_{-\infty}^{\infty} h(\vartheta) \lim_{T\to\infty} \frac{1}{2T} \int\limits_{-T}^{T} x(t)x(t+\tau-\vartheta)\,\mathrm{d}t\,\mathrm{d}\vartheta = 0.$$

Hieraus erhält man mit den Gln. (2.44), (2.45) und (2.63) die *Wiener-Hopfsche-Integralgleichung*

$$\int\limits_{-\infty}^{\infty} g(\vartheta)r_{xm}(\tau-\vartheta)\,\mathrm{d}\vartheta = \int\limits_{-\infty}^{\infty} h(\vartheta)r_{xx}(\tau-\vartheta)\,\mathrm{d}\vartheta = r_{xy}(\tau). \quad (2.82)$$

Vor der Lösung dieser Integralgleichung im Frequenzbereich wird das mittlere Fehlerquadrat nach Gl. (2.78) noch umgeformt zu

$$\overline{f^2(t)} = \overline{z^2(t)} - \overline{y(t)z(t)} - \overline{[z(t) - y(t)]y(t)} \, . \qquad (2.83)$$

Für den zweiten Summanden auf der rechten Seite dieser Gleichung ergibt sich mit den Gln. (2.60), (2.81) und (2.82) in ausführlicher Schreibweise

$$\overline{y(t)z(t)} = \lim_{T \to \infty} \frac{1}{2T} \int\limits_{-T}^{T} \int\limits_{-\infty}^{\infty} h(\tau)x(t-\tau)\,\mathrm{d}\tau \int\limits_{-\infty}^{\infty} g(\vartheta)m(t-\vartheta)\,\mathrm{d}\vartheta\,\mathrm{d}t$$

$$= \int\limits_{-\infty}^{\infty} h(\tau) \int\limits_{-\infty}^{\infty} g(\vartheta) \lim_{T \to \infty} \frac{1}{2T} \int\limits_{-T}^{T} x(t-\tau)m(t-\vartheta)\,\mathrm{d}t\,\mathrm{d}\vartheta\,\mathrm{d}\tau$$

$$= \int\limits_{-\infty}^{\infty} h(\tau) \int\limits_{-\infty}^{\infty} g(\vartheta)r_{xm}(\tau-\vartheta)\,\mathrm{d}\vartheta\,\mathrm{d}\tau$$

$$= \int\limits_{-\infty}^{\infty} h(\tau)r_{xy}(\tau)\,\mathrm{d}\tau \, .$$

Mit den Gln. (2.60) und (2.80) gilt für den dritten Summanden von Gl. (2.83)

$$\overline{[z(t) - y(t)]y(t)} = \lim_{T \to \infty} \frac{1}{2T} \int\limits_{-T}^{T} [z(t) - y(t)] \int\limits_{-\infty}^{\infty} h(\tau)x(t-\tau)\,\mathrm{d}\tau\,\mathrm{d}t$$

$$= \int\limits_{-\infty}^{\infty} h(\tau) \lim_{T \to \infty} \frac{1}{2T} \int\limits_{-T}^{T} [z(t) - y(t)]x(t-\tau)\,\mathrm{d}t\,\mathrm{d}\tau$$

$$= 0 \, .$$

Damit erhält man schließlich das *minimale mittlere Fehlerquadrat*

$$\overline{f^2(t)}_{\mathrm{min}} = \overline{z^2(t)} - \int\limits_{-\infty}^{\infty} h(\tau)r_{xy}(\tau)\,\mathrm{d}\tau \, . \qquad (2.84)$$

### 2.4.2 Lösung für das nichtrealisierbare Filter

Die Auflösung der Integralgleichung (2.82) nach $h(t)$ führt im allgemeinen nicht zu einer kausalen Impulsantwort des Optimalfilters. Diese Lösung für das nichtrealisierbare Filter ist jedoch einerseits sehr leicht zu gewinnen und bietet andererseits, bei geeigneter Vorgabe der Impulsantwort $g(t)$ des Wunschfilters, die Möglichkeit einer brauchbaren Näherung für das realisierbare Filter (vgl. Abschn. 2.4.3).

Mit dem Eingangsprozeß $X(t) = M(t) + N(t)$ folgt aus Aufg. 2.5 für die beiden Korrelationsfunktionen in Gl. (2.82)

$$r_{xm}(\tau) = r_{mm}(\tau) + r_{nm}(\tau)\,, \tag{2.85 a}$$

$$r_{xx}(\tau) = r_{mm}(\tau) + r_{mn}(\tau) + r_{nm}(\tau) + r_{nn}(\tau)\,. \tag{2.85 b}$$

Durch Anwendung der Fourier-Transformation auf die Gln. (2.82) und (2.85) erhält man mit den Korrespondenzen (2.54) und (2.55)

$$G(\mathrm{j}\omega)S_{xm}(\mathrm{j}\omega) = H(\mathrm{j}\omega)S_{xx}(\omega) = S_{xy}(\mathrm{j}\omega)\,, \tag{2.86}$$

mit

$$S_{xm}(\mathrm{j}\omega) = S_{mm}(\omega) + S_{nm}(\mathrm{j}\omega)\,, \tag{2.87 a}$$

$$S_{xx}(\omega) = S_{mm}(\omega) + S_{mn}(\mathrm{j}\omega) + S_{nm}(\mathrm{j}\omega) + S_{nn}(\omega)\,. \tag{2.87 b}$$

Für die *Übertragungsfunktion des Optimalfilters* gilt also allgemein

$$H(\mathrm{j}\omega) = \frac{S_{xm}(\mathrm{j}\omega)}{S_{xx}(\omega)}\, G(\mathrm{j}\omega) \tag{2.88 a}$$

und im Fall *unkorrelierter Prozesse* $M(t)$, $N(t)$ mit $S_{mn}(\mathrm{j}\omega) = S_{nm}(\mathrm{j}\omega)$ $= 0$:

$$H(\mathrm{j}\omega) = \frac{S_{mm}(\omega)}{S_{mm}(\omega) + S_{nn}(\omega)}\, G(\mathrm{j}\omega)\,. \tag{2.88 b}$$

Im störungsfreien Fall ist damit $H(\mathrm{j}\omega) = G(\mathrm{j}\omega)$, während Gl. (2.88b) für sehr große Störungen der Übertragungsfunktion des optimalen Suchfilters mit $G(\mathrm{j}\omega) = \exp(-\mathrm{j}\omega t_0)$ stark ähnelt. ($S_{mm}(\omega)$ stellt in Gl. (2.73) die spektrale Leistungsdichte des Rauschens dar.)

Das minimale Fehlerquadrat nach Gl. (2.84) läßt sich mit Gl. (2.53) und dem Parsevalschen Theorem (in der allgemeinen Form) folgendermaßen umformen:

$$\overline{f^2(t)}_{\min} = \frac{1}{2\pi}\int\limits_{-\infty}^{\infty} S_{zz}(\omega)\,\mathrm{d}\omega - \frac{1}{2\pi}\int\limits_{-\infty}^{\infty} H^*(\mathrm{j}\omega)S_{xy}(\mathrm{j}\omega)\,\mathrm{d}\omega\,. \tag{2.89}$$

Es gilt also für die *spektrale Leistungsdichte des Fehlers* mit den Gln. (2.67) und (2.86)

$$S_{ff}(\omega)_{\min} = |G(j\omega)|^2 S_{mm}(\omega) - H^*(j\omega)G(j\omega)S_{xm}(j\omega)\,.$$

Mit den Gln. (2.88), (2.87) und (2.56) erhält man hieraus nach elementaren Umformungen im allgemeinen Fall

$$S_{ff}(\omega)_{\min} = \frac{S_{mm}(\omega)S_{nn}(\omega) - S_{mn}(j\omega)S_{nm}(j\omega)}{S_{mm}(\omega) + S_{nn}(\omega) + S_{mn}(j\omega) + S_{nm}(j\omega)}\,|G(j\omega)|^2 \tag{2.90 a}$$

und im Fall *unkorrelierter Prozesse* $M(t)$, $N(t)$

$$S_{ff}(\omega)_{\min} = \frac{S_{mm}(\omega)S_{nn}(\omega)}{S_{mm}(\omega) + S_{nn}(\omega)}\,|G(j\omega)|^2. \tag{2.90 b}$$

Als Anwendungsbeispiel betrachten wir zwei unkorrelierte Prozesse $M(t)$, $N(t)$ mit den spektralen Leistungsdichten

$$S_{mm}(\omega) = \frac{S_{m0}}{1 + (\omega T)^2}\,, \quad S_{nn}(\omega) = S_{n0}$$

und ein verzerrungsfreies System als Wunschfilter

$$G(j\omega) = G_0\, e^{-j\omega t_0}\,.$$

Für die Übertragungsfunktion des Optimalfilters ergibt sich aus Gl. (2.88b)

$$H(j\omega) = \frac{H_0}{1 + (\omega a T)^2}\, e^{-j\omega t_0} \quad \text{mit}$$

$$H_0 = \frac{S_{m0}G_0}{S_{m0} + S_{n0}}\,, \quad a = \left(\frac{S_{n0}}{S_{m0} + S_{n0}}\right)^{1/2}.$$

Bild 2.16 zeigt die prinzipiellen Verläufe $S_{mm}(\omega)$, $S_{nn}(\omega)$, $|G(j\omega)|$ und $|H(j\omega)|$ für $S_{mo} = 3S_{no}$. Überraschend ist die Tatsache, daß das Optimalfilter eine erheblich größere Bandbreite besitzt als man „naiv" annehmen würde. Durch inverse Fourier-Transformation der Übertragungsfunktion erhält man die Impulsantwort des Optimalfilters

$$h(t) = \frac{H_0}{2aT}\, e^{-|t-t_0|/(aT)}.$$

Der prinzipielle Verlauf ist in Bild 2.17 für $S_{m0} = 3S_{n0}$ und $t_0 = T$ dargestellt. Da die Impulsantwort für $t < 0$ nicht identisch verschwindet, ist das zugehörige Filter nicht realisierbar.

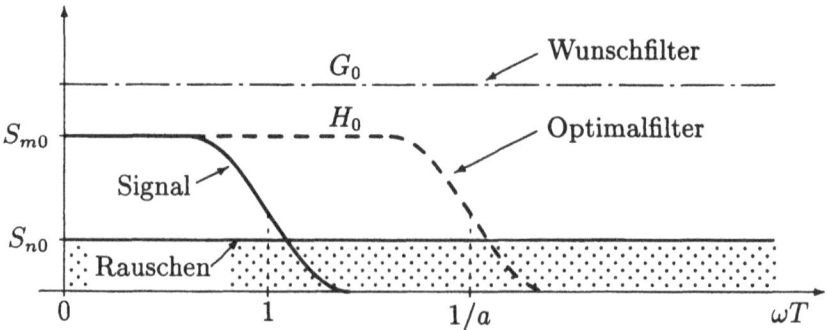

Bild 2.16 Spektrale Leistungsdichten und Betragsfrequenzgänge des gegebenen Beispiels

Die spektrale Leistungsdichte des Fehlers berechnet sich mit Gl. (2.90b)
zu

$$S_{ff}(\omega)_{\min} = \frac{S_{m0}S_{n0}}{S_{m0} + S_{n0}} \frac{G_0^2}{1 + (\omega a T)^2} \; .$$

Mit Gl. (2.53) erhält man hieraus das minimale mittlere Fehlerquadrat

$$\overline{f^2(t)}_{\min} = \frac{S_{m0}}{2T} \left( \frac{S_{n0}}{S_{m0} + S_{n0}} \right)^{1/2} G_0^2 \; .$$

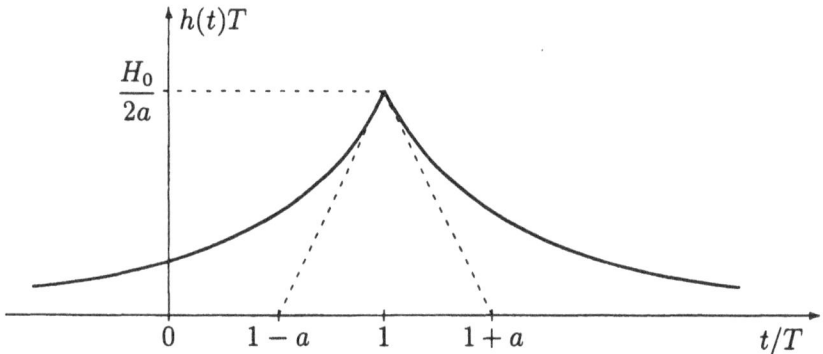

Bild 2.17 Impulsantwort des nichtrealisierbaren Optimalfilters des gegebenen Beispiels

### 2.4.3 Lösung für das realisierbare Filter

Soll nun die Impulsantwort des Optimalfilters mit der Eigenschaft
$h(t) = 0$ für alle $t < 0$ gefunden werden, so gilt die Beziehung (2.80)
und damit auch die Wiener-Hopfsche Integralgleichung nur für $\tau \geq 0$.

Um weiterhin die Fourier-Transformation auf Gl. (2.82) anwenden zu können, wird die akausale Funktion

$$q(\tau) = 0 \quad \text{für alle } \tau \geq 0$$

eingeführt, und man schreibt für alle $\tau$

$$q(\tau) = \int\limits_{-\infty}^{\infty} g(\vartheta) r_{xm}(\tau - \vartheta)\, d\vartheta - \int\limits_{-\infty}^{\infty} h(\vartheta) r_{xx}(\tau - \vartheta)\, d\vartheta \,. \qquad (2.91)$$

Diese Gleichung wird der FT unterzogen, und man erhält

$$Q(j\omega) = G(j\omega) S_{xm}(j\omega) - H(j\omega) S_{xx}(\omega)$$

oder anders aufgelöst mit Gl. (2.86)

$$H(j\omega) + \frac{Q(j\omega)}{S_{xx}(\omega)} = \frac{G(j\omega) S_{xm}(j\omega)}{S_{xx}(\omega)} = \frac{S_{xy}(j\omega)}{S_{xx}(\omega)} \,. \qquad (2.92)$$

Nach Abschn. 2.2.4.1 ist $S_{xx}(\omega)$ eine reelle, gerade, nichtnegative Funktion von $\omega$. Damit läßt sich nach Abschn. 1.4.5 folgende Produktzerlegung angeben:

$$S_{xx}(\omega) = |T_{xx}(j\omega)|^2 = T_{xx}(j\omega) T_{xx}(-j\omega) \,. \qquad (2.93)$$

$S_{xx}(\omega)$ wird also als Betragsquadrat einer realisierbaren Übertragungsfunktion aufgefaßt, wobei alle Pole und Nullstellen von $T_{xx}(p)$ in der linken und alle Pole und Nullstellen von $T_{xx}(-p)$ in der rechten $p$-Halbebene liegen. Mit dieser Produktzerlegung lautet Gl. (2.92)

$$H(j\omega) T_{xx}(j\omega) + \frac{Q(j\omega)}{T_{xx}(-j\omega)} = \frac{S_{xy}(j\omega)}{T_{xx}(-j\omega)} = K(j\omega) \,. \qquad (2.94)$$

Da die linke Seite dieser Beziehung aus einem realisierbaren und einem nichtrealisierbaren Anteil besteht, wird die rechte Seite additiv aufgespalten in

$$K(j\omega) = K^+(j\omega) + K^-(j\omega) \,.$$

Die Aufspaltung wird in der Weise durchgeführt, daß folgende Zuordnungen im Frequenz- und Zeitbereich gelten:

$$K(j\omega) \quad \bullet\!\!-\!\!\circ \quad k(t) \,, \qquad (2.95\,a)$$

$$H(j\omega) T_{xx}(j\omega) = K^+(j\omega) \quad \bullet\!\!-\!\!\circ \quad s(t) k(t) \,. \qquad (2.95\,b)$$

Hieraus folgt, daß $H(p)T_{xx}(p)$ als (einseitige) Laplace-Transformierte von $k(t)$ aufgefaßt werden kann, sofern neben $T_{xx}(p)$ auch $H(p)$ in $\text{Re}(p) > 0$ analytisch ist. Damit erhält man also die *Übertragungsfunktion des realisierbaren Optimalfilters*

$$H(p) = \frac{K^+(p)}{T_{xx}(p)} = \frac{1}{T_{xx}(p)} \int_0^\infty k(t)\,e^{-pt}\,dt \;. \qquad (2.96)$$

Zur Berechnung des minimalen Fehlerquadrates wird zunächst das Spektrum

$$H^*(j\omega) = \frac{1}{T_{xx}(-j\omega)} \int_0^\infty k(t)\,e^{j\omega t}\,dt$$

aus Gl. (2.96) ermittelt und in die Beziehung (2.89), die sowohl für das nichtrealisierbare als auch für das realisierbare Optimalfilter gilt, eingesetzt:

$$\overline{f^2(t)}_{\min} = \overline{z^2(t)} - \frac{1}{2\pi} \int_{-\infty}^\infty \frac{S_{xy}(j\omega)}{T_{xx}(-j\omega)} \int_0^\infty k(t)\,e^{j\omega t}\,dt\,d\omega$$

$$= \overline{z^2(t)} - \int_0^\infty k(t) \frac{1}{2\pi} \int_{-\infty}^\infty \frac{S_{xy}(j\omega)}{T_{xx}(-j\omega)}\,e^{j\omega t}\,d\omega\,dt \;.$$

Mit Gl. (2.94) und Korrespondenz (2.95a) folgt hieraus für den *Fehler des realisierbaren Optimalfilters*

$$\left[\overline{f^2(t)}_{\min}\right]_{\text{real}} = \overline{z^2(t)} - \int_0^\infty k^2(t)\,dt \;.$$

In entsprechender Weise erhält man beim nichtrealisierbaren Optimalfilter

$$\left[\overline{f^2(t)}_{\min}\right]_{\text{nire}} = \overline{z^2(t)} - \int_{-\infty}^\infty k^2(t)\,dt \;.$$

Der Zuwachs des Fehlers durch die Realisierbarkeitsforderung berechnet sich also zu

$$\left[\overline{f^2(t)}_{\min}\right]_{\text{real}} - \left[\overline{f^2(t)}_{\min}\right]_{\text{nire}} = \int_{-\infty}^0 k^2(t)\,dt \;. \qquad (2.97)$$

Die Berechnung eines realisierbaren Optimalfilters soll nun anhand des Beispiels von Abschn. 2.4.2 aufgezeigt werden. Mit Gl. (2.87b) erhält man für das Betragsquadrat von Gl. (2.93)

$$|T_{xx}(j\omega)|^2 = S_{mm}(\omega) + S_{nn}(\omega) = T_0^2 \frac{1 + (\omega a T)^2}{1 + (\omega T)^2}$$

mit

$$T_0 = (S_{m0} + S_{n0})^{1/2}, \quad a = S_{n0}^{1/2}/T_0.$$

Für die Produktzerlegung wird gemäß Gl. (1.129a) $j\omega$ durch $p$ ersetzt:

$$T_{xx}(p)T_{xx}(-p) = T_0 \frac{1 + paT}{1 + pT} T_0 \frac{1 - paT}{1 - pT},$$

woraus unmittelbar mit $p = j\omega$ folgt

$$T_{xx}(j\omega) = T_0 \frac{1 + j\omega aT}{1 + j\omega T}.$$

Die rechte Seite von Gl. (2.94) ergibt sich mit den Gln. (2.92) und (2.87a) zu

$$K(j\omega) = \frac{G(j\omega)S_{mm}(\omega)}{T_{xx}(-j\omega)} = \frac{K_0}{(1 + j\omega T)(1 - j\omega aT)} e^{-j\omega t_0}$$

mit $K_0 = G_0 S_{m0}/T_0$.

Diese Beziehung kann mit der Partialbruchentwicklung

$$\frac{1}{(1 + j\omega T)(1 - j\omega aT)} = \frac{1}{1 + a} \left( \frac{1}{1 + j\omega T} + \frac{a}{1 - j\omega aT} \right)$$

gemäß Korrespondenz (2.95a) direkt in den Zeitbereich transformiert werden:

$$k(t) = \frac{K_0}{(1 + a)T} \left[ s(t - t_0) e^{-(t-t_0)/T} + s(-t - t_0) e^{(t-t_0)/(aT)} \right].$$

Der prinzipielle Verlauf ist in Bild 2.18 für $S_{m0} = 3S_{n0}$ und $t_0 = T$ dargestellt. Durch Laplace-Transformation der kausalen Zeitfunktion $s(t)k(t)$ erhält man mit Gl. (2.96) zunächst das Produkt

$$H(p)T_{xx}(p) = \frac{K_0}{(1 + a)T} \left[ \int_{t_0}^{\infty} e^{-(t-t_0)/T} e^{-pt} dt + \int_{0}^{t_0} e^{(t-t_0)/(aT)} e^{-pt} dt \right].$$

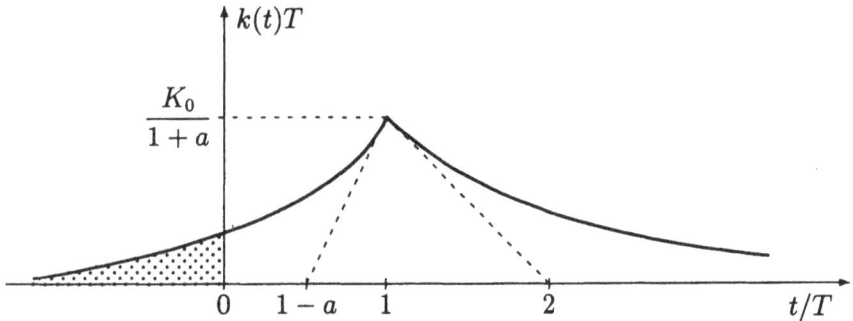

Bild 2.18 Die nichtkausale Funktion $k(t)$ des gegebenen Beispiels

Die beiden Integrale lassen sich elementar auswerten und es ergibt sich
nach einfachen Umformungen

$$H(p)T_{xx}(p) = \frac{K_0}{1+a} \left[ \left( \frac{1}{1+pT} + \frac{a}{1-paT} \right) e^{-pt_0} - \frac{a}{1-paT} e^{-t_0/(aT)} \right] .$$

Durch Division mit $T_{xx}(p)$ folgt hieraus die Übertragungsfunktion des
realisierbaren Optimalfilters

$$H(p) = \frac{H_0}{(1+paT)(1-paT)} e^{-pt_0} - \frac{aH_0}{1+a} \frac{1+pT}{(1+paT)(1-paT)} e^{-t_0/(aT)}$$

mit

$$H_0 = \frac{S_{m0}G_0}{S_{m0}+S_{n0}}, \quad a = \left( \frac{S_{n0}}{S_{m0}+S_{n0}} \right)^{1/2} .$$

Der erste Summand ist identisch mit der Übertragungsfunktion des
nichtrealisierbaren Optimalfilters, wenn man $p$ durch $j\omega$ ersetzt und die
beiden Klammern des Nenners ausmultipliziert. Der zweite Summand
ist ein Korrekturglied zur Herstellung der Realisierbarkeit, das mit $t_0$
exponentiell abnimmt. Mit Hilfe der Partialbruchzerlegung

$$H(p) = \frac{H_0}{2} \left[ \left( \frac{1}{1+paT} + \frac{1}{1-paT} \right) e^{-pt_0} \right.$$
$$\left. + \left( \frac{1-a}{1+a} \frac{1}{1+paT} - \frac{1}{1-paT} \right) e^{-t_0/(aT)} \right]$$

läßt sich die Übertragungsfunktion unmittelbar in den Zeitbereich
transformieren, und man erhält die Impulsantwort des realisierbaren
Optimalfilters

$$h(t) = \frac{H_0}{2aT} \left[ \left( e^{-(t-t_0)/(aT)} - e^{(t-t_0)/(aT)} \right) s(t - t_0) \right.$$
$$\left. + \left( \frac{1-a}{1+a} e^{-(t+t_0)/(aT)} + e^{(t-t_0)/(aT)} \right) s(t) \right]$$
$$= \frac{H_0}{2aT} \left[ e^{-|t-t_0|/(aT)} + \frac{1-a}{1+a} e^{-(t+t_0)/(aT)} \right] s(t) \,.$$

Die Impulsantwort des realisierbaren Filters setzt sich also zusammen aus dem kausalen Anteil der Impulsantwort des nichtrealisierbaren Filters und einem Korrekturglied, das mit $t_0$ exponentiell abnimmt. Die beiden Anteile sind in Bild 2.19 für $S_{m0} = 3S_{n0}$ und $t_0 = T$ dargestellt. Für ein hinreichend großes $t_0$ ist die Impulsantwort des realisierbaren Optimalfilters praktisch identisch mit dem kausalen Anteil der Impulsantwort des nichtrealisierbaren Filters. Der Zuwachs des Fehlers gegenüber dem nichtrealisierbaren Filter nach Gl. (2.97)

$$\int\limits_{-\infty}^{0} k^2(t)\,\mathrm{d}t = \frac{K_0^2}{(1+a)^2} \frac{a}{2T} e^{-2t_0/(aT)}$$

nimmt ebenfalls mit $t_0$ exponentiell ab (gepunkteter Bereich in Bild 2.18) und läßt sich deshalb durch geeignete Wahl von $t_0$ beliebig klein halten.

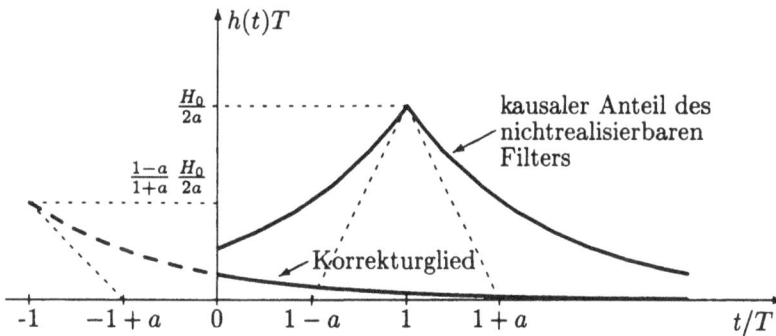

Bild 2.19 Impulsantwort des realisierbaren Optimalfilters

## 2.5   Zeitdiskrete stochastische Signale

In Abschn. 2.1 sind die Grundbegriffe der Wahrscheinlichkeitsrechnung sowohl für kontinuierliche als auch diskrete Zufallsgrößen behandelt worden. Die Ergebnisse der Abschn. 2.2, 2.3 und 2.4 lassen sich auf zeitdiskrete stochastische Signale übertragen, wenn man den kontinuierlichen Zeitparameter $t$ durch den diskreten, normierten Zeitparameter $n$ ersetzt. Ferner muß natürlich die grundsätzlich andersartige Beschreibung zeitdiskreter Systeme im Zeit- und Frequenzbereich, entsprechend Abschn. 1.7, berücksichtigt werden. Wegen der bestehenden Analogien genügt jedoch eine knappe Darstellung der wichtigsten Beziehungen.

### 2.5.1 Beschreibung zeitdiskreter Prozesse

Ein zeitdiskreter stochastischer Prozeß $X(n)$ mit den Musterfunktionen $x_i(n)$ $(i = 1, \ldots, m)$ entsteht beispielsweise durch Abtastung des kontinuierlichen Prozesses von Bild 2.6 und ist in Bild 2.20 dargestellt. Die Formeln der *Verteilungsfunktionen* und *Erwartungswerte* von Abschn. 2.2.1 können mit $n_0$, $n_1$ und $n_2$ statt $t_0$, $t_1$ und $t_2$ direkt übernommen werden.

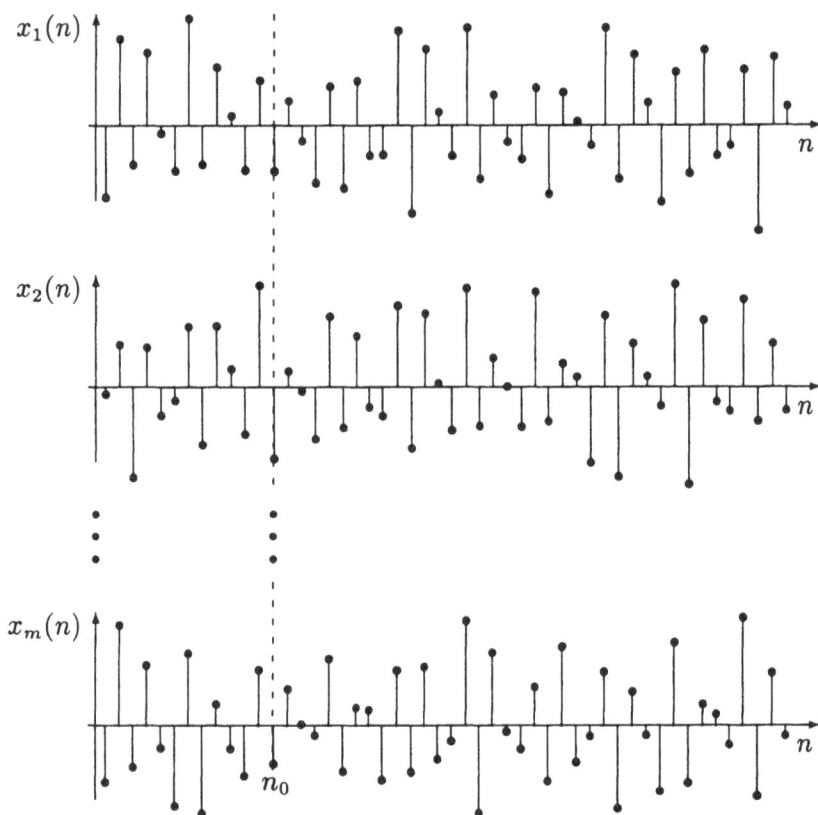

Bild 2.20 Beispiel eines zeitdiskreten Prozesses

Im Zusammenhang mit der *Stationarität* seien die beiden Formeln

$$m_x(n_0) = m_x(n_0 + \mu) = m_x \,, \tag{2.98 a}$$

$$r_{xx}(n_1, n_2) = r_{xx}(n_1 + \mu, n_2 + \mu) = r_{xx}(\nu) \tag{2.98 b}$$

mit der diskreten zeitlichen Verschiebung $\mu$ und der diskreten Zeitdifferenz $\nu = n_2 - n_1$ aufgeschrieben. Die entsprechenden Gleichungen zum Begriff *Ergodizität* lauten

$$m_x = \lim_{N \to \infty} \frac{1}{2N+1} \sum_{n=-N}^{N} x_i(n) = \overline{x_i(n)} \quad \text{für alle } i \,, \tag{2.99 a}$$

$$r_{xx}(\nu) = \lim_{N \to \infty} \frac{1}{2N+1} \sum_{n=-N}^{N} x_i(n)x_i(n+\nu) = \overline{x_i(n)x_i(n+\nu)} \tag{2.99 b}$$
$$\text{für alle } i \,.$$

Auch hier wird der Index der betreffenden Musterfunktion gewöhnlich weggelassen, und man schreibt für die zeitdiskrete *Autokorrelationsfunktion*

$$r_{xx}(\nu) = \lim_{N \to \infty} \frac{1}{2N+1} \sum_{n=-N}^{N} x(n)x(n+\nu) \tag{2.100 a}$$

und für die *Kreuzkorrelationsfunktion*

$$r_{xy}(\nu) = \lim_{N \to \infty} \frac{1}{2N+1} \sum_{n=-N}^{N} x(n)y(n+\nu) \,. \tag{2.100 b}$$

Bezüglich der Messung und der Eigenschaften der Korrelationsfunktionen können die Ergebnisse von Abschn. 2.2.3 sinngemäß übernommen werden.

Das *Wiener-Khintchine-Theorem* lautet im zeitdiskreten Fall

$$r_{xx}(\nu) \quad \circ\!\!-\!\!\bullet \quad R_{xx}(\Omega) = S_{xx}(\Omega) \tag{2.101}$$

mit der *spektralen Leistungsdichte* (die bezüglich $\Omega = \omega \Delta t$ gemäß Abschn. 1.7.5 $2\pi$-periodisch ist)

$$S_{xx}(\Omega) = \sum_{\nu=-\infty}^{\infty} r_{xx}(\nu) \, e^{-j\nu\Omega} \,.$$

Aus der Umkehrbeziehung, die sich mit $z = \exp(j\Omega)$ aus Gl. (1.189) ergibt,

$$r_{xx}(\nu) = \frac{1}{2\pi} \int\limits_0^{2\pi} S_{xx}(\Omega)\, e^{j\nu\Omega}\, d\Omega$$

erhält man die mittlere Leistung des zeitdiskreten Prozesses

$$r_{xx}(0) = \lim_{N \to \infty} \frac{1}{2N+1} \sum_{n=-N}^{N} x^2(n) = \frac{1}{2\pi} \int\limits_0^{2\pi} S_{xx}(\Omega)\, d\Omega \ . \qquad (2.102)$$

Der Vollständigkeit halber sei noch die Korrespondenz zum *Kreuzleistungsspektrum* angegeben:

$$r_{xy}(\nu) \quad \circ\!\!-\!\!\bullet \quad S_{xy}(j\Omega)\, . \qquad (2.103)$$

Die Eigenschaften der spektralen Leistungsdichte und des Kreuzleistungsspektrums können wieder sinngemäß aus Abschn. 2.2.4.1 übernommen werden, wobei im zeitdiskreten Fall noch die Periodizität hinzukommt.

Als Beispiel betrachten wir zeitdiskretes *weißes Rauschen* mit der spektralen Leistungsdichte

$$S(\Omega) = S_0 \qquad (2.104\,\text{a})$$

und der Autokorrelierten gemäß Korrespondenz (1.196)

$$r(\nu) = S_0 \delta(\nu)\, . \qquad (2.104\,\text{b})$$

Aus Gl. (2.102) folgt, daß die mittlere Leistung im Gegensatz zum kontinuierlichen weißen Rauschen endlich und damit auch realisierbar ist. Ein Beispiel hierfür ist die in höheren Programmiersprachen erzeugbare Folge unkorrelierter Zufallszahlen.

## 2.5.2 Zeitdiskrete Prozesse und lineare Systeme

Liegt am Eingang eines zeitdiskreten LZI-Systems mit der Impulsantwort $h(n)$ ein stationärer stochastischer Prozeß $X(n)$ entsprechend Bild 2.21, dann ist für jede Musterfunktion $x(n)$ das Ausgangssignal $y(n)$ gegeben durch die Faltungssumme (vgl. Abschn. 1.7.1)

$$y(n) = \sum_{\mu=-\infty}^{\infty} h(\mu)x(n-\mu)\, . \qquad (2.105)$$

| Eingangsprozeß | zeitdiskretes LZI-System | Ausgangsprozeß |
|:---:|:---:|:---:|
| $X(n)$ | | $Y(n)$ |

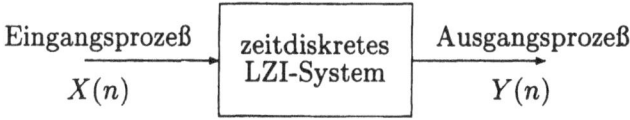

Bild 2.21 Die zeitdiskreten Prozesse $X(n)$ und $Y(n)$ am Ein- bzw. Ausgang eines LZI-Systems

Die Gesamtheit aller Ausgangssignale bildet den stochastischen Prozeß $Y(n)$, der ebenfalls stationär ist, sofern der Prozeß am Eingang schon von $n = -\infty$ an auf das System einwirkt. Es gilt dann für den statistischen Mittelwert des Ausgangsprozesses mit den Gln. (2.99a) und (2.105)

$$m_y = \lim_{N \to \infty} \frac{1}{2N+1} \sum_{n=-N}^{N} \sum_{\mu=-\infty}^{\infty} h(\mu)x(n-\mu)$$

$$= \sum_{\mu=-\infty}^{\infty} h(\mu) \lim_{N \to \infty} \frac{1}{2N+1} \sum_{n=-N}^{N} x(n-\mu)$$

$$= \sum_{\mu=-\infty}^{\infty} h(\mu)m_x = m_x \sum_{n=-\infty}^{\infty} h(n) \,. \tag{2.106}$$

Die AKF des Ausgangsprozesses lautet mit den Gln. (2.100a), (2.105) und der Substitution $n' = n - \mu$

$$r_{yy}(\nu) = \lim_{N \to \infty} \frac{1}{2N+1} \sum_{n=-N}^{N} \sum_{\mu=-\infty}^{\infty} h(\mu)x(n-\mu)y(n+\nu)$$

$$= \sum_{\mu=-\infty}^{\infty} h(\mu) \lim_{N \to \infty} \frac{1}{2N+1} \sum_{n=-N}^{N} x(n')y(n'+\mu+\nu)$$

$$= \sum_{\mu=-\infty}^{\infty} h(\mu)r_{xy}(\mu+\nu) \,. \tag{2.107}$$

Entsprechend ergibt sich mit den Gln. (2.100b) und (2.105) die KKF zwischen Eingangs- und Ausgangsprozeß zu

$$r_{xy}(\nu) = \lim_{N \to \infty} \frac{1}{2N+1} \sum_{n=-N}^{N} x(n) \sum_{\mu=-\infty}^{\infty} h(\mu)x(n+\nu-\mu)$$

$$= \sum_{\mu=-\infty}^{\infty} h(\mu) \lim_{N \to \infty} \frac{1}{2N+1} \sum_{n=-N}^{N} x(n)x(n+\nu-\mu)$$

$$= \sum_{\mu=-\infty}^{\infty} h(\mu)r_{xx}(\nu-\mu) \,. \tag{2.108}$$

Analog zum kontinuierlichen Fall zeigt sich, daß die Autokorrelierte des Ausgangsprozesses eines zeitdiskreten LZI-Systems durch zwei Summenbeziehungen mit der Impulsantwort und der AKF des Eingangsprozesses verknüpft ist. Beide Gleichungen zusammengefaßt zu einer Doppelsumme bilden die diskrete *Wiener-Lee-Beziehung*. Nach einer einfachen Umformung von Gl. (2.107) erhält man in abgekürzter Schreibweise die beiden Faltungsoperationen

$$r_{yy}(\nu) = h(\nu) * r_{yx}(\nu) \,, \qquad (2.109\,\text{a})$$

$$r_{xy}(\nu) = h(\nu) * r_{xx}(\nu) \,. \qquad (2.109\,\text{b})$$

Im Frequenzbereich stellt sich Gl. (2.106) in der Form

$$m_y = m_x H(0) \qquad (2.110)$$

dar, während das Gleichungspaar (2.109) mit dem Faltungssatz lautet

$$S_{yy}(\Omega) = H(j\Omega)S_{yx}(j\Omega) \,, \qquad (2.111\,\text{a})$$

$$S_{xy}(j\Omega) = H(j\Omega)S_{xx}(\Omega) \,. \qquad (2.111\,\text{b})$$

Da für das Kreuzleistungsspektrum eines zeitdiskreten Prozesses Gl. (2.56) sinngemäß gilt, läßt sich die spektrale Leistungsdichte des Ausgangsprozesses wiederum direkt mit Hilfe der Leistungsdichte des Eingangsprozesses ausdrücken:

$$S_{yy}(\Omega) = |H(j\Omega)|^2 S_{xx}(\Omega) \,. \qquad (2.112)$$

Auch hier soll durch das Argument $\Omega$ wieder die reellwertige Spektralfunktion von der komplexwertigen des Argumentes $j\Omega$ unterschieden werden, was wiederum eine Abkürzung der Schreibweise $\exp(j\Omega)$ von Abschn. 1.7.5 darstellt.

### 2.5.3 Beispiel: zeitdiskretes matched filter

Alle Ergebnisse von Abschn. 2.5 belegen, daß die Formeln zur Beschreibung kontinuierlicher stochastischer Prozesse und linearer Systeme sinngemäß auf zeitdiskrete übertragen werden können. So gilt beispielsweise mit Gl. (2.74) für die Impulsantwort des diskreten matched filters

$$h_o(n) = k' x(n_0 - n) \,.$$

Für das SN-Verhältnis dieses optimalen Suchfilters folgt aus Gl. (2.75)

$$SN = \frac{1}{2\pi S_0} \int\limits_0^{2\pi} |X(\mathrm{j}\Omega)|^2 \, \mathrm{d}\Omega = \frac{E_x}{S_0} \, ,$$

wobei $E_x$ die verallgemeinerte „Energie" des zeitdiskreten Nutzsignals $x(n)$ darstellt, die entsprechend Gl. (1.49) definiert werden kann durch

$$E_x = \sum_{n=-\infty}^{\infty} x^2(n) = \frac{1}{2\pi} \int\limits_0^{2\pi} |X(\mathrm{j}\Omega)|^2 \, \mathrm{d}\Omega \, .$$

Da $x(n)$ als zeitbegrenztes (determiniertes) Signal vorausgesetzt wird, existiert stets ein endlicher Wert $E_x$.

Im störungsfreien Fall kann das Ausgangssignal des matched filters aus dem Faltungsprodukt des Signals $x(n)$ mit der Impulsantwort $h_o(n)$ berechnet werden:

$$y(n) = k'x(n) * x(n_0 - n) \, .$$

Bild 2.22 zeigt das entsprechende Ergebnis für einen zeitdiskreten Rechteckimpuls der normierten Breite 3 als Eingangssignal. Mit dem

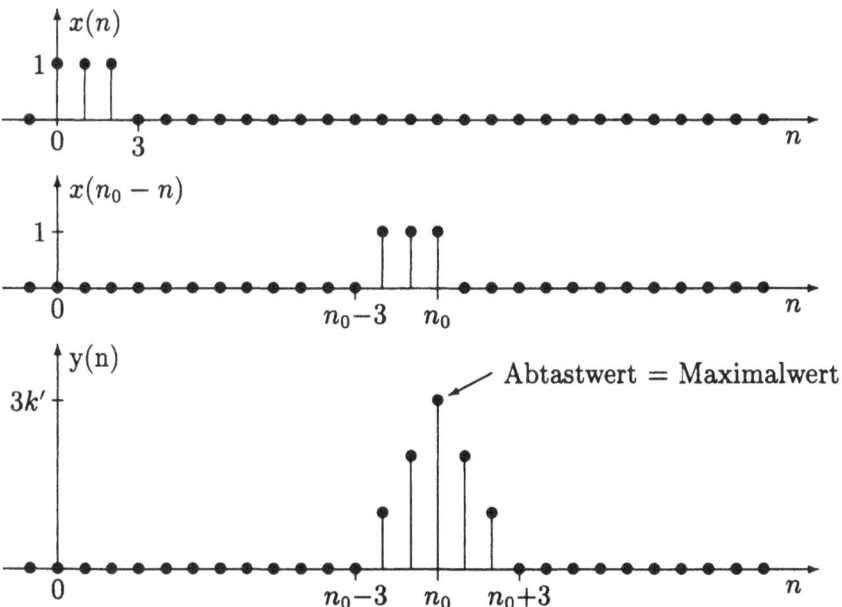

Bild 2.22 Zum Beispiel des zeitdiskreten matched filters

Ergebnis des Beispiels von Abschn. 1.7.1 liefert die Faltung der beiden Rechteckimpulse gleicher Breite einen Dreieckimpuls der Breite 6, wobei das Maximum genau im Abtastzeitpunkt $n_0$ erreicht wird.

## 2.6    Aufgaben zu Kapitel 2

### Aufgabe 2.1

Ein elektrisches Gerät $G$ besteht aus 300 Bauteilen. Es sei so aufgebaut, daß $G$ funktionsuntüchtig wird, wenn nur eines der Bauteile fehlerhaft ist. Für jedes Bauteil sei die Wahrscheinlichkeit fehlerhaft zu sein gleich $r$. Die Fehlerhaftigkeit bzw. Brauchbarkeit der Einzelteile seien unabhängige Ereignisse.

a) Wie groß ist die Wahrscheinlichkeit, daß das Gerät funktionsuntüchtig ist, wenn $r = 0,4\,\%$ ist?
b) Wie groß darf $r$ höchstens sein, damit das Gerät mit der Wahrscheinlichkeit $P(G) = 70\,\%$ brauchbar ist?

### Aufgabe 2.2

Es sei $X$ eine Zufallsgröße mit der Wahrscheinlichkeitsdichte

$$f(x) = \begin{cases} k \text{ für } a \leq x \leq b \\ 0 \text{ sonst} \end{cases}.$$

$X$ heißt in diesem Fall gleichmäßig auf dem Intervall $(a, b)$ verteilt.
a) Wie groß ist $k$?
b) Wie sieht die Verteilungsfunktion der Zufallsgröße $X$ aus?

### Aufgabe 2.3

Ein Beispiel für die Wahrscheinlichkeitsverteilung einer Zufallsgröße, die bei praktischen Anwendungen sehr große Bedeutung besitzt, ist die Gaußsche oder normalverteilte Zufallsvariable, bei der die Dichtefunktion gegeben ist durch

$$f(x) = \frac{1}{\sigma(2\pi)^{1/2}}\, \mathrm{e}^{-(x-m)^2/(2\sigma^2)}.$$

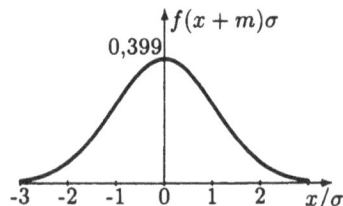

Das die Verteilungsfunktion beschreibende Integral läßt sich für den Fall der Gaußverteilung nicht geschlossen lösen. Die meisten mathematischen Formelsammlungen enthalten aber Tabellen, denen unter der Bezeichnung Gaußsches Fehlerintegral oder Fehlerfunktion die Verteilungsfunktion einer normalverteilten Zufallsgröße zu entnehmen ist (siehe Anhang).

a) Zeigen Sie mit Hilfe von Gl. (2.23a) bzw. (2.25a), daß für die Gaußsche Zufallsvariable gilt $m_x = m$ und $\sigma_x = \sigma$.

b) Es sei $X$ eine normalverteile Zufallsgröße mit $m = 3$ und $\sigma^2 = 0,5$. Unter Verwendung der im Anhang angegebenen Tabelle $\mathrm{erfc}(x)$ bestimme man die Wahrscheinlichkeit $P(3 < X \leq 4)$.

**Aufgabe 2.4**

Aus dem stationären stochastischen Prozeß $X(t)$ mit der Dichtefunktion $f_x(x)$ und den Erwartungswerten $m_x$ und $\sigma_x^2$ wird der neue Zufallsprozeß

$$Y(t) = \frac{1}{b}[X(t) + a]$$

mit den Konstanten $a$ und $b$ gebildet.

a) Wie lautet die Dichtefunktion $f_y(x)$ des Prozesses $Y(t)$?
b) Was erhält man für die Erwartungswerte $m_y$ und $\sigma_y^2$?

**Aufgabe 2.5**

Aus zwei stationären, mittelwertfreien Prozessen $X(t)$ und $Y(t)$ mit den Autokorrelierten $r_{xx}(\tau)$ und $r_{yy}(\tau)$ sowie den Kreuzkorrelierten $r_{xy}(\tau)$ und $r_{yx}(\tau)$ werden zwei neue Prozesse gebildet durch

$$U(t) = X(t) + Y(t), \quad V(t) = X(t) - Y(t).$$

a) Wie lauten die Korrelationsfunktionen $r_{uu}(\tau)$, $r_{vv}(\tau)$, $r_{uv}(\tau)$ und $r_{vu}(\tau)$?
b) Wie groß ist die mittlere Leistung des Prozesses $U(t)$?

**Aufgabe 2.6**

Gegeben ist eine Rechteckfolge, die Musterfunktion eines ergodischen Prozesses sein soll, durch

$$x(t) = \sum_{n=-\infty}^{\infty} a_n \, \text{rect}\left(\frac{t - nT}{T}\right),$$

wobei $a_n$ die beiden gleichwahrscheinlichen Werte 0 und 1 annehmen kann.

a) Berechnen und skizzieren Sie die Verteilungs- und Dichtefunktion.
b) Wie groß sind der statistische Mittelwert und die Streuung?
c) Ermitteln und skizzieren Sie die Autokorrelationsfunktion sowie die spektrale Leistungsdichte.
Hinweis: Der gegebene stationäre Prozeß ist für $|\tau| > T$ unkorreliert.

**Aufgabe 2.7**

Ein stochastischer Prozeß $X(t)$ habe die Autokorrelierte

$$r_{xx}(\tau) = A \, \text{e}^{-0,5|\tau|/T} \cos(2\tau/T).$$

a) Berechnen Sie die spektrale Leistungsdichte $S_{xx}(\omega)$.
b) Wie groß sind der statistische Mittelwert und die mittlere Leistung des Prozesses?

**Aufgabe 2.8**

Die Rauschbandbreite $2f_R$ eines beliebigen Tiefpaßsystems der Übertragungsfunktion $H(\text{j}\omega)$ wird so definiert, daß bei Erregung dieses Systems mit einem ergodischen, mittelwertfreien weißen Rauschsignal am Ausgang die gleiche Rauschleistung erscheint wie am Ausgang eines idealen Tiefpasses der Übertragungsfunktion

$$H_R(\text{j}\omega) = H(0) \, \text{rect}\left(\frac{\omega}{2\omega_R}\right).$$

Wie groß ist demnach die Rauschbandbreite einer $RC$-Schaltung mit der Übertragungsfunktion

$$H(\text{j}\omega) = \frac{1}{1 + \text{j}\omega T}, \quad T = RC \, ?$$

**Aufgabe 2.9**

Gesucht ist die Übertragungsfunktion $H(\mathrm{j}\omega)$ eines Systems, bei dem ein Rauschsignal mit der spektralen Leistungsdichte $S_{xx}(\omega) = S_0$ ein Ausgangssignal $y(t)$ erzeugt, wobei für die Kreuzkorrelationsfunktion gilt

$$r_{xy}(\tau) = a^2\,\mathrm{sgn}(\tau)\,.$$

**Aufgabe 2.10**

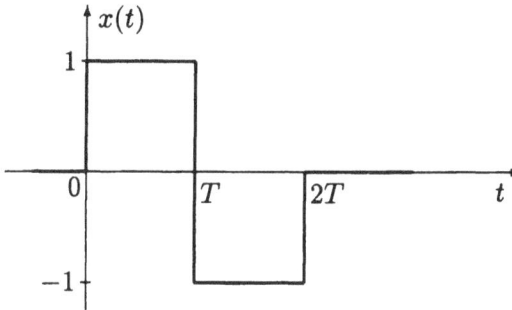

a) Berechnen und skizzieren Sie die Impulsantwort des optimalen Suchfilters für den dargestellen Rechteckdoppelimpuls.

b) Wie groß muß $t_0$ gewählt werden, damit die Impulsantwort durch ein kausales System realisiert werden kann?

c) Welches Signal erscheint im störungsfreien Fall am Ausgang des matched filters?

**Aufgabe 2.11**

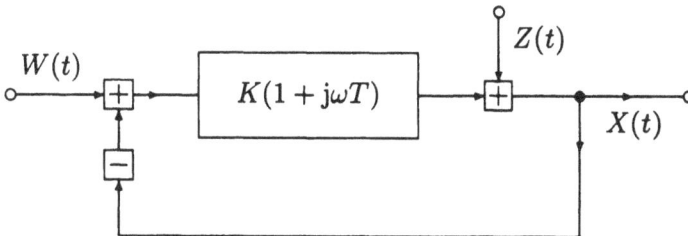

In dem gezeichneten Regelkreis (PD-Regler mit $K, T > 0$) stellen die Führungsgröße $W(t)$ und die Störgröße $Z(t)$ unkorrelierte stochastische Prozesse dar. $W(t)$ sei ein Markoffscher Prozeß, während $Z(t)$ durch weißes Rauschen beschrieben werde:

$$S_{ww}(\omega) = \frac{W_0}{1 + (\omega T)^2}, \quad S_{zz}(\omega) = Z_0.$$

a) Berechnen Sie die spektrale Leistungsdichte $S_{xx}(\omega)$ des Ausgangs-prozesses $X(t)$.

b) Wie lautet die Autokorrelationsfunktion $r_{xx}(\tau)$?

c) Ermitteln Sie das $SN$-Verhältnis des Ausgangsprozesses, wenn $W(t)$ den Nutz- und $Z(t)$ den Störanteil darstellt.

**Aufgabe 2.12**

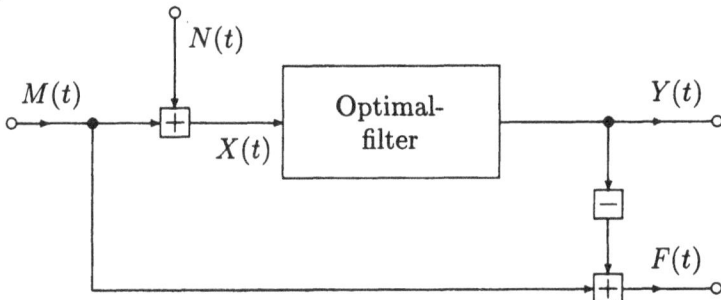

Am Eingang eines Empfängers liegt der stochastische Prozeß $X(t)$, der sich additiv zusammensetzt aus dem Nutzsignal $M(t)$ und der Störung $N(t)$. Diese mittelwertfreien, unkorrelierten Prozesse haben die spektralen Leistungsdichten

$$S_{mm}(\omega) = \frac{S_{m0}}{1 + (\omega T)^2}, \quad S_{nn}(\omega) = S_{n0}.$$

Durch die Übertragungsfunktion des Optimalfilters

$$H(j\omega) = \frac{S_{xm}(j\omega)}{S_{xx}(\omega)}$$

wird die mittlere Leistung des Fehlers $P_f = E[F^2(t)]$ zum Minimum.

a) Drücken Sie das Kreuzleistungsspektrum $S_{xm}(j\omega)$ bzw. die spektrale Leistungsdichte $S_{xx}(\omega)$ aus durch $S_{mm}(\omega)$ und $S_{nn}(\omega)$ und berechnen Sie die Übertragungsfunktion $H(j\omega)$ des Optimalfilters.

b) Wie lautet die spektrale Leistungsdichte $S_{ff}$ des Fehlers $F(t) = M(t) - Y(t)$ und deren mittlere Leistung $P_f$?

# 3 Grundzüge der Informationstheorie

Von C.E. Shannon ist im Jahre 1948 eine mathematische Theorie der Nachrichtenübertragung entwickelt worden, die unter dem Namen *Informationstheorie* bekannt wurde. Sie verwendet den Begriff „Nachricht" in einem ganz speziellen technisch-mathematischen Sinn und versteht darunter eine Folge stochastischer Ereignisse. Das allgemeine Schema der Nachrichtenübertragung zeigt Bild 3.1 (wobei „Nachricht" und „Information" hier synonym verwendet werden). Die *Informationsquelle* erzeugt die zu übertragende primäre Information $I_1$, welche eine diskrete oder kontinuierliche Funktion der Zeit oder des Ortes sein kann. Bei diskreten Quellen lassen sich einzelne Zeichen (z.B. Buchstaben oder Ziffern) klar voneinander unterscheiden, während dies bei kontinuierlichen Quellen nicht möglich ist. Der *Sender* wandelt die primäre Nachricht in ein zur Übertragung über den Übertragungskanal geeignetes Signal $S_1$ um und besteht im allgemeinen nicht nur aus einem Energiewandler, sondern auch noch aus Modulations- und Codierungseinrichtungen. Der *Übertragungskanal* überbrückt die räumliche Entfernung zwischen der Informationsquelle und -senke und wird durch seine Bandbreite $B$ sowie die in ihm auftretenden Störungen $N$ charakterisiert. Im *Empfänger* erfolgt durch Demodulation und Decodierung die Rückumwandlung des empfangenen Signals $S_2$ in die Information $I_2$, die möglichst gut mit der primären Information $I_1$ übereinstimmen sollte. *Informationssenke* ist die Person oder Maschine, für welche die übertragene Nachricht bestimmt ist.

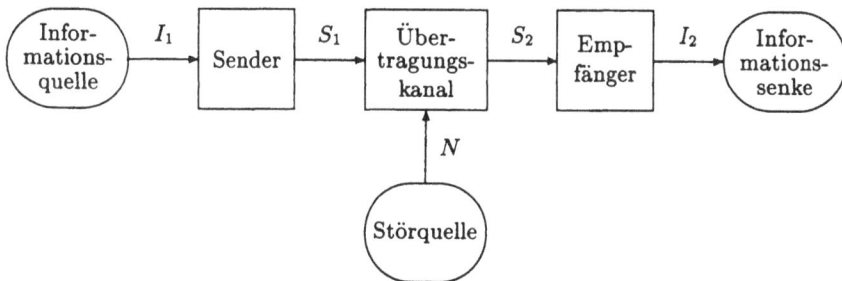

Bild 3.1 Allgemeines Schema der Informationsübertragung

## 3.1 Diskrete Informationsquellen und Kanäle

Die Nachrichtenquelle liefert ein bestimmtes Zeichen durch Auswahl aus einem gegebenen Vorrat an möglichen Zeichen. Für einen Betrachter stellt sich diese Auswahl als ein statistischer Vorgang dar, der im einfachsten Fall allein durch die relative Häufigkeit (bzw. im Grenzfall durch die Wahrscheinlichkeit) des Auftretens der einzelnen Zeichen festgelegt ist.

### 3.1.1 Entropie statistisch unabhängiger Zeichen

Es wird eine Quelle mit einem (endlichen) Zeichenvorrat von $n$ unterscheidbaren Zeichen betrachtet. Ist hierbei die Wahrscheinlichkeit $P(x_\nu) = p_\nu$ für das Auftreten eines ganz bestimmten Zeichens $x_\nu$ für alle $n$ Zeichen gleich, dann gilt entsprechend Gl. (2.5)

$$p_\nu = \frac{1}{n}, \quad \nu = 1, \ldots, n.$$

Der *Informationsgehalt* $I_\nu$ eines beliebigen einzelnen Zeichens wird nun definiert als der Logarithmus aus der reziproken Wahrscheinlichkeit

$$I_\nu = \log \frac{1}{p_\nu} = \log(n). \tag{3.1}$$

Diese Definition ist aus folgenden Gründen zweckmäßig: Die Wahrscheinlichkeit für das sichere Ereignis ist $p = 1$. Mit $p_\nu = 1$ ist daher der Informationsgehalt des mit Sicherheit eintreffenden Zeichens $I_\nu = 0$. Je unwahrscheinlicher das Eintreffen eines Zeichen ist, desto größer ist die damit verbundene Informationsmenge. Ferner ist der Informationsgehalt wegen $0 \leq p_\nu \leq 1$ stets nichtnegativ.

Wählt man in Gl. (3.1) den Logarithmus zur Basis 2 (dyadischer Logarithmus „ld"), dann heißt die Einheit des Informationsgehaltes bit/Zeichen. Die Auswahl eines beliebigen Zeichens aus einer Menge $n$ gleichwahrscheinlicher Zeichen läßt sich nämlich mit durchschnittlich $\mathrm{ld}(n)$ Binärentscheidungen durchführen. Das ist gleichbedeutend damit, daß jedes Zeichen sich mit durchschnittlich $b = \mathrm{ld}(n)$ Binärstellen codieren lassen muß. Am einfachsten ist dies an solchen Fällen zu erkennen, wo die Anzahl $n$ eine ganzzahlige Potenz von 2 ist.

Als Beispiel werde eine Informationsquelle betrachtet, deren Zeichenvorrat aus $2^3 = 8$ verschiedenartigen Zeichen besteht. Um jedes der acht verschiedenen Zeichen aus dem Zeichenvorrat auszuwählen, kann man den Auswahlvorgang mit Hilfe eines *Codebaumes* in drei Binärentscheidungen zerlegen (siehe Bild 3.2).

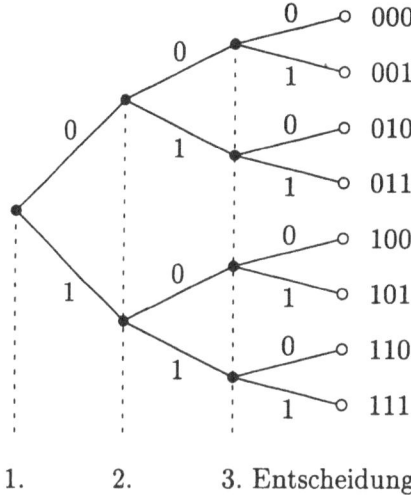

1.      2.      3. Entscheidung

Bild 3.2 Graphische Darstellung des Auswahlvorganges mittels Codebaum

Im Fall nicht gleichwahrscheinlicher Zeichen interessiert hauptsächlich der mittlere Informationsgehalt pro Zeichen in einer langen Zeichenfolge bzw. der Erwartungswert des Informationsgehaltes $H(X)$. Hierbei stellt $X$ eine Zufallsvariable dar, die nur die diskreten Werte $x_\nu$ annehmen kann. Für eine Quelle mit $n$ verschiedenen, voneinander unabhängigen Zeichen $x_\nu$, von denen das $\nu$-te Zeichen mit der Wahrscheinlichkeit $p_\nu$ auftritt, ergibt sich der mittlere Informationsgehalt pro Zeichen entsprechend Gl. (2.23b) zu

$$H(X) = \sum_{\nu=1}^{n} p_\nu \,\mathrm{ld}\, \frac{1}{p_\nu} \frac{\text{bit}}{\text{Zeichen}} \, . \qquad (3.2)$$

In Analogie zu der entsprechenden Beziehung in der Thermodynamik wird $H$ auch als *Entropie* der Quelle bezeichnet. Sie muß bei gleichwahrscheinlichen Zeichen gleich dem Informationsgehalt jedes einzelnen Zeichens sein. Außerdem wird die Entropie in diesem Fall maximal, wie am Beispiel der Binärquelle gezeigt werden soll.

Eine *Binärquelle* sendet nur die zwei verschiedenen Zeichen $x_1$ und $x_2$ aus. Tritt hierbei das Zeichen $x_1$ mit der Wahrscheinlichkeit $p$ auf, dann muß $x_2$ die Wahrscheinlichkeit $1 - p$ besitzen. Der mittlere Informationsgehalt pro Zeichen berechnet sich demnach mit Gl. (3.2) zu

$$H = \left[ p \, \text{ld} \, \frac{1}{p} + (1 - p) \, \text{ld} \, \frac{1}{1 - p} \right] \frac{\text{bit}}{\text{Zeichen}} \, . \tag{3.3}$$

Diese Funktion, die in Bild 3.3 dargestellt ist, erreicht für $p = 0.5$ ihr Maximum. Die Entropie einer Binärquelle wird also maximal, wenn beide Zeichen gleichwahrscheinlich sind.

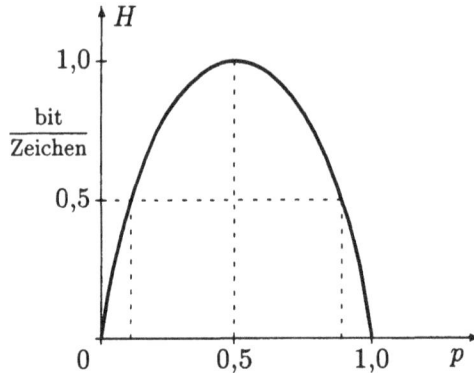

Bild 3.3 Entropie der Binärquelle

### 3.1.2 Optimale Codierung

Bezeichnet $b_\nu$ die Codewortlänge des Zeichens $x_\nu$, dann gilt für die tatsächlich im Mittel aufgewendeten Binärstellen je Codewort (*mittlere Codewortlänge*) einer langen Zeichenfolge aus $n$ verschiedenen Zeichen

$$\bar{b} = \sum_{\nu=1}^{n} p_\nu b_\nu \, . \tag{3.4}$$

Durch optimale Codierung läßt sich für jede Quelle der Entropie $H$ ein Code finden, so daß

$$H \leq \bar{b} \leq H + \varepsilon \tag{3.5}$$

gilt, wobei $\varepsilon > 0$ beliebig klein vorgegeben werden kann. Zu diesem Sachverhalt, der auch als *Quellencodierungssatz* bezeichnet wird, soll nun ein Beispiel betrachtet werden.

Von zwei Quellen, die je vier verschiedene Zeichen $x_1$, $x_2$, $x_3$ und $x_4$ erzeugen können, sendet die eine Quelle (1) alle Zeichen mit gleicher und die andere Quelle (2) mit unterschiedlicher Wahrscheinlichkeit:

$$P_1(x_1) = \frac{1}{4}, \quad P_1(x_2) = \frac{1}{4}, \quad P_1(x_3) = \frac{1}{4}, \quad P_1(x_4) = \frac{1}{4};$$

$$P_2(x_1) = \frac{1}{2}, \quad P_2(x_2) = \frac{1}{4}, \quad P_2(x_3) = \frac{1}{8}, \quad P_2(x_4) = \frac{1}{8}.$$

Mit Gl. (3.2) berechnet sich die Entropie im ersten Fall zu

$$H_1 = 4\,\frac{1}{4}\,\mathrm{ld}(4)\,\frac{\mathrm{bit}}{\mathrm{Zeichen}} = 2\,\frac{\mathrm{bit}}{\mathrm{Zeichen}}$$

und im zweiten Fall zu

$$H_2 = \left[\frac{1}{2}\,\mathrm{ld}(2) + \frac{1}{4}\,\mathrm{ld}(4) + 2\,\frac{1}{8}\,\mathrm{ld}(8)\right]\frac{\mathrm{bit}}{\mathrm{Zeichen}} = \frac{7}{4}\,\frac{\mathrm{bit}}{\mathrm{Zeichen}}.$$

Hierdurch wird nochmals bestätigt, daß die Entropie bei gleichwahrscheinlichen Zeichen stets am größten ist. In Bild 3.4 sind zwei unterschiedliche Codebäume zur Codierung dieser vier Zeichen dargestellt. Die Anwendung von **Code 1** liefert mit Gl. (3.4) in beiden Fällen

$$\bar{b}_1 = \bar{b}_2 = 2\,\frac{\mathrm{bit}}{\mathrm{Zeichen}},$$

während **Code 2** zu unterschiedlichen Ergebnissen führt:

$$\bar{b}_1 = \frac{9}{4}\,\frac{\mathrm{bit}}{\mathrm{Zeichen}}, \quad \bar{b}_2 = \frac{7}{4}\,\frac{\mathrm{bit}}{\mathrm{Zeichen}}.$$

Vergleicht man diese mittleren Codewortlängen mit den entsprechenden Entropien $H_1$ und $H_2$ der beiden Quellen, dann folgt sofort, daß

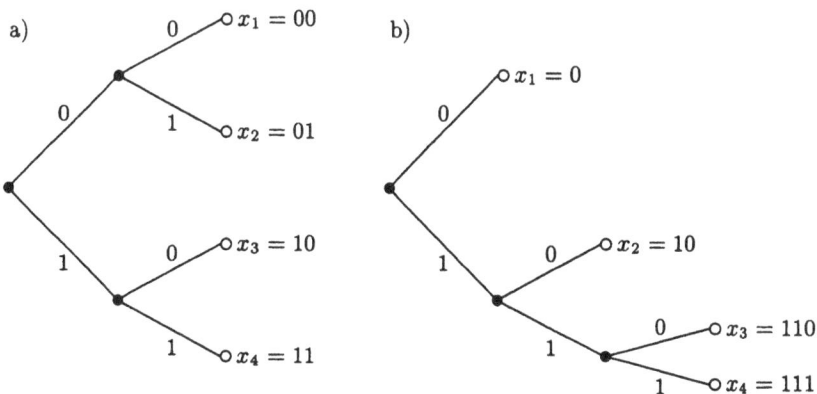

Bild 3.4 a) Optimaler Codebaum für Quelle 1, b) optimaler Codebaum für Quelle 2 des Beispiels

Code 1 zur Codierung der ersten Quelle und Code 2 zur Codierung der zweiten Quelle im Sinne von Gl. (3.5) optimal ist.

Ein systematisches Verfahren, mit dem optimale Codes, d.h. Codes mit kleinem $\varepsilon$, aufgestellt werden können, ist die *Codierung nach R.M. Fano*. Diese soll anhand von Fall 2 des obigen Beispiels beschrieben werden (siehe Bild 3.5). Gegeben seien die $n$ verschiedenen Zeichen $x_\nu$ einer Quelle mit den dazugehörigen Wahrscheinlichkeiten $p_\nu$. Diese schreibt man nach abnehmender Wahrscheinlichkeit in zwei Spalten nebeneinander. Dann werden von unten nach oben die Teilsummen

$$s_\nu = \sum_{\mu=\nu}^{n} p_\mu \qquad (3.6)$$

gebildet. Die erste Stelle des Codewortes wird festgelegt, indem man die Summenspalte bei $s_\nu = 1/2$ bzw. möglichst nahe bei diesem Wert unterteilt. Die obere Hälfte erhält den Binärwert 0 und die untere den Wert 1. Die weiteren Stellen des Codewortes ergeben sich dadurch, daß die vorausgehenden Hälften jeweils möglichst nahe am arithmetischen Mittelwert aus den $s_\nu$-Werten ihres oberen und unteren Randes aufgeteilt werden. Jede obere Hälfte erhält wieder den Binärwert 0 und jede untere den Wert 1, bis nur noch Hälften mit je einem einzigen Zeichen $x_\nu$ übrig sind. Es zeigt sich, daß dieses Verfahren auf den Code von Bild 3.4 b führt, der sich für Fall 2 des obigen Beispiels bereits als optimal erwiesen hat.

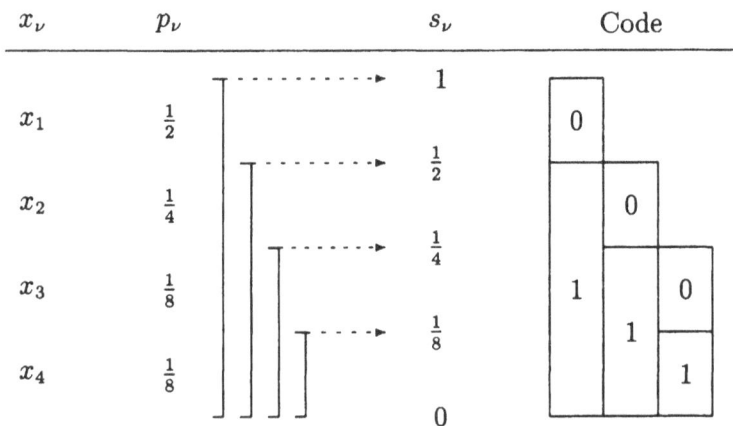

Bild 3.5 Beispiel einer Codierung nach Fano

### 3.1.3 Nichtoptimale Codierung und Redundanz

Zur Beurteilung der informationstheoretischen Eigenschaften von Codes dient der Begriff der Redundanz. Die *absolute Redundanz* ist definiert als

$$R = \bar{b} - H \qquad (3.7\,\text{a})$$

und die *relative Redundanz* als

$$r = \frac{\bar{b} - H}{\bar{b}}. \qquad (3.7\,\text{b})$$

Treten auf dem Übertragungsweg unkontrollierbare Störungen auf, so ist es zweckmäßig, nichtoptimale Codierungen zu benutzen, da die Redundanz ein Mittel ist, um Übertragungsfehler zu erkennen und ggf. zu korrigieren.

Wir wollen uns dies am Beispiel einer Binärquelle klarmachen, die nur die beiden Zeichen $x_1$ und $x_2$ mit gleicher Wahrscheinlichkeit $p = 0,5$ aussendet. Bei der optimalen Codierung $x_1 = 0$, $x_2 = 1$ wird genau 1 bit pro Zeichen benötigt, was der Entropie der Binärquelle nach Bild 3.3 entspricht. Damit verschwindet die Redundanz und eine Fehlererkennung ist nicht möglich. Zur Konstruktion eines redundanten Codes benötigt man mindestens 2 bit pro Zeichen, wie z.B. bei der Codierung

$$x_1 = 00, \quad x_2 = 11,$$

die sich mit Hilfe der graphischen Darstellung von Bild 3.6 a veranschaulichen läßt: Sowohl die benutzten Codezeichen (mit der Wahrscheinlichkeit 0,5), als auch die nicht benutzten Codezeichen (mit der Wahrscheinlichkeit 0), bilden die Eckpunkte eines Quadrates. Hier ist

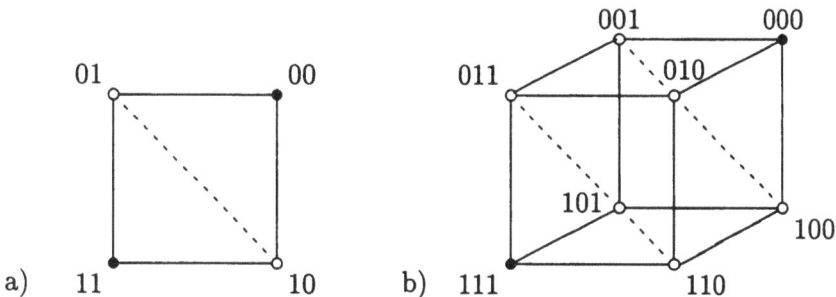

Bild 3.6 Redundante Codierung der Binärquelle
  a) zur Fehlererkennung, b) zur Fehlerkorrektur

eine gewisse *Fehlererkennung* möglich: Wird ein (und nur ein) Binärzeichen falsch übertragen, dann entsteht ein nichtbenutztes Codezeichen. Eine Fehlerkorrektur ist aber bei dieser Codierung nicht möglich, weil jedes der benutzten Codezeichen durch einen fehlerhaften Binärwert in dieselben nicht benutzten Codezeichen verwandelt wird. Da bei dieser nichtoptimalen Codierung 2 bit pro Zeichen benötigt werden, erhält man die relative Redundanz

$$r = \frac{\bar{b} - H}{\bar{b}} = \frac{2-1}{2} = 50\,\% \, .$$

Ein Code, bei dem sogar eine *Fehlerkorrektur* möglich ist, falls in jedem Codewort höchstens ein Binärwert verfälscht ist, benötigt 3 bit pro Zeichen:

$$x_1 = 000 \quad x_2 = 111 \, .$$

Die in Bild 3.6 b gegebene geometrische Veranschaulichung dieses Codes als Eckpunkte eines Würfels zeigt, daß ein in nur einem Binärzeichen fehlerhaftes Codewort der unmittelbare Nachbar eines der beiden richtigen Zeichen sein muß. Da bei dieser nichtoptimalen Codierung 3 bit pro Zeichen benötigt werden, ergibt sich eine relative Redundanz von

$$r = \frac{3-1}{3} = \frac{2}{3} \approx 67\,\% \, .$$

Dieser Wert läßt sich erheblich verbessern, wenn in einem längeren Codewort (auch *Blockcode* genannt) aus

$$b = i + p \tag{3.8}$$

Binärstellen, $i$ informationstragende Stellen und $p$ (redundante) Prüfstellen vorhanden sind, die genau einen Fehler korrigieren können. Derartige Codewörter werden als *1-F-korrigierbare Codes* oder *Hamming-Codes* bezeichnet. Durch die $p$ Prüfstellen können $2^p$ unterschiedliche Kennzeichnungen vorgenommen werden, während bei der Codeprüfung $b + 1$ Fälle zu unterscheiden sind; nämlich welche der $b$ Binärstellen verfälscht ist oder ob das betreffende Codewort fehlerfrei ist. Es gilt also die Ungleichung

$$2^p \geq i + p + 1 \, . \tag{3.9}$$

Setzt man hierin beispielsweise $p = 2$, so ergibt sich $i \leq 1$, wodurch das Ergebnis des Beispiels von Bild 3.6 b nochmals bestätigt wird. Erhöht man die Prüfstellenzahl auf $p = 3$, dann liefert die obige Ungleichung bereits $i \leq 4$ für die informationstragenden Stellen und somit einen Blockcode aus maximal $b = 7$ Binärstellen. Hierfür soll der Aufbau des Codewortes exemplarisch beschrieben werden, der sich sinngemäß auf längere Codewörter übertragen läßt.

Das siebenstellige Codewort sei aus den vier informationstragenden Stellen $I_1, I_2, I_3, I_4$ und den drei Prüfstellen $P_1, P_2, P_3$ aufgebaut. Diesen sieben Stellen läßt sich jeweils eine dreistellige Dualzahl zuordnen, die mit 001 beginnt und bei 111 endet. Schreibt man diese Dualzahlen in Spalten nebeneinander, so lassen sich die drei Dualzahlen, die den Binärwert 1 genau einmal enthalten, den drei Prüfstellen zuordnen. Die restlichen vier Dualzahlen werden der Reihe nach den informationstragenden Stellen zugewiesen (wobei jede Spalte mit dem niederwertigsten Binärwert beginnt):

$$
\begin{array}{ccccccc}
1 & 0 & 1 & 0 & 1 & 0 & 1 \\
0 & 1 & 1 & 0 & 0 & 1 & 1 \\
0 & 0 & 0 & 1 & 1 & 1 & 1 \\
\downarrow & \downarrow & \downarrow & \downarrow & \downarrow & \downarrow & \downarrow \\
P_1 & P_2 & I_1 & P_3 & I_2 & I_3 & I_4
\end{array}
$$

Danach werden die Spalten vertauscht, so daß die Matrix von Bild 3.7 entsteht. In den ersten vier Spalten sind die Dualzahlen der informationstragenden Stellen angeordnet. Die drei Spalten der Prüfstellen bilden eine Einheitsmatrix und werden wie folgt behandelt: $P_1, P_2$ und $P_3$ erhalten jeweils den Binärwert, der sämtliche *Quersummen*

$$
\begin{aligned}
Q_1 &= I_1 + I_2 + I_4 + P_1\,, \\
Q_2 &= I_1 + I_3 + I_4 + P_2\,, \\
Q_3 &= I_2 + I_3 + I_4 + P_3
\end{aligned}
$$

zu einer geraden Zahl ergänzt, die wiederum als binäre 0 behandelt wird. Tritt nun z.B. ein Fehler an der Stelle $I_1$ auf, so bilden die drei

| $I_1$ | $I_2$ | $I_3$ | $I_4$ | $P_1$ | $P_2$ | $P_3$ | $Q_\nu$ |
|---|---|---|---|---|---|---|---|
| 1 | 1 | 0 | 1 | 1 | 0 | 0 | $Q_1$ |
| 1 | 0 | 1 | 1 | 0 | 1 | 0 | $Q_2$ |
| 0 | 1 | 1 | 1 | 0 | 0 | 1 | $Q_3$ |

Bild 3.7 Binärmatrix zum Aufbau des siebenstelligen Hamming-Codes

Quersummen die Dualzahl der ersten Spalte, weil $Q_1, Q_2$ ungerade werden und den Binärwert 1 erhalten. Da jede Dualzahl nur einmal vorkommt, kann in gleicher Weise ein Fehler an jeder anderen Stelle, einschließlich der Prüfstellen, lokalisiert werden.

Als Zahlenbeispiel betrachten wir ein richtig gesendetes Codewort $x_\nu$ und ein falsch empfangenes $y_\nu$:

$$x_\nu = 0\ 1\ 0\ 1\ 0\ 1\ 0\,,$$
$$y_\nu = 0\ 1\ 1\ 1\ 0\ 1\ 0\,.$$

Die Quersummen ergeben sich mit Bild 3.7 zu

$$Q_{x1} = 0\,, \quad Q_{y1} = 0\,,$$
$$Q_{x2} = 0\,, \quad Q_{y2} = 1\,,$$
$$Q_{x3} = 0\,, \quad Q_{y3} = 1\,.$$

Der Fehler im Codewort $y_\nu$ an der Stelle $I_3$ konnte damit lokalisiert werden, obwohl dieser Hamming-Code nur die relative Redundanz

$$r = \frac{7-4}{7} = \frac{3}{7} \approx 43\,\%$$

besitzt.

### 3.1.4 Entropie statistisch verbundener Zeichen

In Abschn. 3.1.1 wurde die Entropie statistisch unabhängiger Zeichen allein aus der Auftrittswahrscheinlichkeit der einzelnen Zeichen berechnet. Es zeigt sich jedoch, daß die Wahrscheinlichkeit für das Auftreten eines bestimmten Zeichens an einer bestimmten Stelle des Übertragungssystems u.a. davon abhängt, welche Zeichen vorausgegangen sind. Derartige Zeichenfolgen werden als *Markoffsche Prozesse* bezeichnet, wobei die Wahrscheinlichkeit des Auftretens eines Zeichens im einfachsten Fall nur von dem unmittelbar vorausgegangenen Zeichen beeinflußt wird. Die Auftrittswahrscheinlichkeit eines Zeichens kann jedoch auch von einem Zeichen an einer anderen Stelle des Systems abhängen.

Zur gemeinsamen Beschreibung der statistischen Abhängigkeit eines Zeichen $x_\nu$ von einem anderen Zeichen $y_\mu$ werden sowohl die *Verbundwahrscheinlichkeit* $P(x_\nu \cap y_\mu)$ als auch die *bedingte Wahrscheinlichkeit*

$P(x_\nu/y_\mu)$ bzw. $P(y_\mu/x_\nu)$ benötigt. Mit den Gln. (2.9) und (2.8) besteht zwischen diesen Größen allgemein der Zusammenhang (wobei ein Komma für das ∩-Symbol steht)

$$P(x_\nu, y_\mu) = P(x_\nu)P(y_\mu/x_\nu) = P(y_\mu)P(x_\nu/y_\mu) \qquad (3.10)$$

und im Fall der *stochastischen Unabhängigkeit*

$$P(x_\nu, y_\mu) = P(x_\nu)P(y_\mu). \qquad (3.11)$$

Aus dem Vergleich dieser beiden Formeln ergibt sich weiterhin bei stochastischer Unabhängigkeit

$$P(y_\mu/x_\nu) = P(y_\mu), \qquad (3.12\,\mathrm{a})$$
$$P(x_\nu/y_\mu) = P(x_\nu). \qquad (3.12\,\mathrm{b})$$

Entsprechend Gl. (3.2) definiert man als *Verbundentropie* den mittleren Verbund-Informationsgehalt

$$H(X, Y) = \sum_\nu \sum_\mu P(x_\nu, y_\mu) \, \mathrm{ld} \, \frac{1}{P(x_\nu, y_\mu)} \frac{\mathrm{bit}}{\mathrm{Zeichen}}. \qquad (3.13)$$

Hierbei stellen $X$ und $Y$ zwei Zufallsvariablen dar, die nur die diskreten Werte $x_\nu$ bzw. $y_\mu$ annehmen können. Des weiteren wird der Erwartungswert des bedingten Informationsgehaltes als *bedingte Entropie*

$$H(Y/X) = \sum_\nu \sum_\mu P(x_\nu, y_\mu) \, \mathrm{ld} \, \frac{1}{P(y_\mu/x_\nu)} \frac{\mathrm{bit}}{\mathrm{Zeichen}} \qquad (3.14)$$

bezeichnet. Setzt man Gl. (3.10) in Gl. (3.13) ein, so läßt sich folgender Zusammenhang zwischen der Verbundentropie und der bedingten Entropie herleiten (ohne die Einheit bit pro Zeichen aufgeschrieben):

$$
\begin{aligned}
H(X, Y) &= \sum_\nu \sum_\mu P(x_\nu)P(y_\mu/x_\nu) \left[ \mathrm{ld} \, \frac{1}{P(x_\nu)} + \mathrm{ld} \, \frac{1}{P(y_\mu/x_\nu)} \right] \\
&= \sum_\nu P(x_\nu) \, \mathrm{ld} \, \frac{1}{P(x_\nu)} \sum_\mu P(y_\mu/x_\nu) \\
&\quad + \sum_\nu \sum_\mu P(x_\nu)P(y_\mu/x_\nu) \, \mathrm{ld} \, \frac{1}{P(y_\mu/x_\nu)} \\
&= \sum_\nu P(x_\nu) \, \mathrm{ld} \, \frac{1}{P(x_\nu)} + \sum_\nu \sum_\mu P(x_\nu, y_\mu) \, \mathrm{ld} \, \frac{1}{P(y_\mu/x_\nu)} \\
&= H(X) + H(Y/X). \qquad (3.15\,\mathrm{a})
\end{aligned}
$$

In analoger Weise folgt

$$H(X,Y) = H(Y) + H(X/Y). \tag{3.15 b}$$

Im Fall der _statistischen Unabhängigkeit_ der Zeichen $x_\nu$ und $y_\mu$ folgt aus Gl. (3.14) mit den Gln. (3.11) und (3.12)

$$H(Y/X) = \sum_\nu \sum_\mu P(x_\nu)P(y_\mu) \operatorname{ld} \frac{1}{P(y_\mu)}$$

$$= \sum_\nu P(x_\nu) \sum_\mu P(y_\mu) \operatorname{ld} \frac{1}{P(y_\mu)}$$

$$= H(Y). \tag{3.16 a}$$

Auf gleiche Weise erhält man

$$H(X/Y) = H(X) \tag{3.16 b}$$

und somit aus Gl. (3.15)

$$H(X,Y) = H(X) + H(Y). \tag{3.17}$$

In diesem Fall ist also die Verbundentropie gleich der Summe der Einzelentropien. Allgemein gilt jedoch

$$H(X,Y) \leq H(X) + H(Y).$$

Zur Veranschaulichung dieser Zusammenhänge betrachten wir eine Binärquelle, die die beiden Zeichen $x_1$ und $x_2$ mit der Wahrscheinlichkeit $P(x_\nu) = 0,5$ sendet. Diese Zeichenfolge bildet den Eingangsprozeß $X$ eines Übertragungskanals, dessen Ausgangsprozeß $Y$ aus den beiden Zeichen $y_1$ und $y_2$ besteht, wobei für die bedingten Wahrscheinlichkeiten gilt

$$P(y_\mu/x_\nu) = \begin{cases} p & \text{für } \mu = \nu \\ 1 - p & \text{für } \mu \neq \nu \end{cases}.$$

Man nennt dies einen _symmetrischen Binärkanal_, der in Bild 3.8 dargestellt ist. Mit Gl. (3.10) ergibt sich die Verbundwahrscheinlichkeit

$$P(x_\nu, y_\mu) = \begin{cases} p/2 & \text{für } \mu = \nu \\ (1 - p)/2 & \text{für } \mu \neq \nu \end{cases}.$$

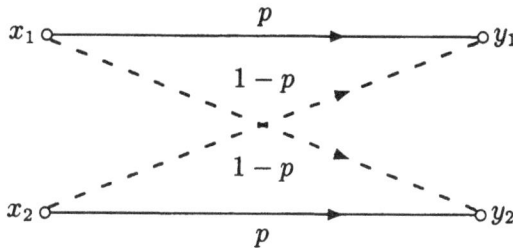

Bild 3.8 Die bedingten Wahrscheinlichkeiten des symmetrischen Binärkanals

Hieraus erhält man die Auftrittswahrscheinlichkeit der beiden Zeichen $y_1$ und $y_2$ zu

$$P(y_\mu) = \sum_\nu P(x_\nu, y_\mu) = 0,5$$

und mit Gl. (3.10) die bedingten Wahrscheinlichkeiten

$$P(x_\nu/y_\mu) = \begin{cases} p & \text{für } \nu = \mu \\ 1 - p & \text{für } \nu \neq \mu \end{cases}.$$

Für die beiden Prozesse $X$ und $Y$ ergeben sich demnach die Entropien gemäß Bild 3.3 zu

$$H(X) = H(Y) = 1\,\frac{\text{bit}}{\text{Zeichen}},$$

während für die Verbundentropie mit Gl. (3.13) gilt

$$H(X, Y) = \left[ p\,\text{ld}\,\frac{2}{p} + (1 - p)\,\text{ld}\,\frac{2}{1 - p} \right] \frac{\text{bit}}{\text{Zeichen}}$$

$$= \left[ p(\text{ld}(2) - \text{ld}(p)) + (1 - p)(\text{ld}(2) - \text{ld}(1 - p)) \right] \frac{\text{bit}}{\text{Zeichen}}$$

$$= \left[ 1 + p\,\text{ld}\,\frac{1}{p} + (1 - p)\,\text{ld}\,\frac{1}{1 - p} \right] \frac{\text{bit}}{\text{Zeichen}}.$$

Die bedingten Entropien lauten wegen $P(y_\mu/x_\nu) = P(x_\nu/y_\mu)$ mit Gl. (3.14)

$$H(Y/X) = H(X/Y) = \left[ p\,\text{ld}\,\frac{1}{p} + (1 - p)\,\text{ld}\,\frac{1}{1 - p} \right] \frac{\text{bit}}{\text{Zeichen}}.$$

Damit ist Gl. (3.15) bestätigt, und es gilt im Fall stochastischer Unabhängigkeit mit $p = 0,5$

$$H(Y/X) = H(X/Y) = 1\,\frac{\text{bit}}{\text{Zeichen}}.$$

Dieser Grenzfall ist nur bei einer stark fehlerbehafteten Übertragung möglich. Er bedeutet, daß der Eingangsprozeß des Übertragungskanals keinen Einfluß auf den Ausgangsprozeß hat, weil die Störungen überwiegen. Der andere Grenzfall ist die *fehlerfreie Übertragung* mit $p = 1$, also

$$H(Y/X) = H(X/Y) = 0\,. \tag{3.18}$$

Da dies nur im störungsfreien Fall möglich ist, stellen die bedingten Entropien offensichtlich ein Maß für die Störungen dar.

### 3.1.5 Transinformation und Kanalkapazität

Wir betrachten einen Übertragungskanal, an dessen Eingang eine Informationsquelle der Entropie $H(X)$ liegt, während die Information am Ausgang die Entropie $H(Y)$ besitzt. Als Folge von Störungen wird nicht jedes der von der Quelle abgegebenen Zeichen $x_\nu$ am Kanalende richtig interpretiert, bzw. ein Teil der empfangenen Zeichen $y_\mu$ unterscheidet sich von den gesendeten. Es entsteht sowohl eine Vorhersageunsicherheit (die sog. *Irrelevanz*) als auch eine Rückschlußunsicherheit (die sog. *Äquivokation*). Wie durch Bild 3.9 veranschaulicht wird, erzeugt die Irrelevanz, je nach Störung, aus einem Zeichen $x_\nu$ verschiedene Zeichen $y_\mu$. Die Äquivokation bewirkt dagegen, daß aus verschiedenen Zeichen $x_\nu$ das gleiche Zeichen $y_\mu$ entsteht. Für die fehlerfreie Übertragung bei einem gestörten Kanal dürfen daher nicht alle möglichen Zeichen $x_\nu$ und $y_\mu$ verwendet werden, wie das bei den nicht-

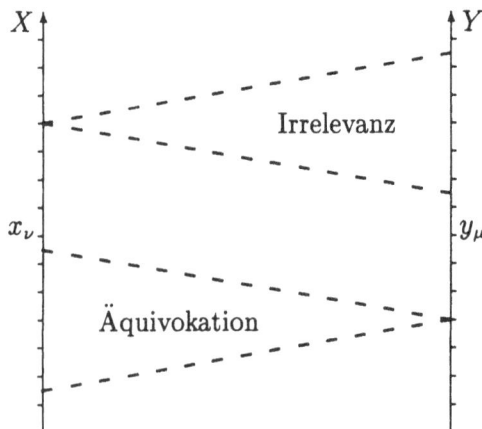

Bild 3.9 Zur Erklärung der Begriffe Irrelevanz und Äquivokation als Übertragungsunsicherheiten auf Grund von Störungen

optimalen Codes von Abschn. 3.1.3 der Fall ist. Durch die Redundanz wird also eine fehlerfreie Übertragung bei einem gestörten Übertragungskanal erst möglich.

Die Übertragungsunsicherheiten lassen sich durch bedingte Entropien beschreiben, die $H(X)$ bzw. $H(Y)$ überlagert sind, wie aus dem Gleichungspaar (3.15) unmittelbar folgt

$$H(X) - H(X/Y) = H(Y) - H(Y/X).\qquad(3.19)$$

Von der Entropie $H(X)$ gelangt nur die Differenz

$$T = H(X) - H(X/Y),\qquad(3.20)$$

die als *Transinformation* bezeichnet wird, an das Kanalende. Der Rest $H(X/Y)$ geht als Äquivokation verloren, da diese den mittleren Informationsgehalt der Quelle vermindern. Für den Empfänger wirkt das Kanalende als Informationsquelle der Entropie

$$H(Y) = T + H(Y/X).\qquad(3.21)$$

Diese setzt sich zusammen aus der Transinformation $T$ und dem Rest $H(Y/X)$, der sich als Irrelevanz überlagert. Diese Zusammenhänge sollen durch Bild 3.10 verdeutlicht werden. Einen Grenzfall stellt die ungestörte Übertragung dar, für die entsprechend Gl. (3.18) gilt $H(X/Y) = H(Y/X) = 0$, so daß die Entropie $H(X)$ als Transinformation $T$ die Entropie $H(Y)$ ergibt. In dem anderen Grenzfall der stark gestörten Übertragung werden die Zufallsvariablen $X$ und $Y$ statistisch unabhängig, so daß gemäß Gl. (3.16) mit $H(X/Y) = H(X)$ die Transinformation verschwindet. $H(Y)$ besteht dann nur noch aus einem irrelevanten Anteil.

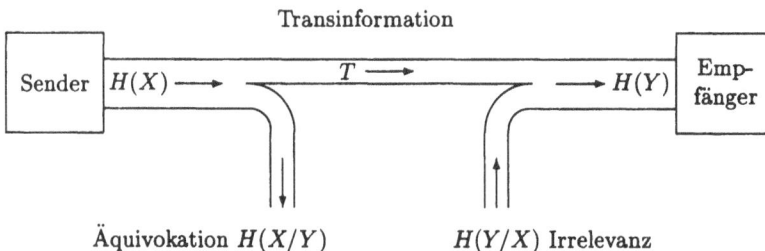

Bild 3.10 Modell des gestörten Übertragungskanals

Für das Beispiel des letzten Abschnittes berechnet sich die Transinformation zu

$$T = \left[1 - p\,\mathrm{ld}\,\frac{1}{p} - (1-p)\,\mathrm{ld}\,\frac{1}{1-p}\right]\frac{\text{bit}}{\text{Zeichen}},$$

und es gilt für die fehlerfreie Übertragung ($p = 1$) $T = 1$ bit pro Zeichen, während bei stark fehlerbehafteter Übertragung ($p = 0,5$) $T$ zu Null wird.

Bei Informationsquellen, welche die einzelnen Zeichen zeitlich nacheinander abgeben, bezeichnet man die auf die Zeit $\Delta t$ pro Zeichen bezogene Entropie als *Informationsfluß*

$$H' = \frac{H}{\Delta t/\text{Zeichen}} \,. \tag{3.22}$$

Auf gleiche Weise ergibt sich mit Gl. (3.20) der *Transinformationsfluß* zu

$$T' = H'(X) - H'(X/Y)\,, \tag{3.23}$$

dessen Maximalwert als *Kanalkapazität*

$$C = T'_{\text{max}} = \text{Max}[H'(X) - H'(X/Y)] \tag{3.24}$$

definiert wird. $C$ ist eine grundlegende Eigenschaft des Übertragungskanals, die angibt, welcher maximale Informationsfluß auch bei Vorhandensein von Störungen übertragen werden kann.

Ist in diesem Zusammenhang $H'(X) < C$, dann läßt sich grundsätzlich ein Code finden, so daß für die Übertragungsunsicherheit bzw. die Äquivokation gilt

$$0 \leq H'(X/Y) \leq \varepsilon\,, \tag{3.25a}$$

wobei $\varepsilon > 0$ beliebig klein werden kann. Ist dagegen $H'(X) > C$, dann gilt für die Äquivokation

$$H'(X) - C \leq H'(X/Y) \leq H'(X) - C + \varepsilon\,. \tag{3.25b}$$

Dieser Sachverhalt, der auch als *Kanalcodierungssatz* bezeichnet wird, soll durch Bild 3.11 veranschaulicht werden. Hierbei sind nur Betriebszustände im gepunkteten Bereich möglich, wobei die beiden dick ausgezogenen Begrenzungslinien erst durch einen beliebig hohen Codierungsaufwand zu erreichen sind.

Als Beispiel betrachten wir nochmals den symmetrischen Binärkanal, dessen Transinformation sich z.B. für $p = 0,9$ mit Gl. (3.3) und Bild 3.3 zu

$$T \approx [1 - 0,5]\,\frac{\text{bit}}{\text{Zeichen}} = 0,5\,\frac{\text{bit}}{\text{Zeichen}}$$

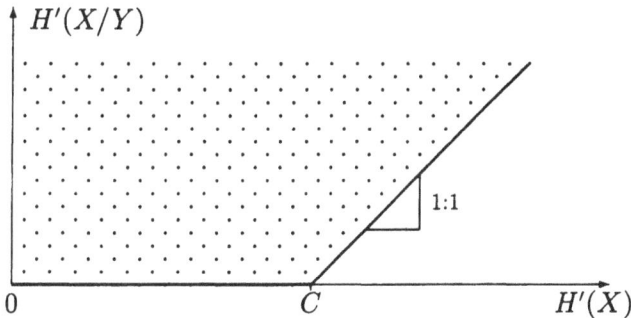

Bild 3.11 Bereich der Übertragungsunsicherheit in Abhängigkeit vom Informationsfluß bei gegebener Kanalkapazität

berechnet. Tritt die bedingte Wahrscheinlichkeit $p = 0,9$ gerade für die Zeit 1 s/Zeichen auf, so läßt sich als Kanalkapazität dieses gestörten Binärkanals

$$C \approx 0,5 \frac{\text{bit}}{\text{s}}$$

angeben. Durch eine entsprechende Codierung könnte also in diesem Bereich maximal ein Informationsfluß von 0,5 bit pro Sekunde fehlerfrei übertragen werden. Leider liefert die Informationstheorie nicht den für den Grenzfall benötigten Code.

## 3.2 Kontinuierliche Informationsquellen und Kanäle

Man spricht von einer kontinuierlichen Informationsquelle, wenn die Nachricht in Form einer kontinuierlichen Zeitfunktion $x_\nu(t)$ vorliegt, die als Musterfunktion eines stochastischen Prozesses $X(t)$ betrachtet wird (vgl. Bild 2.6). Da zu einem festen Zeitpunkt $t = t_0$ die möglichen Funktionswerte eine kontinuierliche Zufallsvariable $X(t_0)$ bilden, hat jeder Amplitudenwert gemäß Abschn. 2.1.2 eine verschwindend kleine Wahrscheinlichkeit. Würde auf einen solchen Funktionswert der für diskrete Quellen definierte Begriff des Informationsgehaltes nach Gl. (3.1) angewendet werden, dann ergäbe sich ein beliebig hoher Informationsgehalt. Die Auftrittswahrscheinlichkeit wäre jedoch gleichzeitig verschwindend klein. Für die Entropie, d.h. für den Erwartungswert des Informationsgehaltes ergibt sich aber in der Regel ein endlicher Wert. Da die informationstheoretische Herleitung der Kanalkapazität im kontinuierlichen Fall das Verständnis wenig fördert, soll hier zunächst eine elementare Betrachtung angestellt werden.

### 3.2.1 Kanalkapazität und Nachrichtenquader (elementare Herleitung)

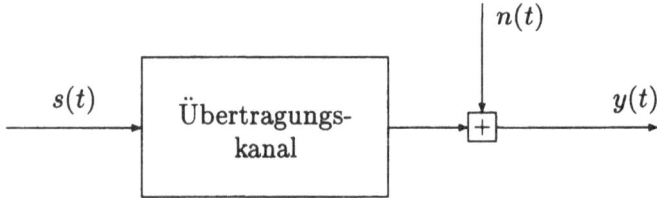

Bild 3.12 Modell eines gestörten kontinuierlichen Übertragungskanal

Am Ausgang eines Übertragungskanals der Grenzfrequenz $f_\mathrm{g}$ liegt die Summe aus dem Eingangssignal $s(t)$ und der Störung $n(t)$ (siehe Bild 3.12). Beides sind Musterfunktionen gleichverteilter stochastischer Prozesse, deren Verteilungsdichtefunktionen Bild 3.13 zeigt. Ist $s(t)$ ebenfalls auf $f_\mathrm{g}$ tiefpaßbegrenzt, so kann man nach dem Abtasttheorem auch die abgetastete Funktion $s_\mathrm{a}(t)$ fehlerfrei in Abständen von

$$\Delta t = \frac{1}{2f_\mathrm{g}} \tag{3.26}$$

übertragen. Da die Abtastwerte auf Grund der Störungen einen Unsicherheitsbereich (oder eine Äquivokation) von $Q$ besitzen, können sie in Stufen von $Q$ quantisiert werden, wie Bild 3.14 a an einem Beispiel mit 4 Stufen zeigt. Zur Bildung des Ausgangssignals wird jeweils der Amplitudenwert, der der Mitte einer Quantisierungsstufe entspricht, zugewiesen, so daß $y(t)$ ebenfalls quantisiert vorliegt. Die Entstehung von $y_\mathrm{q}$ aus $s_\mathrm{q}$ zeigt Bild 3.14 b, wobei zu erkennen ist, daß der maximale Betrag der Übertragungsunsicherheit $Q/2$ beträgt.

Mit den Dichtefunktionen von Bild 3.13 kann nun sowohl die Signalleistung $P_\mathrm{s}$ als auch die Störleistung $P_\mathrm{n}$ berechnet werden, und es gilt

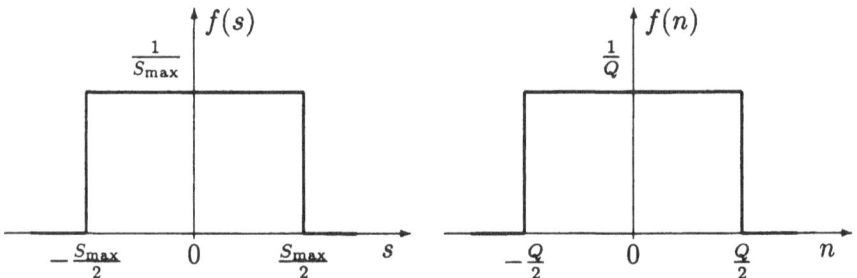

Bild 3.13 Verteilungsdichtefunktionen des Eingangs- und des Störsignals

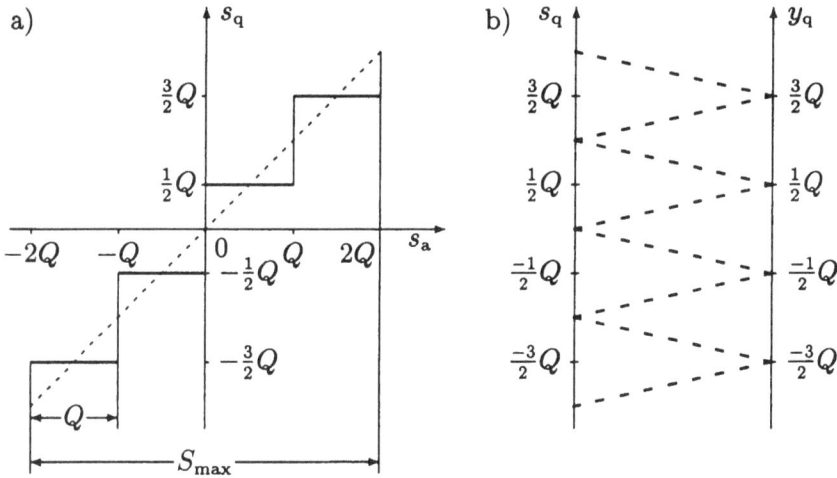

Bild 3.14 a) Quantisierung des Eingangssignals und
b) Bildung des quantisierten Ausgangssignals

mit Gl. (2.24)

$$P_s = \frac{1}{S_{max}} \int\limits_{-S_{max}/2}^{S_{max}/2} s^2 \, ds = \frac{S_{max}^2}{12} \,,$$

$$P_n = \frac{1}{Q} \int\limits_{-Q/2}^{Q/2} n^2 \, dn = \frac{Q^2}{12} \,.$$

Daraus erhält man das $SN$-Verhältnis

$$SN = \frac{P_s}{P_n} = \left(\frac{S_{max}}{Q}\right)^2 . \tag{3.27}$$

Der Quotient aus $S_{max}$ und $Q$ läßt sich durch die Anzahl der Quantisierungsstufen $m$ ausdrücken, für die somit gilt

$$m = (SN)^{1/2} .$$

Zur Unterscheidung von $m$ gleichwahrscheinlichen Amplitudenwerten werden durchschnittlich $\mathrm{ld}(m)$ Binärentscheidungen benötigt. Müssen diese in der Zeit $\Delta t$ getroffen werden, so berechnet sich der *Entscheidungsfluß* für $SN \geq 1$ zu

$$E' = \frac{1}{2\Delta t} \mathrm{ld}(SN) \, \mathrm{bit} \,. \tag{3.28}$$

Mit Gl. (3.26) ergibt sich hieraus die obere Grenze des fehlerfrei übertragbaren Entscheidungsflusses für ein bestimmtes $SN$-Verhältnis, die als *Kanalkapazität*

$$C = f_g \, \mathrm{ld}(SN) \, \mathrm{bit} \qquad (3.29)$$

definiert ist. Im nächsten Abschnitt wird gezeigt, daß diese Formel für den meist auftretenden Fall normalverteilter Signal- und Störamplituden geringfügig geändert werden muß.

Der Störabstand wird zweckmäßigerweise in der Einheit Dezibel (dB) angegeben, d.h. es wird $10 \, \mathrm{lg}(SN)$ gebildet. Dazu muß der dyadische Logarithmus von Gl. (3.29) in den dekadischen umgerechnet werden, und es ergibt sich folgende zugeschnittene Größengleichung:

$$\frac{C}{\mathrm{bit/s}} = \frac{1}{3} \frac{f_g}{\mathrm{Hz}} \frac{SN}{\mathrm{dB}} . \qquad (3.30)$$

Bild 3.15 zeigt die entsprechenden Daten einiger praktisch bedeutsamer Übertragungskanäle.

| Kanal | $\dfrac{f_g}{\mathrm{kHz}}$ | $\dfrac{SN}{\mathrm{dB}}$ | $\dfrac{C}{\mathrm{kbit/s}}$ |
|---|---|---|---|
| Fernsprechen | 3,1 | 40 | 41 |
| UKW-Rundfunk | 15 | 60 | 300 |
| Fernsehen | 5 000 | 45 | 75 000 |

Bild 3.15 Kapazität einiger Übertragungskanäle

Gl. (3.30) läßt sich auch in der Weise deuten, daß in der Zeit $T$ die *Nachrichtenmenge*

$$\frac{M}{\mathrm{bit}} = \frac{1}{3} \frac{f_g}{\mathrm{Hz}} \frac{T}{s} \frac{SN}{\mathrm{dB}} \qquad (3.31)$$

übertragen werden kann. Die drei Größen Grenzfrequenz, Übertragungszeit und Störabstand bilden die Kantenlängen des sog. *Nachrichtenquaders*, dessen Volumen als die maximal übertragbare Nachrichtenmenge in Form von Binärentscheidungen feststeht. Durch Modulation und Codierung (siehe Bd. 2) können nun z.B. die Bandbreite ($B = 2f_g$) und der Störabstand gegeneinander ausgetauscht werden, wie Bild 3.16 schematisch veranschaulicht.

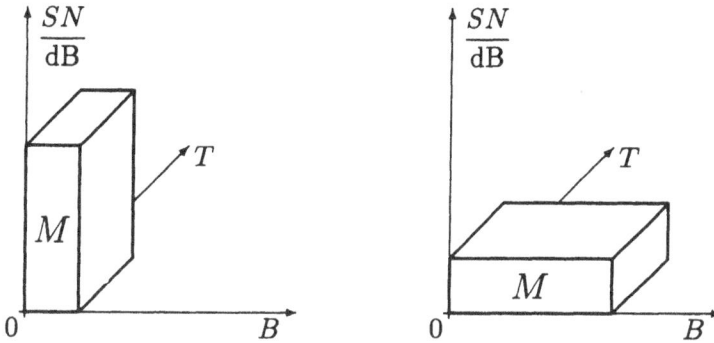

Bild 3.16 Austausch von Bandbreite und Störabstand bei gleicher Nachrichtenmenge $M$

### 3.2.2 Informationstheoretische Herleitung der Kanalkapazität

Entsprechend Gl. (3.2) wird die *Entropie* einer kontinuierlichen Quelle
mit der Verteilungsdichtefunktion $f(x)$ wie folgt definiert:

$$H(X) = \int\limits_{-\infty}^{\infty} f(x)\, \mathrm{ld}\, \frac{1}{f(x)}\, \mathrm{d}x \ . \tag{3.32}$$

Diese Definition führt zu ähnlichen Eigenschaften der Entropie wie im
diskreten Fall, wobei jedoch die Einheit aus Maßstabsgründen weggelassen wird. Es handelt sich gewissermaßen um eine relative Größe.
Der relative Charakter geht verloren, sobald Differenzen von Entropien gebildet werden, wie z.B. bei der Transinformation, so daß diese
wieder mit der Einheit aufgeschrieben werden kann.

Wenn alle Musterfunktionen $x_\nu(t)$ des stochastischen Prozesses $X(t)$
beschränkt sind auf einen endlichen Wertebereich, dann läßt sich zeigen, daß $H(X)$ für die Gleichverteilung maximal wird. Dies entspricht
der Tatsache, daß die Entropie im diskreten Fall bei gleichwahrscheinlichen Zeichen ebenfalls ihr Maximum besitzt. Ist dagegen nicht der
Wertebereich von $x_\nu(t)$ beschränkt, sondern die mittlere Signalleistung
$x_{\mathrm{eff}}^2$, dann ergibt sich die maximale Entropie für die Normalverteilung
(siehe Aufg. 2.3)

$$f(x) = \frac{1}{\sigma(2\pi)^{1/2}}\, \mathrm{e}^{-x^2/(2\sigma^2)}, \quad \sigma = x_{\mathrm{eff}} \ . \tag{3.33}$$

(Auf den zugehörigen Beweis über eine Variationsrechnung soll an dieser Stelle verzichtet werden.)

Die *Verbundentropie* und die *bedingte Entropie* ergeben sich bei kontinuierlichen Quellen in ganz entsprechender Weise wie bei diskreten Quellen:

$$H(X,Y) = \int\limits_{-\infty}^{\infty} \int\limits_{-\infty}^{\infty} f(x,y) \operatorname{ld} \frac{1}{f(x,y)} \, dx\, dy\,, \qquad (3.34\,\text{a})$$

$$H(Y/X) = \int\limits_{-\infty}^{\infty} \int\limits_{-\infty}^{\infty} f(x,y) \operatorname{ld} \frac{1}{f(y/x)} \, dx\, dy\,. \qquad (3.34\,\text{b})$$

Damit läßt sich die *Transinformation* des kontinuierlichen Übertragungskanals z.B. mit Hilfe von Gl. (3.21) bestimmen:

$$T = H(Y) - H(Y/X)\,. \qquad (3.35)$$

Hierbei stellt $H(Y)$ die Entropie am Kanalausgang dar und $H(Y/X)$ die zusätzliche Entropie der Zufallsvariablen $Y$, wenn die Variable $X$ am Kanaleingang bekannt ist. $H(Y/X)$ kennzeichnet also die am Ausgang wirksame Störung oder *Irrelevanz* gemäß Bild 3.10.

Empfangen werde nun die Überlagerung aus den zufälligen Signalen (vgl. Bild 3.12)

$$y(t) = s(t) + n(t)\,, \qquad (3.36)$$

mit dem Nutzanteil $x(t) = s(t)$ und der Störung $n(t)$, die statistisch voneinander unabhängig sind. Aus Gl. (3.15a) folgt mit Gl. (3.17) und den Zufallsvariablen $S, N$:

$$\begin{aligned} H(Y/X) &= H(S,N) - H(S) \\ &= H(S) + H(N) - H(S) = H(N)\,. \end{aligned}$$

Die Irrelevanz in Gl. (3.35) ist damit gleich der Entropie der Störquelle und für die Transinformation gilt

$$T = H(Y) - H(N)\,. \qquad (3.37)$$

Es sei nun angenommen, daß das Nutzsignal $s(t)$ und die Störung $n(t)$ normalverteilt und mittelwertfrei sind, d.h. eine Verteilungsdichtefunktion gemäß Gl. (3.33) besitzen. Es läßt sich allgemein zeigen, daß damit auch die Summe $y(t)$ normalverteilt ist. Die Entropie $H(Y)$ berechnet sich also mit den Gln. (3.32) und (3.33) zu

$$H(Y) = \int\limits_{-\infty}^{\infty} \frac{1}{\sigma(2\pi)^{1/2}}\, e^{-y^2/(2\sigma^2)}\, \mathrm{ld}\left[\sigma(2\pi)^{1/2}\, e^{y^2/(2\sigma^2)}\right] \mathrm{d}y \ .$$

Die additive Zerlegung der Logarithmusfunktion

$$\mathrm{ld}\left[\sigma(2\pi)^{1/2}\, e^{y^2/(2\sigma^2)}\right] = \mathrm{ld}\left[\sigma(2\pi)^{1/2}\right] + \frac{y^2}{2\sigma^2}\, \mathrm{ld}(e)$$

liefert

$$H(Y) = \mathrm{ld}\left[\sigma(2\pi)^{1/2}\right] \int\limits_{-\infty}^{\infty} \frac{1}{\sigma(2\pi)^{1/2}}\, e^{-y^2/(2\sigma^2)}\, \mathrm{d}y$$

$$+ \frac{\mathrm{ld}(e)}{2\sigma^2} \int\limits_{-\infty}^{\infty} y^2 \frac{1}{\sigma(2\pi)^{1/2}}\, e^{-y^2/(2\sigma^2)}\, \mathrm{d}y \ .$$

Die beiden bestimmten Integrale lassen sich durch die Gln. (2.15) und (2.25a) ausdrücken, und man erhält

$$H(Y) = \mathrm{ld}\left[\sigma(2\pi)^{1/2}\right] + \frac{1}{2}\, \mathrm{ld}(e) = \frac{1}{2}\, \mathrm{ld}(2\pi\, e\, \sigma^2) \ . \tag{3.38}$$

Wegen der vorausgesetzten stochastischen Unabhängigkeit von Signal und Störung ergibt sich für mittelwertfreie Prozesse mit Gl. (2.25a) und Gl. (3.36)

$$\sigma^2 = \overline{y^2(t)} = \overline{[s(t) + n(t)]^2} = \overline{s^2(t)} + \overline{n^2(t)} + 2\overline{s(t)n(t)}$$
$$= \overline{s^2(t)} + \overline{n^2(t)} = P_s + P_n \ .$$

Mit der mittleren Signalleistung $P_s$ und der mittleren Störleistung $P_n$ lautet die Entropie am Kanalausgang

$$H(Y) = \frac{1}{2}\, \mathrm{ld}[2\pi\, e(P_s + P_n)] \tag{3.39a}$$

und ganz entsprechend die Irrelevanz

$$H(N) = \frac{1}{2}\, \mathrm{ld}\left(2\pi\, e\, P_n\right) \ . \tag{3.39b}$$

Damit gilt für die Transinformation nach Gl. (3.37)

$$T = \frac{1}{2} \, \text{ld} \left( \frac{P_s + P_n}{P_n} \right) = \frac{1}{2} \, \text{ld} \left( 1 + \frac{P_s}{P_n} \right) .$$

Zur Berechnung des *Transinformationsflusses* wird $T$ auf die Zeit $\Delta t$ bezogen. Liegt ein auf $f_g$ bandbegrenztes kontinuierliches Signal vor, dann brauchen nach dem Abtasttheorem nur die Amplitudenwerte im Abstand $\Delta t = 1/(2 f_g)$ übertragen zu werden, also

$$T' = \frac{T}{\Delta t} = f_g \, \text{ld} \left( 1 + \frac{P_s}{P_n} \right) .$$

Da zur Herleitung dieser Beziehung normalverteilte Signale vorausgesetzt wurden, ist der hergeleitete Transinformationsfluß bei gegebener Störleistung $P_n$ und maximaler Signalleistung $P_{s\,max}$ gleichzeitig auch der Maximalwert $T'_{max}$. Mit dem $SN$-Verhältnis und der Einheit bit aufgeschrieben, lautet die *Kanalkapazität* kontinuierlicher Kanäle also

$$C = T'_{max} = f_g \, \text{ld}(1 + SN) \, \text{bit} . \tag{3.40}$$

Im Unterschied zu Gl. (3.29) ist hiernach selbst für $SN < 1$ noch ein gewisser Informationsfluß übertragbar. Gl. (3.40) stellt eines der wichtigsten Ergebnisse der Informationstheorie dar, wobei dieser theoretische Maximalwert nur durch aufwendige Sende- und Empfangssysteme angenähert werden kann.

## 3.3   Aufgaben zu Kapitel 3

### Aufgabe 3.1

Eine Informationsquelle erzeugt die vier voneinander unabhängigen Zeichen $x_1$, $x_2$, $x_3$ und $x_4$.

a) Wie groß ist die Entropie $H(X)$ bei gleicher Wahrscheinlichkeit des Auftretens aller Zeichen?

b) Welcher Wert ergibt sich für die Entropie bei den Wahrscheinlichkeiten

$$P(x_1) = \frac{1}{5}, \quad P(x_2) = P(x_3) = \frac{1}{4}, \quad P(x_4) = \frac{3}{10} \, ?$$

**Aufgabe 3.2**

Ein Fernsehbild kann in $4 \cdot 10^5$ Bildpunkte aufgeteilt werden. Für eine gute Wiedergabe sind 256 Helligkeitsstufen und 32 Farbtonstufen erforderlich. In der Sekunde werden 25 Vollbilder übertragen.

a) Wie groß ist der Informationsfluß bei Schwarz-Weiß-Bildern, wenn alle Zeichen als gleichwahrscheinlich angenommen werden?

b) Um welchen Faktor erhöht sich der Informationsfluß bei Farbbildern?

**Aufgabe 3.3**

Gegeben ist eine Nachrichtenquelle, die über einen Zeichenvorrat von 16 Wörtern verfügt. Diese treten statistisch unabhängig mit folgenden Wahrscheinlichkeiten auf:

$$p_1 = 0,480 \quad p_2 = 0,220 \quad p_3 = 0,100 \quad p_4 = 0,042$$
$$p_5 = 0,035 \quad p_6 = 0,024 \quad p_7 = 0,021 \quad p_8 = 0,020$$
$$p_9 = 0,019 \quad p_{10} = 0,017 \quad p_{11} = 0,015 \quad p_{12} = 0,002$$
$$p_{13} = 0,002 \quad p_{14} = 0,001 \quad p_{15} = 0,001 \quad p_{16} = 0,001$$

a) Für diese Quelle ist die optimale Codierung nach Fano zu entwerfen.

b) Wie groß sind die Entropie $H$, die mittlere Codewortlänge $\bar{b}$ und die relative Redundanz $r$?

**Aufgabe 3.4**

Eine Informationsquelle erzeugt die drei Zeichen $x_1$, $x_2$ und $x_3$, die statistisch unabhängig mit folgenden Wahrscheinlichkeiten auftreten:

$$P(x_1) = \frac{10}{25}, \quad P(x_2) = \frac{8}{25}, \quad P(x_3) = \frac{7}{25}.$$

Die Zeichenfolge wird über einen gestörten Kanal übertragen, der sich durch die nachstehenden bedingten Wahrscheinlichkeiten beschreiben läßt:

| $P(y_\mu/x_\nu)$ $\quad\diagdown\quad \nu$ <br> $\mu$ | 1 | 2 | 3 |
|---|---|---|---|
| 1 | $\dfrac{3}{5}$ | $\dfrac{1}{8}$ | $\dfrac{1}{7}$ |
| 2 | $\dfrac{1}{5}$ | $\dfrac{6}{8}$ | $\dfrac{1}{7}$ |
| 3 | $\dfrac{1}{5}$ | $\dfrac{1}{8}$ | $\dfrac{5}{7}$ |

Man berechne die Entropien $H(X)$ und $H(Y)$ am Ein- und Ausgang des Kanals, die Äquivokation $H(X/Y)$, die Irrelevanz $H(Y/X)$ und die Transinformation $T$.

**Aufgabe 3.5**

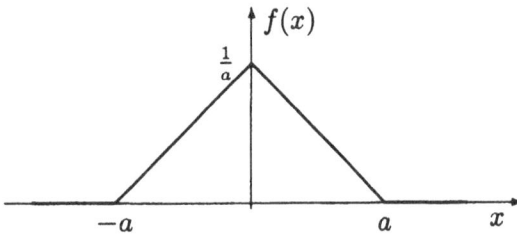

Für die dargestellte Verteilungsdichtefunktion (Dreieckverteilung) sind die Varianz $\sigma^2$ und die Entropie $H(X)$ zu bestimmen. Man vergleiche das Ergebnis für $H(X)$ mit dem entsprechenden Wert für die Normalverteilung nach Gl. (3.38).

**Aufgabe 3.6**

Die Kanalkapazität nach Gl. (3.40) läßt verschiedene Kombinationen der Parameter $f_g$ und $SN = P_s/P_n$ zu. Für eine beliebig hohe Grenzfrequenz könnte zunächst ein verschwindend kleiner Störabstand erwartet werden. Das $SN$-Verhältnis geht jedoch im Grenzübergang $f_g \to \infty$ nicht gegen Null, da die Rauschleistung $P_n$ am Ausgang des Kanals ebenfalls mit der Grenzfrequenz ansteigt. Dieser Zusammenhang soll für die Übertragung eines binären Quellensignals über den nicht bandbegrenzten Kanal untersucht werden.

a) Man berechne zunächst den Grenzwert

$$C_\infty = \lim_{f_g \to \infty} C$$

für weißes Rauschen der spektralen Leistungsdichte $S_{nn}(\omega) = S_0$.

b) Es sei $E_{min} = P_s \Delta t$ die zur Übertragung eines Binärwertes mindestens erforderliche Energie. Welches $E_{min}/S_0$-Verhältnis ergibt sich demnach für die Kanalkapazität $C_\infty = 1\,\text{bit}/\Delta t$?

# Anhang

## A.1 Die Funktion si(x) und ihr Integral

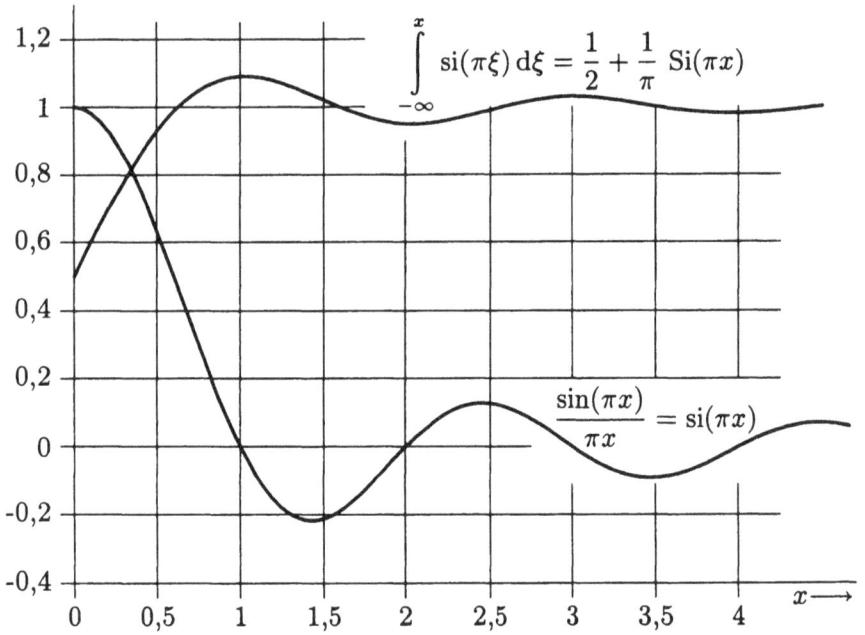

$$\int\limits_{-\infty}^{x} \mathrm{si}(\pi\xi)\,\mathrm{d}\xi = \frac{1}{2} + \frac{1}{\pi}\,\mathrm{Si}(\pi x)$$

$$\frac{\sin(\pi x)}{\pi x} = \mathrm{si}(\pi x)$$

## A.2 Korrespondenzen zur Fourier-Transformation

| Nr. | $f(t)$ | | $F(j\omega)$ |
|---|---|---|---|
| 1 | $\delta(t)$ | | $1$ |
| 2 | $1$ | | $2\pi\delta(\omega)$ |
| 3 | $\mathrm{rect}\left(\dfrac{t}{T}\right)$ | | $T\,\mathrm{si}\left(\dfrac{\omega T}{2}\right)$ |
| 4 | $\mathrm{si}\left(\pi\dfrac{t}{T}\right)$ | | $T\,\mathrm{rect}\left(\dfrac{\omega T}{2\pi}\right)$ |
| 5 | $s(t)$ | | $\pi\delta(\omega)+\dfrac{1}{j\omega}$ |
| 6 | $s(t)\,\mathrm{e}^{-t/T}$ | $(T>0)$ | $\dfrac{T}{1+j\omega T}$ |
| 7 | $\mathrm{e}^{-|t|/T}$ | $(T>0)$ | $\dfrac{2T}{1+(\omega T)^2}$ |
| 8 | $\mathrm{e}^{-\pi(t/T)^2}$ | $(T>0)$ | $T\,\mathrm{e}^{-(\omega T)^2/4\pi}$ |
| 9 | $\displaystyle\sum_{n=-\infty}^{\infty}\delta(t-nT)$ | | $\dfrac{2\pi}{T}\displaystyle\sum_{n=-\infty}^{\infty}\delta\left(\omega-n\dfrac{2\pi}{T}\right)$ |
| 10 | $\cos(\omega_0 t+\varphi)$ | | $\pi\left[\mathrm{e}^{j\varphi}\delta(\omega-\omega_0)+\mathrm{e}^{-j\varphi}\delta(\omega+\omega_0)\right]$ |
| 11 | $s(t)\cos(\omega_0 t)$ | | $\dfrac{\pi}{2}\left[\delta(\omega-\omega_0)+\delta(\omega+\omega_0)\right]-\dfrac{j\omega}{\omega^2-\omega_0^2}$ |
| 12 | $s(t)\sin(\omega_0 t)$ | | $\dfrac{\pi}{2j}\left[\delta(\omega-\omega_0)-\delta(\omega+\omega_0)\right]-\dfrac{\omega_0}{\omega^2-\omega_0^2}$ |

## A.3  Korrespondenzen zur Laplace-Transformation

| Nr. | $f(t) \equiv 0$ für $t < 0$ | | $F(p)$ |
|-----|-----------------------------|--|--------|
| 1 | $\delta(t)$ | | $1$ |
| 2 | $1$ | $(s(t))$ | $\dfrac{1}{p}$ |
| 3 | $t$ | | $\dfrac{1}{p^2}$ |
| 4 | $\dfrac{t^k}{k!}$ | $(k = 1, 2, \ldots)$ | $\dfrac{1}{p^{k+1}}$ |
| 5 | $e^{\alpha t}$ | | $\dfrac{1}{p - \alpha}$ |
| 6 | $t\, e^{\alpha t}$ | | $\dfrac{1}{(p - \alpha)^2}$ |
| 7 | $e^{\alpha t} \cos(\omega_0 t)$ | | $\dfrac{p - \alpha}{(p - \alpha)^2 + \omega_0^2}$ |
| 8 | $e^{\alpha t} \sin(\omega_0 t)$ | | $\dfrac{\omega_0}{(p - \alpha)^2 + \omega_0^2}$ |
| 9 | $t \cos(\omega_0 t)$ | | $\dfrac{p^2 - \omega_0^2}{(p^2 + \omega_0^2)^2}$ |
| 10 | $t \sin(\omega_0 t)$ | | $\dfrac{2\omega_0 p}{(p^2 + \omega_0^2)^2}$ |
| 11 | $\cosh(\omega_0 t)$ | | $\dfrac{p}{p^2 - \omega_0^2}$ |
| 12 | $\sinh(\omega_0 t)$ | | $\dfrac{\omega_0}{p^2 - \omega_0^2}$ |

## A.4 Korrespondenzen zur Z-Transformation

| Nr. | $f(n) \equiv 0$ für $n < 0$ | | $F(z)$ |
|---|---|---|---|
| 1 | $\delta(n)$ | | $1$ |
| 2 | $1$ | $(s(n))$ | $\dfrac{z}{z-1}$ |
| 3 | $n$ | | $\dfrac{z}{(z-1)^2}$ |
| 4 | $\dbinom{n}{k}$ | $(k = 1, 2, \ldots$ $n \geq k - 1)$ | $\dfrac{z}{(z-1)^{k+1}}$ |
| 5 | $a^n$ | | $\dfrac{z}{z-a}$ |
| 6 | $na^{n-1}$ | | $\dfrac{z}{(z-a)^2}$ |
| 7 | $a^n \cos(\Omega_0 n)$ | | $\dfrac{z(z - a \cos \Omega_0)}{z^2 - 2az \cos \Omega_0 + a^2}$ |
| 8 | $a^n \sin(\Omega_0 n)$ | | $\dfrac{az \sin \Omega_0}{z^2 - 2az \cos \Omega_0 + a^2}$ |
| 9 | $n \cos(\Omega_0 n)$ | | $\dfrac{z[(z^2 + 1) \cos \Omega_0 - 2z]}{(z^2 - 2z \cos \Omega_0 + 1)^2}$ |
| 10 | $n \sin(\Omega_0 n)$ | | $\dfrac{z(z^2 - 1) \sin \Omega_0}{(z^2 - 2z \cos \Omega_0 + 1)^2}$ |
| 11 | $\cosh(\Omega_0 n)$ | | $\dfrac{z(z - \cosh \Omega_0)}{z^2 - 2z \cosh \Omega_0 + 1}$ |
| 12 | $\sinh(\Omega_0 n)$ | | $\dfrac{z \sinh \Omega_0}{z^2 - 2z \cosh \Omega_0 + 1}$ |

## A.5 Die Fehlerfunktion $\mathrm{erf}(x)$

Als *Fehlerfunktion* (engl.: <u>er</u>ror <u>f</u>unction) wird das nicht geschlossen lösbare Integral

$$\mathrm{erf}(x) = \frac{2}{\pi^{1/2}} \int\limits_0^x \mathrm{e}^{-\xi^2} \, \mathrm{d}\xi \tag{A.1}$$

bezeichnet. Es besitzt die Eigenschaften

$$\begin{aligned} \mathrm{erf}(-x) &= -\,\mathrm{erf}(x)\,, \\ \mathrm{erf}(-\infty) &= -1\,, \quad \mathrm{erf}(\infty) = 1\,. \end{aligned} \tag{A.2}$$

In diesem Zusammenhang wird häufig die *komplementäre Fehlerfunktion*

$$\mathrm{erfc}(x) = 1 - \mathrm{erf}(x) \tag{A.3}$$

verwendet, mit den Eigenschaften

$$\begin{aligned} \mathrm{erfc}(-x) &= 2 - \mathrm{erfc}(x)\,, \\ \mathrm{erfc}(-\infty) &= 2\,, \quad \mathrm{erfc}(\infty) = 0\,. \end{aligned} \tag{A.4}$$

Das die Gaußsche Verteilungsfunktion beschreibende Integral lautet zunächst gemäß Aufgabe 2.3

$$F(x) = \frac{1}{(2\pi\sigma^2)^{1/2}} \int\limits_{-\infty}^x \mathrm{e}^{-(\xi-m)^2/(2\sigma^2)} \, \mathrm{d}\xi \,.$$

Mit der Substitution

$$(\xi - m)/(2\sigma^2)^{1/2} = \eta$$

sowie den Gln. (A.1) und (A.2) ergibt sich

$$F(x) = \frac{1}{\pi^{1/2}} \int\limits_{-\infty}^{(x-m)/(2\sigma^2)^{1/2}} \mathrm{e}^{-\eta^2} \, \mathrm{d}\eta = \frac{1}{2} + \frac{1}{2}\,\mathrm{erf}\left[\frac{x-m}{(2\sigma^2)^{1/2}}\right]\,.$$

Hieraus folgt mit den Gln. (A.2) und (A.3) schließlich

$$F(x) = \frac{1}{2}\,\mathrm{erfc}\left[\frac{m-x}{(2\sigma^2)^{1/2}}\right]\,. \tag{A.5}$$

Einige Zahlenwerte und der prinzipielle Verlauf der Funktion erfc($x$)
sind in der folgenden Tabelle zusammengestellt:

| $x$ | erfc($x$) | $x$ | erfc($x$) | $x$ | erfc($x$) |
|-----|-----------|-----|-----------|-----|-----------|
| 0 | 1 | 1,2 | $8,97 \cdot 10^{-2}$ | 2,4 | $6,89 \cdot 10^{-4}$ |
| 0,2 | 0,777 | 1,4 | $4,77 \cdot 10^{-2}$ | 2,6 | $2,36 \cdot 10^{-4}$ |
| 0,4 | 0,572 | 1,6 | $2,37 \cdot 10^{-2}$ | 2,8 | $7,50 \cdot 10^{-5}$ |
| 0,6 | 0,396 | 1,8 | $1,09 \cdot 10^{-2}$ | 3,0 | $2,21 \cdot 10^{-5}$ |
| 0,8 | 0,258 | 2,0 | $4,68 \cdot 10^{-3}$ | $> 3$ | $\approx \dfrac{1}{\pi^{1/2}x}\, e^{-x^2}$ |
| 1,0 | 0,157 | 2,2 | $1,86 \cdot 10^{-3}$ | | |

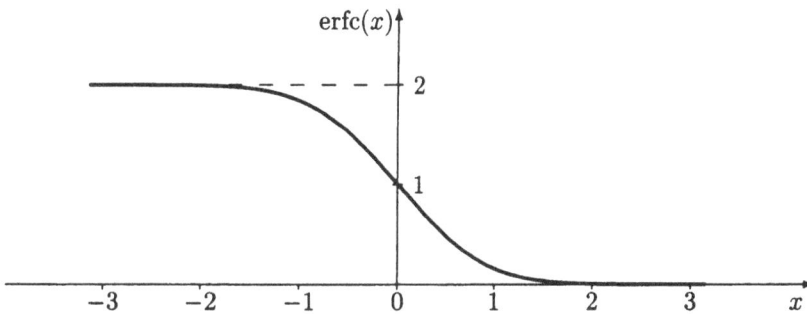

## A.6 Ergebnisse zu den Aufgaben

## Aufgabe 1.1

a) $\dot{y}(t) + \dfrac{1}{T}\, y(t) = \dfrac{1}{T}\, x(t)$

$a(t) = s(t)(1 - e^{-t/T})$

b) $h(t) = \dfrac{da(t)}{dt} = s(t)\dfrac{1}{T}\, e^{-t/T}$

c) $y(t) = \begin{cases} s(t)(1 - e^{-t/T}) & \text{für } t \leq T \\[2mm] (e-1)\, e^{-t/T} & \text{für } t \geq T \end{cases}$

## Aufgabe 1.2

$$\frac{1}{2\pi} \int\limits_{-\infty}^{\infty} \int\limits_{-\infty}^{\infty} f(\tau) \, e^{-j\omega\tau} \, d\tau \, e^{j\omega t} \, d\omega$$

$$= \frac{1}{2\pi} \int\limits_{-\infty}^{\infty} f(\tau) \int\limits_{-\infty}^{\infty} e^{j\omega(t-\tau)} \, d\omega \, d\tau$$

$$= \frac{1}{2\pi} \int\limits_{-\infty}^{\infty} f(\tau) 2\pi \delta(t-\tau) \, d\tau = f(t)$$

## Aufgabe 1.3

a) und b) $H(j\omega) = \dfrac{1}{1+j\omega T}$

c) $R(\omega) = \dfrac{1}{1+(\omega T)^2}$,

$X(\omega) = \dfrac{-\omega T}{1+(\omega T)^2}$

$A(\omega) = \dfrac{1}{[1+(\omega T)^2]^{1/2}}$,

$\varphi(\omega) = -\arctan(\omega T)$

## Aufgabe 1.4

$$F^*(-j\omega) = R_1(\omega) + jX_1(\omega) - jR_2(\omega) + X_2(\omega)$$

$$= \mathrm{FT}[f^*(t)]$$

## Aufgabe 1.5

$$F(-j\omega) = \int\limits_{-\infty}^{\infty} f_g(t) \cos(\omega t) \, dt + j \int\limits_{-\infty}^{\infty} f_u(t) \sin(\omega t) \, dt$$

$$= F^*(j\omega)$$

**Aufgabe 1.6**

$$\cos(\omega_0 t + \varphi) = \frac{1}{2} \left[ e^{\,j(\omega_0 t + \varphi)} + e^{\,-j(\omega_0 t + \varphi)} \right]$$

$$= \frac{1}{2} \left[ \cos(\omega_0 t) + j \sin(\omega_0 t) \right] e^{\,j\varphi}$$

$$+ \frac{1}{2} \left[ \cos(\omega_0 t) - j \sin(\omega_0 t) \right] e^{\,-j\varphi}$$

$$\circ\!\!-\!\!\bullet \qquad \pi \left[ e^{\,j\varphi} \delta(\omega - \omega_0) + e^{\,-j\varphi} \delta(\omega + \omega_0) \right]$$

**Aufgabe 1.7**

a) und b) $F(j\omega) = T \operatorname{si}^2 \left( \dfrac{\omega T}{2} \right)$

**Aufgabe 1.8**

a) $F(j\omega) = T\, e^{\,-(\omega T)^2/(4\pi)}$

b) $T_R = T, \quad B_R = 1/T$

**Aufgabe 1.9**

a) $R(\omega) = \dfrac{1}{\pi} \displaystyle\int\limits_{-\infty}^{\infty} \dfrac{X(w)}{\omega - w}\, dw, \quad X(\omega) = -\dfrac{1}{\pi} \displaystyle\int\limits_{-\infty}^{\infty} \dfrac{R(w)}{\omega - w}\, dw$

b) $X(\omega) = \dfrac{1}{\pi} \ln \left| \dfrac{\omega - \omega_g}{\omega + \omega_g} \right|$

**Aufgabe 1.10**

a) $a(t) = \dfrac{1}{2} + \dfrac{1}{\pi} \operatorname{Si}(2\pi f_g t)$

b) $T_e = \dfrac{1}{2 f_g}$

c) $\ddot{U}_a \approx 9\,\%$

**Aufgabe 1.11**

$$H_k(\mathrm{j}\omega) = \frac{1}{\pi}\left[\mathrm{Si}\left(4\pi\frac{\omega+\omega_g}{\omega_g}\right) - \mathrm{Si}\left(4\pi\frac{\omega-\omega_g}{\omega_g}\right)\right]\mathrm{e}^{-\mathrm{j}4\pi\omega/\omega_g}$$

**Aufgabe 1.12**

a)  $Y(\omega) = H(\omega)X(\omega)$     (abkürzende Schreibweise ohne „j")

$$= [H_T(\omega-\omega_0) + H_T^*(-\omega-\omega_0)][X_T(\omega-\omega_0) + X_T^*(-\omega-\omega_0)]$$

$$= [H_T(\omega-\omega_0)X_T(\omega-\omega_0) + H_T^*(-\omega-\omega_0)X_T^*(-\omega-\omega_0)$$

$$+ \underbrace{H_T(\omega-\omega_0)X_T^*(-\omega-\omega_0)}_{0\longleftarrow} + \underbrace{H_T^*(-\omega-\omega_0)X_T(\omega-\omega_0)}_{\longrightarrow 0}$$

$$0\longleftarrow\quad\text{Gl. (1.78)}\quad\longrightarrow 0$$

$$y(t) = [h_T(t)*x_T(t)]\,\mathrm{e}^{\mathrm{j}\omega_0 t} + [h_T(t)*x_T(t)]^*\,\mathrm{e}^{-\mathrm{j}\omega_0 t}$$

$$= 2\,\mathrm{Re}\{[h_T(t)*x_T(t)]\,\mathrm{e}^{\mathrm{j}\omega_0 t}\}$$

b)  $x_T(t) = \dfrac{1}{2}s(t)$     (erfüllt Gl. (1.78) nur näherungsweise)

$$y(t) \approx \left[\frac{1}{2} + \frac{1}{\pi}\,\mathrm{Si}(\pi\Delta ft)\right]\cos(2\pi f_0 t)$$

**Aufgabe 1.13**

a)  $u_c(0-) = u_0\,,\quad i_L(0-) = u_0/R$

b)  $U(p) = u_0\left[\dfrac{p+\sigma_0}{(p+\sigma_0)^2+\omega_e^2} + \dfrac{\omega_0}{\omega_e}\left(\dfrac{\sigma_0}{\omega_0} - \dfrac{\omega_0}{2\sigma_0}\right)\dfrac{\omega_e}{(p+\sigma_0)^2+\omega_e^2}\right]$

$\omega_0^2 = 1/(LC)\,,\quad \sigma_0 = R/(2L)\,,\quad \omega_e^2 = \omega_0^2 - \sigma_0^2$

c)  $u(t) = s(t)u_0(1+b^2)^{1/2}\cos(\omega_e t + \varphi)$

$$b = \frac{\omega_0}{\omega_e}\left(\frac{\sigma_0}{\omega_0} - \frac{\omega_0}{2\sigma_0}\right)\,,\quad \tan\varphi = -b$$

**Aufgabe 1.14**

a) $H(p) = \dfrac{1/T^2 + 2p/T + p^2}{2/T^2 + 5p/T + p^2}$

b) $p_{1/2} = -\dfrac{1}{2T}(5 \pm 17^{1/2})$

c) $H(\infty) = 1$

d) $h(t) = \delta(t) + s(t)\left[A_1\,e^{\,p_1 t} + A_2\,e^{\,p_2 t}\right]$

$A_{1/2} = -\dfrac{3 \cdot 17^{1/2} \pm 13}{2 \cdot 17^{1/2} T}$

**Aufgabe 1.15**

a)

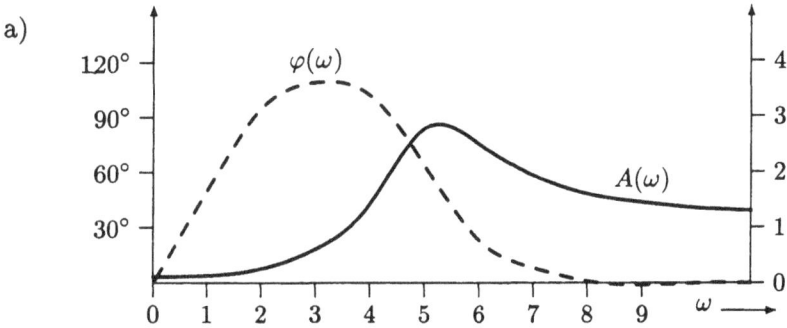

b) $H(p) = \dfrac{(p+1+j)(p+1-j)(p+3)}{(p+1+5j)(p+1-5j)(p+2)} = \dfrac{p^3 + 5p^2 + 8p + 6}{p^3 + 4p^2 + 30p + 52}$

$A^2(\omega) = \dfrac{\omega^6 + 9\omega^4 + 4\omega^2 + 36}{\omega^6 - 44\omega^4 + 484\omega^2 + 2704}$

**Aufgabe 1.16**

$H(p) = \pm 3 \dfrac{p^2 - p + 1}{p^2 + 2^{1/2}p + 1}$

**Aufgabe 1.17**

$$\tilde{f}_a(t) = \left[f(t) \sum_{n=-\infty}^{\infty} \delta(t - n\Delta t)\right] * \frac{1}{T}\,\mathrm{rect}\left(\frac{t}{T}\right)$$

$$\tilde{F}_a(j\omega) = \frac{\omega_a}{2\pi} \sum_{n=-\infty}^{\infty} F[j(\omega - n\omega_a)]\,\mathrm{si}\left(\frac{\omega T}{2}\right)$$

**Aufgabe 1.18**

$$\delta(n) * h(n) = s(n) * h(n) - s(n-1) * h(n)$$

$$\Longrightarrow \quad h(n) = \quad a(n) \quad - \quad a(n-1)$$

$$h(n) * s(n) = \sum_{\nu=-\infty}^{n} h(\nu) s(n-\nu)$$

$$\Longrightarrow \quad a(n) = \sum_{\nu=-\infty}^{n} h(\nu)$$

**Aufgabe 1.19**

a) $y(n) - (1-\alpha)y(n-1) = \alpha x(n-1)$

b) $h(n) = s(n-1)\dfrac{1}{3}\left(\dfrac{3}{4}\right)^n$

$\quad a(n) = s(n-1)\left[1 - \left(\dfrac{3}{4}\right)^n\right]$

c)

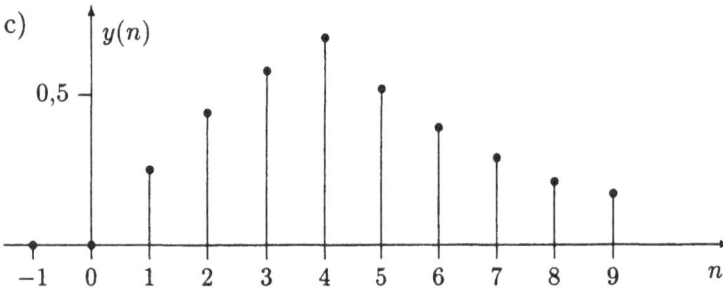

d) Die Dgl. der *RC-Schaltung* von Aufgabe 1.1a) lautet

$$\frac{dy(t)}{dt} + \frac{1}{T}\, y(t) = \frac{1}{T}\, x(t)\,.$$

Durch Zeitdiskretisierung folgt hieraus gemäß (1.221)

$$\frac{y(n+1) - y(n)}{\Delta t} + \frac{1}{T}\, y(n) = \frac{1}{T}\, x(n)\,.$$

Die Substitution $m = n+1$ liefert mit der Abkürzung $\alpha = \Delta t/T$ die Differenzengleichung unter a).

**Aufgabe 1.20**

a) $H(z) = \dfrac{\alpha z^{-1}}{1 - (1 - \alpha)z^{-1}}$

b) $h(n) = s(n - 1)\dfrac{1}{3}\left(\dfrac{3}{4}\right)^n$

c) $a(n) = s(n - 1)\left[1 - \left(\dfrac{3}{4}\right)^n\right]$

d) $R(\Omega) = \dfrac{\cos\Omega - 0,75}{6,25 - 6\cos\Omega}$

$X(\Omega) = \dfrac{-\sin\Omega}{6,25 - 6\cos\Omega}$

$A(\Omega) = \dfrac{1}{(25 - 24\cos\Omega)^{1/2}}$

$\varphi(\Omega) = \arctan\left(\dfrac{-\sin\Omega}{\cos\Omega - 0,75}\right) + k\pi$

($k$ wird entsprechend Gl.(1.30) bestimmt.)

**Aufgabe 2.1**

a) $P(\overline{G}) \approx 70\,\%$

b) $r \approx 0,12\,\%$

**Aufgabe 2.2**

a) $k = \dfrac{1}{b - a}$

b)

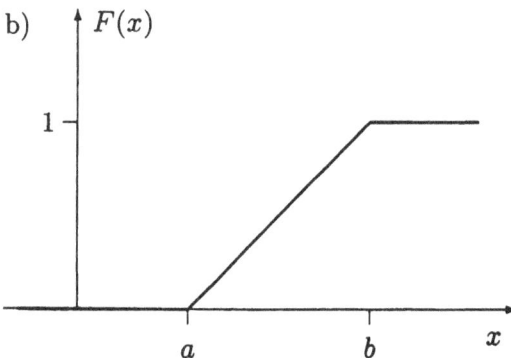

**Aufgabe 2.3**

a) $m_x = \displaystyle\int\limits_{-\infty}^{\infty} (x+m)f(x+m)\,\mathrm{d}x$

$\qquad = \displaystyle\int\limits_{-\infty}^{\infty} xf(x+m)\,\mathrm{d}x + m\displaystyle\int\limits_{-\infty}^{\infty} f(x+m)\,\mathrm{d}x$

$\qquad = \qquad 0 \qquad\quad + \qquad m$

$\sigma_x^2 = 2\displaystyle\int\limits_0^{\infty} x^2 f(x+m)\,\mathrm{d}x = \dfrac{2}{\sigma(2\pi)^{1/2}}\displaystyle\int\limits_0^{\infty} x^2\,\mathrm{e}^{-x^2/(2\sigma^2)}\,\mathrm{d}x$

$\qquad = \sigma^2$

b) $P(3 < X \le 4) = \dfrac{1}{2}\operatorname{erfc}(-1) - \dfrac{1}{2}\operatorname{erfc}(0) \approx 0,42$

**Aufgabe 2.4**

a) $f_y(x) = |b|f_x(bx - a)$

b) $m_y = \dfrac{1}{b}m_x + \dfrac{a}{b}, \quad \sigma_y^2 = \dfrac{1}{b^2}\left[E(X^2) - m_x^2\right]$

**Aufgabe 2.5**

a) $r_{uu/vv}(\tau) = r_{xx}(\tau) \pm r_{xy}(\tau) \pm r_{yx}(\tau) + r_{yy}(\tau)$

$\qquad r_{uv/vu}(\tau) = r_{xx}(\tau) \mp r_{xy}(\tau) \pm r_{yx}(\tau) - r_{yy}(\tau)$

b) $\overline{u^2(t)} = r_{xx}(0) + 2r_{xy}(0) + r_{yy}(0)$

**Aufgabe 2.6**

a) $F(x) = 0,5s(x) + 0,5s(x-1)$

$\qquad f(x) = 0,5\delta(x) + 0,5\delta(x-1)$

b) $m_x = \sigma_x = 0,5$

c)

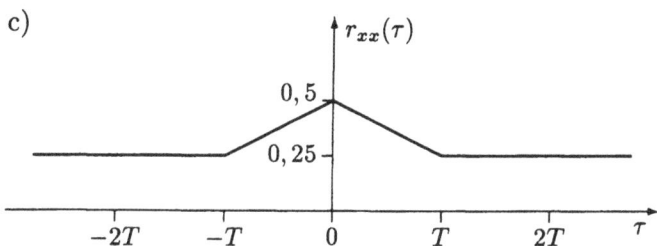

$$S_{xx}(\omega) = \frac{\pi}{2}\,\delta(\omega) + \frac{T}{4}\,\mathrm{si}^2\left(\frac{\omega T}{2}\right)$$

## Aufgabe 2.7

a) $S_{xx}(\omega) = 2AT\left[\dfrac{1}{1+(2\omega T - 4)^2} + \dfrac{1}{1+(2\omega T + 4)^2}\right]$

b) $m_x = 0$, $\overline{x^2(t)} = A$

## Aufgabe 2.8

$$B_R = 2f_R = \frac{1}{2T}$$

## Aufgabe 2.9

$$H(\mathrm{j}\omega) = \frac{2a^2}{\mathrm{j}\omega S_0} \quad \text{(Integrator)}$$

## Aufgabe 2.10

a) $h_o(t) = \dfrac{k}{S_0}\left[\mathrm{rect}\left(\dfrac{t - t_0 + T/2}{T}\right) - \mathrm{rect}\left(\dfrac{t - t_0 + 3T/2}{T}\right)\right]$

b) $t_0 \geq 2T$

c)

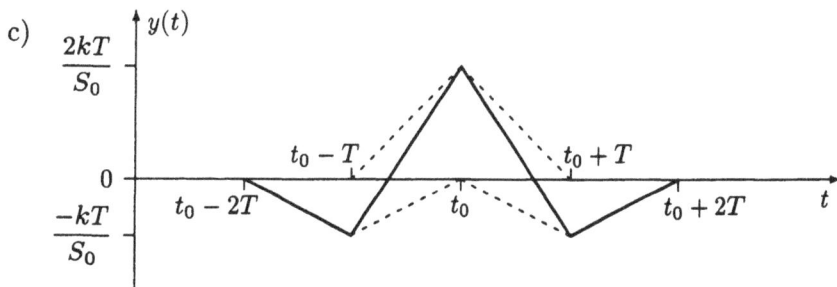

## Aufgabe 2.11

a) $S_{xx}(\omega) = \dfrac{K^2 W_0 + Z_0}{(1+K)^2 + (\omega T K)^2}$

b) $r_{xx}(\tau) = \dfrac{K^2 W_0 + Z_0}{2(1+K)TK}\, e^{-|\tau|/T'} \qquad T' = \dfrac{TK}{1+K}$

c) $SN = \dfrac{P_w}{P_z} = K^2 \dfrac{W_0}{Z_0}$

## Aufgabe 2.12

a) $S_{xm}(j\omega) = S_{mm}(\omega), \quad S_{xx}(\omega) = S_{mm}(\omega) + S_{nn}(\omega)$

$$H(j\omega) = \dfrac{S_{mm}(\omega)}{S_{mm}(\omega) + S_{nn}(\omega)} = \dfrac{S_{m0}}{S_{m0} + S_{n0}[1 + (\omega T)^2]}$$

b) $S_{ff}(\omega) = \dfrac{S_{mm}(\omega) S_{nn}(\omega)}{S_{mm}(\omega) + S_{nn}(\omega)} = \dfrac{S_{m0} S_{n0}}{S_{m0} + S_{n0}[1 + (\omega T)^2]}$

$$P_F = \dfrac{S_{m0}}{2T} \left( \dfrac{S_{n0}}{S_{m0} S_{n0}} \right)^{1/2}$$

## Aufgabe 3.1

a) $H(X) = 2 \dfrac{\text{bit}}{\text{Zeichen}}$

b) $H(X) = 1,985 \dfrac{\text{bit}}{\text{Zeichen}}$

## Aufgabe 3.2

a) $H' = 80\,\text{Mbit/s}$

b) $\dfrac{H'_F}{H'_{SW}} = 1,625$

**Aufgabe 3.3**

a) $x_1 = 0$      $x_2 = 10$      $x_3 = 1100$      $x_4 = 1101$

    $x_5 = 11100$      $x_6 = 111010$      $x_7 = 111011$      $x_8 = 111100$

    $x_9 = 111101$      $x_{10} = 111110$      $x_{11} = 1111110$      $x_{12} = 111111100$

    $x_{13} = 111111101$   $x_{14} = 111111110$   $x_{15} = 1111111110$   $x_{16} = 1111111111$

b) $H = 2,407\,\text{bit/Zeichen}$

   $\bar{b} = 2,451\,\text{bit/Zeichen}$

   $r = 1,8\,\%$

**Aufgabe 3.4**

$$H(X) = 1,57\,\text{bit/Zeichen}$$
$$H(Y) = 1,58\,\text{bit/Zeichen}$$
$$H(X/Y) = 1,20\,\text{bit/Zeichen}$$
$$H(Y/X) = 1,21\,\text{bit/Zeichen}$$
$$T = 0,37\,\text{bit/Zeichen}$$

**Aufgabe 3.5**

$$\sigma^2 = \frac{1}{6}\,a^2, \quad H(X) = \frac{1}{2}\,\text{ld}(6\sigma^2\,\text{e})$$

**Aufgabe 3.6**

a) $C_\infty = \dfrac{1}{2\ln 2}\,\dfrac{P_s}{S_0}\,\text{bit}$

b) $\dfrac{E_{\min}}{S_0} = 2\ln 2 \approx 1,39 \quad (\hat{=}\,1,42\,\text{dB})$

# Literaturverzeichnis

*Doetsch, G.*: Anleitung zum praktischen Gebrauch der Laplace-Transformation und der Z-Transformation. Oldenbourg, München 1989

*Elsner, R.*: Nachrichtentheorie. 1. Grundlagen; 2. Der Übertragungskanal. Teubner, Stuttgart 1974; 1977

*Fano, R.M.*: Informationsübertragung. Oldenbourg, München 1966

*Fischer, F.A.*: Einführung in die statistische Übertragungstheorie. Bibliographisches Institut, Mannheim 1967

*Fritzsche, G.*: Theoretische Grundlagen der Nachrichtentechnik. Technik, Berlin 1987

*Hänsler, E.*: Grundlagen der Theorie statistischer Signale. Springer, Berlin, Heidelberg 1983

*Hamming, R.W.*: Coding and Information Theory. Prentice-Hall, Englewood Cliffs, NJ 1986

*Henze, E.; Homuth, H.H.*: Einführung in die Informationstheorie. Vieweg, Braunschweig 1974

*Küpfmüller, K.*: Die Systemtheorie der elektrischen Nachrichtenübertragung. Hirzel, Stuttgart 1974

*Lüke, H.D.*: Signalübertragung. Grundlagen der digitalen und analogen Nachrichtenübertragungssysteme. Springer, Berlin, Heidelberg 1992

*Marko, H.*: Methoden der Systemtheorie. Springer, Berlin, Heidelberg 1986

*Oppenheim, A.; Willsky, A.S.; Young, I.T.*: Signals and Systems. Prentice-Hall, Englewood Cliffs, NJ 1983

*Papoulis, A.*: The Fourier Integral and its Applications. McGraw-Hill, New York 1962

*Papoulis, A.*: Probability, Random Variables and Stochastic Processes. McGraw-Hill, New York 1981

*Papoulis, A.*: Signal Analysis. McGraw-Hill, New York 1977

*Schlitt, H.*: Systemtheorie für regellose Vorgänge.
Springer, Berlin, Heidelberg 1960

*Schüßler, H.W.*: Netzwerke, Signale und Systeme. Bd. 2: Theorie
kontinuierlicher und diskreter Signale und Systeme.
Springer, Berlin, Heidelberg 1990

*Shannon, C.; Weaver, W.*: Mathematische Grundlagen der Informationstheorie. Oldenbourg, München 1976

*Steinbuch, K.; Rupprecht, W.*: Nachrichtentechnik. Bd. II, Nachrichtenübertragung. Springer, Berlin, Heidelberg 1982

*Unbehauen, R.*: Systemtheorie. Eine Darstellung für Ingenieure.
Oldenbourg, München 1990

# Sachverzeichnis